普通高等学校"十四五"规划电子信息类专业特色教材

单片机原理与应用实验指导书

主　编　邵海龙
副主编　叶希梅　范有机
参　编　（排名不分先后）
兰振兴　张汉良　陈　镔
黄涵娟　高　强　马永凌
主　审　阮承治

华中科技大学出版社
中国·武汉

内 容 提 要

本书以 51 系列单片机为主控芯片，从现代电子工程角度出发，利用 Keil μVision 5 开发环境，以 Lab Center Electronics 公司的 EDA 工具软件 Proteus 为仿真工具，C51 语言为编程语言，多角度、全方位完成 51 系列单片机知识点的验证实验和应用设计。

按照认知事物的过程，理论在前，实践在后，全书分为四篇。第 1 篇准备篇，主要讲解软件编程语言 C 语言的应用基础，系统开发环境 Keil μVision 的使用和软件调试技巧，Proteus 仿真电路的搭建与开发环境联调技术。第 2 篇基础篇，利用 20 个基础实验项目，完成 51 系列单片机知识点的验证实验和应用设计。第 3 篇提高篇，选取 11 个实验项目，从具体的工程任务角度出发，完成 51 系列单片机的控制。第 4 篇仿真篇，利用 11 个项目为读者提供相关的工程实际案例，留给读者自由训练的空间。

本书主要作为高等学校电子信息工程、通信工程、电子类和机电一体化等专业的实验教材，也可作为工程技术人员的参考用书。

图书在版编目(CIP)数据

单片机原理与应用实验指导书/邵海龙主编. —武汉：华中科技大学出版社，2021.11(2024.2 重印)
ISBN 978-7-5680-7596-1

Ⅰ.①单… Ⅱ.①邵… Ⅲ.①单片微型计算机-高等学校-教学参考资料 Ⅳ.①TP368.1

中国版本图书馆 CIP 数据核字(2021)第 209426 号

单片机原理与应用实验指导书 邵海龙 主编
Danpianji Yuanli yu Yingyong Shiyan Zhidaoshu

策划编辑：王 勇
责任编辑：刘 飞
封面设计：原色设计
责任监印：周治超
出版发行：华中科技大学出版社(中国·武汉) 电话：(027)81321913
武汉市东湖新技术开发区华工科技园 邮编：430223
录 排：武汉市洪山区佳年华文印部
印 刷：武汉开心印印刷有限公司
开 本：787mm×1092mm 1/16
印 张：18.75
字 数：442 千字
版 次：2024 年 2 月第 1 版第 3 次印刷
定 价：54.80 元

前　言

本书围绕51系列单片机的相关知识点展开，主要针对51系列单片机每个功能模块实际应用案例的缺乏来进行相关实验的设计。实验从基础验证开始，进阶为能力提高，到最后为实际应用。通过逐渐深入，本书读者能够有一个认知上的递进，最终完全掌握51系列单片机的开发。

本书不同于以往教材只介绍单一的验证操作，而是在验证的基础上增加提高部分。同时，全书利用Proteus仿真技术，实验内容在进入实验室之前就已经完成了软件的设计和硬件电路的模拟搭建，这些都为后期的实战提供了很大的帮助。同时，仿真的引入也使得大型实验能够顺利开展。

本书由邵海龙担任主编，阮承治担任主审，叶希梅、范有机担任副主编，参加编写的还有兰振兴（福建源光亚明电器有限公司）、张汉良（南平太阳电缆股份有限公司）、陈镔、黄涵娟、高强、马永凌。

本书的出版得到了福建源光亚明电器有限公司、南平太阳电缆股份有限公司、华中科技大学出版社、武夷学院相关领导及老师们的大力支持和帮助，在此表示衷心感谢！本书在编写过程中参考了很多学者的著作，在此一并感谢！

由于编者水平有限、编写时间仓促，书中难免存在疏漏和不妥之处，敬请读者批评指正。

编　者

2021年7月

目　　录

第1篇　准　备　篇

第2篇　基　础　篇

第3篇 提 高 篇

第4篇 仿 真 篇

第 1 篇

准　备　篇

1 C51 语言基础知识

1.1 C51 语言的由来与特点

C 语言诞生于 1972 年贝尔实验室，由 D. M. Ritchie 设计。目前已有 C90,C99,C11,GNU C 等版本,C51 语言是在标准 C90 语言的基础上添加了 8051 系列单片机特有的关键词后形成的。新添加的关键词有：

_at_, far, sbit, alien, interrupt, sfr16, bit, sfr, bdata, idata, code, xdata, pdata, large, small, task, compact, priority, using, data, reentrant

C51 语言在语法上与 C90 基本相同,其差异主要有：

(1) C51 语言中定义的库函数与标准 C 语言中定义的库函数不同。

(2) C51 语言中的数据类型与标准 C 语言中的数据类型有一定的区别。

(3) C51 语言中变量的存储模式与标准 C 语言中变量的存储模式不相同。

(4) C51 语言与标准 C 语言的输入/输出处理不相同。

(5) C51 语言与标准 C 语言在函数使用方面有一定的区别。

1.2 C51 语言的语法与编程模型

1) C51 变量定义

变量就是一种在程序执行过程中其值能不断变化的量。C 语言采用先定义后使用的规则来使用变量。要在程序中使用变量必须先用标识符作为变量名,并指出所用的数据类型和存储模式,这样编译系统才能为变量分配相应的存储空间。定义一个变量的格式如下：

```
[存储种类] 变量类型 [存储器类型] 变量名表;
```

例如：

```
int a; //定义一个有符号整型变量 a,变量占 2 字节空间
static unsigned int a; //定义一个静态无符号整型数
extern unsigned char a; //引用一个外部无符号字符型变量 a
char data a; //定义一个保存在内部 RAM 的有符号字符型变量
long xdata a; //定义一个保存在外部 RAM 的有符号长整型数,占 4 字节
```

在定义格式中除了变量类型和变量名表是必要的,其他都是可选项。

8051 系列单片机的存储种类有四种：自动(auto),外部(extern),静态(static)和寄存器(register),缺省类型为自动(auto)。存储器类型有六种：data,idata,xdata,pdata,code,bdata。

常量通常定义到 code 存储器：

```
char code table[ ]= {0xc0,0xf9,0xa4,0xb0,0x99,0x92,0x82,0xf8,0x80,0x90};
```

2）C51 函数参数传递

C51 函数参数不是通过堆栈传递的，这个和 C90 语言有较大不同。C51 语言中，当参数少于 3 个时，通过寄存器传递；当参数多于 3 个时，通过存储区传递；可重入函数通过堆栈传递参数。各种类型数据的传递情况如表 1-1 所示。

表 1-1　函数参数传递数据类型

参数类型	char	int	long/float	通用指针
第 1 个	R7	R6&R7	R4～R7	R1～R3
第 2 个	R5	R4&R5	R4～R7	R1～R3
第 3 个	R3	R2&R3	—	R1～R3

C51 允许函数返回 1 个值，各种类型数据返回情况如表 1-2 所示。

表 1-2　返回值数据类型

返回类型	传递返回值的载体
bit	进位标志 CF
1B(char 或单字节指针)	R7
2B(int 或双字节指针)	R6(高字节)，R7
3B(通用指针)	R3(类型)，R2，R1
4B(long)	R4(高字节)～R7
4B(float)	R4(数符阶码)～R7(尾数低)

3）C51 中断服务函数

8051 系列单片机采用固定地址向量方式执行程序，中断服务函数编写时也有特殊关键词。C51 函数定义格式如下：

[alience][返回值类型] 函数名 [参数][编译属性][重入属性][寄存器组]

例如：

```
void Delaynms(unsigned char dat)              //该函数有一个输入参数,无返回参数
void LCD_DrawPoint(unsigned char x,unsigned char y) //该函数有两个输入参数,无返回参数
void Time0_int(void) interrupt 1              //定时器 0 中断服务函数,寄存器组 0
void Time0_int(void) interrupt 1 using 1      //定时器 0 中断服务函数,寄存器组 1
char Sum(char* dat, unsigned char cnt)        //该函数有两个参数,输出 char 型参数
```

4）C51 函数存储器模式

C51 编译器支持三种存储器模式：SMALL，COMPACT 和 LARGE。一个函数的存储器模式确定了函数参数的局部变量在内存中的地址空间。处于 SMALL 模式下的函数参数和局部变量位于 8051 单片机的内部 RAM 中，内存空间少，访问速度快，适用于小程序设计；处于 COMPACT 和 LARGE 模式下的函数参数和局部变量则使用 8051 单片机

外部 XRAM，内存空间大，访问速度慢，适用于复杂程序设计。在定义一个函数时可以明确指定该函数存储器模式的方法有两种。

(1) void fun1 (void) SMALL { } //定义一个用 SMALL 模式的函数

(2) # pragma LARGE //用预编译指定后续函数的存储器模式

1.3 C51 与汇编语言

1) 用内嵌汇编法写汇编语句

有时，程序要采用汇编语句来设计，C51 编译器支持图 1-1 所示的 3 种方法来写汇编语句。

```
#pragma asm
    MOV R0, #0FFH;
    MOV R1, #0FFH;
D_LOOP1:
    DJNZ R0, D_LOOP1;
    MOV R0, #0FFH;
    DJNZ R1, D_LOOP1;
#pragma endasm
```

```
asm {
    MOV R0, #0FFH;
    MOV R1, #0FFH;
D_LOOP1:
    DJNZ R0, D_LOOP1;
    MOV R0, #0FFH;
    DJNZ R1, D_LOOP1;
}
```

```
    asm MOV R0, #0FFH;
    asm MOV R1, #0FFH;
D_LOOP1:
    asm DJNZ R0, D_LOOP1;
    asm MOV R0, #0FFH;
    asm DJNZ R1, D_LOOP1;
```

图 1-1 C 程序内嵌汇编书写形式

2) C 程序调用汇编程序

C 程序调用汇编程序时，会按参数传递规则把输入参数准备好，再去运行汇编程序。调用过程如图 1-2 所示。

```
void delay(unsigned int a){
#pragma asm
DL1:
DL0:
    mov r5,#200
    djnz r5,$
    djnz r6,DL0
    djnz r7,DL1
#pragma endasm
}
```

```
void main ( ){
    while (1 )
    {
        P1=0x55;
        delay (0x100) ;
        P1=0xAA;
        delay (0x200) ;
    }
```

图 1-2 C 语言调用汇编程序的过程

3) 汇编程序编写与调用

用纯汇编语句写的程序也可以调用 C 语言程序，这里需注意两点：(1)汇编语句一般要按段的方式编写；(2)程序调用时，要先按参数存储规则准备好参数，再调用 C 语言子程序。

汇编程序的编写规则请大家参考 A51 编程规则说明，这里就不再论述。

4) C51 本征函数与程序设计

单片机指令系统中的一些指令用 C 语言不容易编写，但这些语句在程序设计时又很有用。这时我们可以用 C51 提供的本征函数来高效使用这些指令，达到优化程序的目的。调用这些函数时，是把函数对应用指令直接嵌入调用函数中，而不是用 ACALL 中的各 LCALL 指令调用。C51 提供的本征函数如表 1-3 所示。

表 1-3　C51 常用本征函数

序号	本 征 函 数	汇编指令	功　　能
1	void _nop_ (void)；	NOP	空操作
2	bit_testbit_ (bit)；	JBC	测试并清零
3	unsigned char _cror_(unsigned char, unsigned char)；	RRC	字符循环右移
4	unsigned char _crol_(unsigned char, unsigned char)；	RRL	字符循环左移
5	unsigned int _iror_(unsigned int,unsigned char)；	RRC	整数循环右移
6	unsigned int_irol_(unsigned int,unsigned char)；	RLC	整数循环左移
7	unsigned long _irol_(unsigned long, unsigned char)；	RLC	长整数循环左移
8	unsigned long _iror_(unsigned long, unsigned char)；	RRC	长整数循环右移
9	unsigned char _chkfloat_(float)；		测试并返回浮点数的状态

本征函数调用例子如下：

(1) _nop_ (void)函数设计延时程序，每次调用占 1 个指令周期。

(2) 用移位函数设计程序。

C 语言中的“≪”和“≫”能进行移位操作，但新移入的数都是 0，也不能实现循环移动。在设计流水灯程序中，用本征函数进行设计会更简单，如图 1-3 所示。

```
temp1=0x7f;
for(i=0;i<8;i++)
{
    P0=temp1;
    temp1=_cror_(temp1,1);
    delay();
    P0=temp;
}
```

```
temp1=0x7f;
for(i=0;i<8;i++)
{
    P0=temp1;
    temp1 >>=1;
    temp 1 |=0x80;
    delay();
    P0=temp;
}
```

图 1-3　流水灯程序设计中用循环移位本征函数与正常语言设计对比

1.4　C51 模块化程序设计

C 语言是一种结构化程序设计语言，在编写大型程序时很方便，特别是该语言提供了预处理功能，在多人同时开发一个大程序时将带来减少重复和提高效率等好处，因此，越来越多的人喜欢用 C 语言来开发大型程序。

在程序设计过程中，模块化是一种很重要的概念，它可以使程序运行更可靠、结构更清晰。模块化程序设计一般有两层含义：① 每个函数的内聚性好。函数用到的参数尽可能都从参数库中调用，对外部变量操作少。② 每个功能模块的函数尽量都安排在 1 个 C 文件中，模块内的部分变量，仅在这个文件上有效，在其他文件上无效。例如，LCD 驱动程序的各函数都放在 lcd.c 文件中，LCD 的宽高、当前显示坐标等只在 lcd.c 文件有效，其他文件无法访问这些变量。

1.5　C51 硬件无关化程序设计

单片机程序很多都是与硬件关系紧密的，我们在设计程序时，要尽量把与硬件相关的程序安排在少数函数中，这样可使程序移植、修改更方便。设计硬件无关化程序的主要思路是设计一个中转内存，所有要输入/输出的量，都先存入中转内存，然后再由另一个函数从中转内存里输出/输入数据。下面我们就来讲一下常见模块的硬件无关化程序设计。

(1) 按键硬件无关化程序。

按键模块可分为按键扫描程序、按键缓冲区、按键应用程序三个部分。其中按键扫描程序与硬件高度关联。按键操作有时操作很快，有时操作很慢，根据这一特点，可以把按键缓冲区设计成环形缓冲区。如图 1-4 所示。

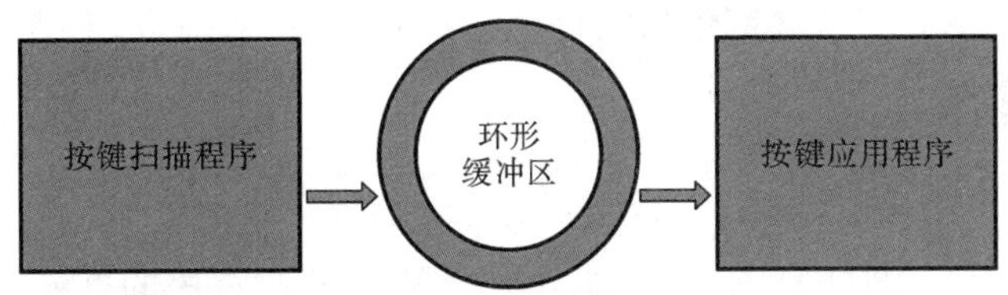

图 1-4　按键模块程序结构图

按键扫描程序负责键值读取、去抖动、存储键值等，然后把键值填入缓冲区中，按键程序功能就完成了，通常把按键扫描程序放在定时任务中执行；按键应用程序只从缓冲区中读取键值，然后执行程序，与硬件关系不密切。缓冲区可以根据应用特点来设置大小。采用这一结构后，可以随时用程序模拟按键（用 keyinput 函数把键值写入缓冲区），实现虚拟按键功能。按键硬件无关化程序结构如图 1-5 所示。

(2) 显示模块硬件无关化程序。

显示模块主要有 LCD1602、LCD12864、TFT 型显示器，其中前两种显示器的显示内容少，一般用在内存少的单片机上，TFT 显示器的显示内容丰富，一般用于单片机内部内存大的场合。在显示程序设计方面，显示程序一般分为显示驱动程序、显示缓冲区、GUI 函数库等。

```
//按键扫描程序
KeyScan();//读键值
KeyDebounced();//去抖动
KeyInput();//存储键值
```

```
/* 按键缓冲区设置* /
# define KEYMAX 8
unsigned char keyw=0;
unsigned char keyr=0;
unsigned char keycnt=0;
unsigned char keybuf[KEYMAX];
```

```
//应用程序
a=GetKey();
if(a==1) { }
if(a==2){ }
if(a==3){ }
if(a!=0xff){ }
```

图 1-5　按键硬件无关化程序结构

在用 LCD1602 的场合，显示器可以显示 32 个字符。我们通常可以在内存中设置 32B 的缓冲区，GUI 函数只把显示内容写入缓冲区即可，显示驱动程序再把缓冲区内容写入 LCD，显示驱动程序可以由定时器中断服务程序调用，只要以 10Hz 以上的频率更新，基本上就可以做到实时显示。

(3) ADC 模块硬件无关化程序。

在用 ADC 模块采集数据时，为了把数据与 ADC 采集程序分开，可以把此程序分为 ADC 采集、数据缓冲、数据处理三个部分。ADC 采集程序与具体的 ADC 硬件相关，采集好的数据存入数据缓冲区即完成任务。数据缓冲区总是存储采集到的数据，并用标志位表明数据是否有效。数据处理程序只负责对缓冲区的数据进行处理。

总之，各种模块都可以按这样的方式进行分块处理，尽可能将硬件相关程序集中到驱动程序部分，以提高程序的适应性、复用性。

1.6　C51 语言程序书写格式

C 语言程序除了要符合语言编程规范外，为了提高程序的可读性，C 语言代码还需要书写规范和命名规范。书写规范包括空行、空格、成对书写、缩进、对齐、代码行、注释等，命名规范包括变量命名、函数命名等。

1) 书写规范

(1) 空行。

空行可以使程序的排版更清晰、功能分析更容易，增强程序的可读性。

规则一：定义变量后要空行。尽可能在定义变量的同时初始化该变量，即遵循就近原则。如果变量的引用和定义相隔比较远，那么变量的初始化就很容易被忘记。如果引用了未被初始化的变量，就会导致程序出错。

规则二：每个函数定义结束之后都要加空行。函数内部的功能块间也要加空行，比如上面几行代码完成的是一个功能，下面几行代码完成的是另一个功能，那么它们中间就要加空行，这样看起来更清晰。

(2) 空格。

规则一：关键字之后要留空格。例如，const、case 等关键字之后至少要留一个空格，否则无法辨析关键字。例如，if、for、while 等关键字之后应留一个空格再跟左括号，以突出关键字。

规则二：函数名之后不要留空格，应紧跟左括号，以区别于关键字。

规则三：“,”之后要留空格。如果“;”不是一行的结束符号，其后要留空格。

规则四：赋值运算符、关系运算符、算术运算符、逻辑运算符、位运算符等双目运算符的前后应当加空格。注意，运算符“%”是求余运算符，与 printf 中%d 的“%”不同。因此，%d 中的“%”前后不用加空格。

规则五：单目运算符“!”“~”“++”“--”“-”“*”“&”等前后不加空格。

总之，规则五中的是单目运算符，规则四中的是双目运算符，它们应遵循不同的规则。

规则六：数组符号“[ ]”，结构体成员运算符“.”，指向结构体成员运算符“->”，这类操作符前后不加空格。

规则七：对于表达式比较长的 for 语句和 if 语句，为了紧凑起见，可以适当地去掉一些空格。但 for 和 if 后面紧跟的空格不可以删，其后面的语句可以根据语句的长度适当地去掉一些空格。例如：

for (i=0; i<10; i++)

“for”和“;”后面保留空格就可以了，“=”和“<”前后的空格可去掉。

(3) 成对书写。

成对的符号一定要成对书写，如 ()、{ }。不要写完左括号，然后写内容，最后再补右括号，这样很容易漏掉右括号，尤其是在写嵌套程序的时候。

(4) 缩进。

缩进是通过键盘上的 Tab 键实现的，缩进可以使程序更有层次感。原则是：如果属于同一层级代码，则不需要缩进；如果属于某一个代码的内部代码就需要缩进。

(5) 对齐。

对齐主要是针对大括号{ }而言的。

规则一：“{”和“}”分别都要独占一行。互为一对的“{”和“}”要位于同一列，并且与引用它们的语句左对齐。

规则二：{ } 之内的代码要向内缩进一个 Tab，且同一层次的要左对齐，层次不同的继续缩进，例如

```
# include < stdio.h>
int main(void)
{
    if (…)
    {
        while (…)
    }
    return 0;
}
```

(6) 代码行。

规则一：一行代码只做一件事情，例如只定义一个变量。这样的代码容易阅读，并且便于写注释。

规则二：if、else、for、while、do 等语句自占一行，执行语句不得紧跟其后。此外，非常重要的一点是，不论执行语句有多少行，就算只有一行也要加{ }，并且遵循对齐的原则，这样可以防止书写失误。

(7) 注释。

C语言中一行注释一般采用//…的格式,多行注释必须采用/*…*/的格式。注释通常用于重要的代码行或段落提示。在一般情况下,源程序的有效注释量必须在20%以上。虽然注释有助于理解代码,但注意不可过多地使用注释。

规则一:注释是对代码的"提示",而不是文档。程序中的注释不可喧宾夺主,注释太多会让人眼花缭乱。

规则二:如果代码本来就是清楚的,则不必加注释。例如:

```
i+ + ;  //i 加 1
```

这里的注释就是多余的注释。

规则三:边写代码边注释,修改代码的同时要修改相应的注释,以保证注释与代码的一致性,不再有用的注释应删除。

规则四:当代码比较长,特别是有多重嵌套的时候,应当在段落的结束处加注释,这样便于阅读。

规则五:每一条宏定义的右边必须要有注释,以说明其作用。

2) 命名规范

(1) 变量命名。

① 变量的命名(见表1-4)规则要求用"匈牙利法则",也就是开头字母用变量的类型,其余部分用变量的英文意思或其英文意思的缩写,尽量避免用中文的拼音,要求单词的第一个字母应大写,即

变量名=变量类型+变量的英文意思(或缩写)

表1-4 变量命名

序号	变量类型	变量命名开头	变量命名举例
1	bool(BOOL)	用b开头	bIsParent
2	byte(BYTE)	用by开头	byFlag
3	short(int)	用n开头	nStepCount
4	long(LONG)	用l开头	lSum
5	char(CHAR)	用c开头	cCount
6	float(FLOAT)	用f开头	fAvg
7	double(DOUBLE)	用d开头	dDeta
8	void(VOID)	用v开头	vVariant
9	unsigned int(WORD)	用w开头	wCount
10	unsigned long(DWORD)	用dw开头	dwBroad
11	HANDLE(HINSTANCE)	用h开头	hHandle
12	DWORD	用dw开头	dwWord
13	LPCSTR(LPCTSTR)	用str开头	strString
14	用0结尾的字符串	用sz开头	szFileName

② 对非通用的变量,在定义时加入注释说明,变量定义应尽可能放在函数的开始处。

对一重指针变量的基本定义原则如下。

"p"+变量类型前缀+变量的英文意思(或缩写)

例如:一个 float * 型一重指针变量应该表示为 pfStat。

对多重指针变量的基本定义规则如下。

二重指针:"pp"+变量类型前缀+命名

三重指针:"ppp"+变量类型前缀+命名

……

③ 全局变量用 g_开头,如一个全局的长型变量命名为 g_lFailCount,即

变量名=g_+变量类型+变量的英文意思(或缩写)

④ 静态变量用 s_开头,如一个静态的指针变量命名为 s_plPerv_Inst,即

变量名=s_+变量类型+变量的英文意思(或缩写)

⑤ 成员变量用 m_开头,如一个长型成员变量命名为 m_lCount,即

变量名=m_+变量类型+变量的英文意思(或缩写)

⑥ 对枚举(enum)变量的命名,要求用枚举变量或其缩写作前缀,并且要求用大写。例如:

```
enum    cmEMDAYS
{
    EMDAYS_MONDAY;
    EMDAYS_TUESDAY;
    ……
};
```

⑦ 对 struct、union、class 变量的命名要求定义的类型用大写,并要加上前缀,其内部变量的命名规则与变量命名规则一致。

结构一般用 S 开头,例如:

```
struct    ScmNPoint
{
    int    nX;      //点的 X 位置
    int    nY;      //点的 Y 位置
};
```

联合体一般用 U 开头,例如:

```
union    UcmLPoint
{
    long    lX;
    long    lY;
}
```

类一般用 C 开头,例如:

```
class    CcmFPoint
{
    public:
    float    fPoint;
};
```

对一般的结构应该定义为类模板，为以后的扩展性考虑，例如：

```
template
class    CcmTVector3d
{
    public:
    TYPE    x,y,z;
};
```

⑧ 对常量(包括错误的编码)命名，要求常量名用大写，常量名用英文表达其意思，例如：

```
# define  CM_FILE_NOT_FOUND  CMMAKEHR(0X20B)
```

其中 CM 表示类别。

⑨ 对 const 变量的命名要求在变量的命名规则前加入 c_，即 c_＋变量命名规则，例如：

```
const    char*    c_szFileName;
```

(2) 函数命名。

函数的命名应该尽量用英文表达出函数完成的功能，遵循动宾结构的命名法则，函数名中动词在前，并在命名前加入函数的前缀，函数名的长度不得少于 8 个字母，例如：

```
long    cmGetDeviceCount(……);
```

3) 函数参数规范

① 参数名称的命名参照变量命名规范。

② 为了提高程序的运行效率、减少参数占用的堆栈、传递大结构的参数，一律采用指针或引用方式传递。

③ 为了便于其他程序员识别某个指针参数是入口参数还是出口参数，同时便于编译器检查错误，应该在入口参数前加入 const 标志，例如：

```
……cmCopyString(const  char  *  c_szSource, char *  szDest  )
```

4) 引出函数规范

对于从动态库引出作为二次开发函数公开的函数，为了能与其他函数以及 Windows 的函数区分，采用类别前缀＋基本命名规则的方法命名。例如：对在动态库中引出的一个图像编辑的函数定义为 imgFunctionname(其中 img 为 image 缩写)。

现给出三种库的命名前缀：

① 对通用函数库，采用 cm 为前缀。

② 对三维函数库，采用 vr 为前缀。

③ 对图像函数库，采用 img 为前缀。

对宏定义，结果代码用同样的前缀。

5) 文件名(包括动态库、组件、控件、工程文件等)的命名规范

文件名的命名要求表达出文件的内容，要求文件名的长度不得少于 5 个字母，严禁使用 file1、myfile 之类的文件名。

2　Keil 与 Proteus 软件的使用

2.1　Keil μVision 集成开发环境

μVision IDE 是德国 Keil 公司开发的基于 Windows 平台的单片机集成开发环境，它包含编译器、汇编器、实时操作系统、项目管理器、调试器等。其中 Keil C51 是一种专门为 8051 系列单片机设计的高效率 C 语言编译器，符合 ANSI（美国国家标准学会）标准，生成的程序代码运行速度极高，且所需要的存储器空间极小，完全可以与汇编语言媲美。

1）关于开发环境

μVision 的开机和编辑界面如图 2-1 所示，μVision 允许同时打开、浏览多个源文件。

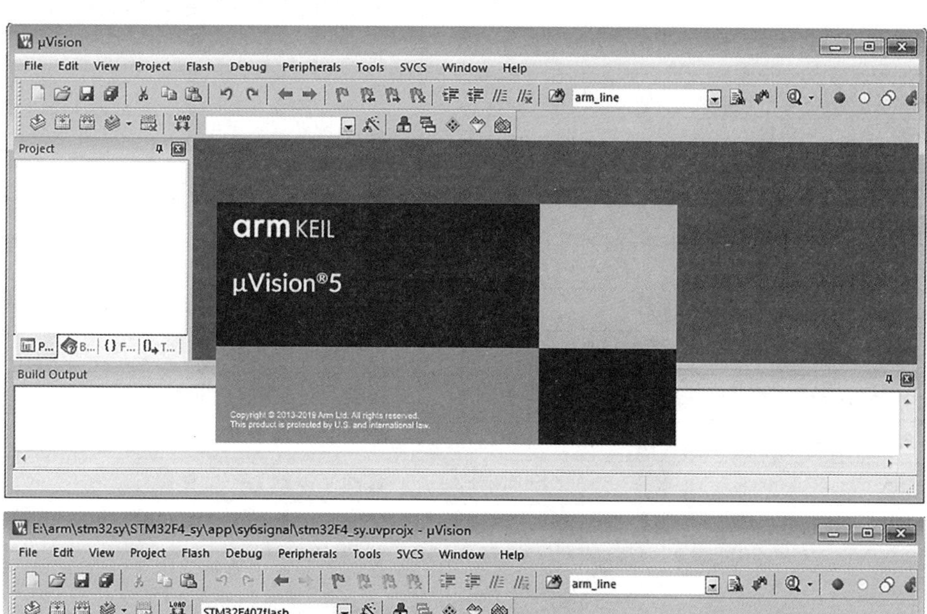

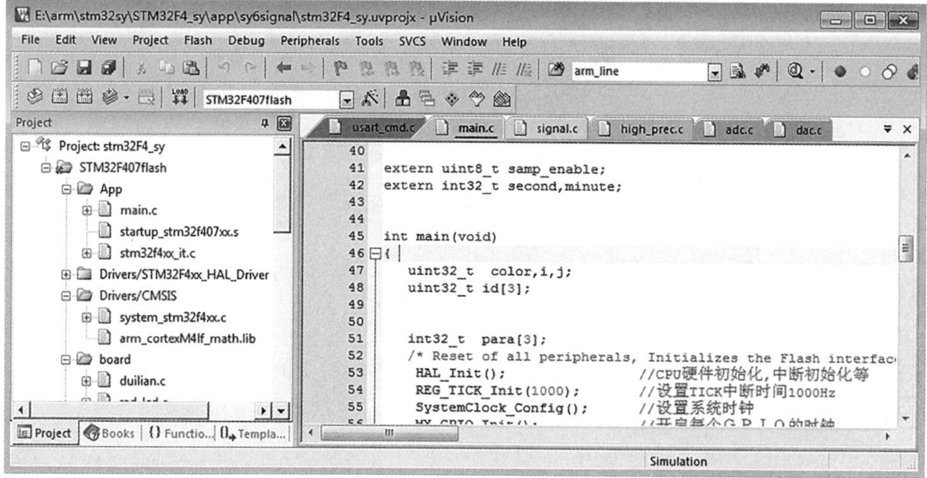

图 2-1　μVision 开机界面和编辑界面

2）菜单条、工具栏和快捷键

下面的表格列出了 μVision 菜单项命令、工具栏图标、默认的快捷键，以及对它们的描述。

(1) 编辑菜单和编辑器命令 Edit(见表 2-1)。

表 2-1　编辑菜单和编辑器命令 Edit

菜　单	工具栏	快捷键	描　述
Home			移动光标到本行的开始
End			移动光标到本行的末尾
Ctrl+Home			移动光标到文件的开始
Ctrl+End			移动光标到文件的结尾
Ctrl+<-			移动光标到词的左边
Ctrl+->			移动光标到词的右边
Ctrl+A			选择当前文件的所有文本内容
Undo		Ctrl+Z	取消上次操作
Redo		Ctrl+Shift+Z	重复上次操作
Cut		Ctrl+X Ctrl+Y	剪切所选文本 剪切当前行的所有文本
Copy		Ctrl+C	复制所选文本
Paste		Ctrl+V	粘贴
Indent Selected Text			将所选文本右移一个制表键的距离
Unindent Selected Text			将所选文本左移一个制表键的距离
Toggle Bookmark		Ctrl+F2	设置/取消当前行的标签
Goto Next Bookmark		F2	移动光标到下一个标签处
GotoPrevious bookmark		Shift+F2	移动光标到上一个标签处
Clear All Bookmarks			清除当前文件的所有标签
Find	command		在当前文件中查找文本
		F3	向前重复查找
		Shift+F3	向后重复查找
		Ctrl+F3	查找光标处的单词
		Ctrl+]	寻找匹配的大括号、圆括号、方括号(将光标放到大括号、圆括号或方括号的前面)
Replace			替换特定的字符
Find in Files…			在多个文件中查找
Goto Matching brace			选择匹配的一对大括号、圆括号或方括号中的内容

(2) 选择文本命令。

在 μVision 中,可以通过按住 Shift 键和相应的键盘上的方向键来选择文本。如 Ctrl+→可以移动光标到下一个词,那么,Ctrl+Shift+→就是选择当前光标位置到下一个词的开始位置间的文本。当然,也可以用鼠标来选择文本。

(3) 项目菜单和项目命令 Project(见表 2-2)。

表 2-2　项目菜单和项目命令 Project

菜　　单	工具栏	快　捷　键	描　　述
New Project…			创建新项目
Import μVision1 Project…			转化 μVision1 的项目
Open Project…			打开一个已经存在的项目
Close Project…			关闭当前的项目
Target Environment			定义工具、包含文件和库的路径
Targets,Groups,Files			维护一个项目的对象、文件组和文件
Select Device for Target			选择对象的 CPU
Remove …			从项目中移走一个组或文件
Options …		Alt+F7	设置对象、组或文件的工具选项
File Extensions			选择不同文件类型的扩展名
Build Target		F7	编译修改过的文件并生成应用
Rebuild Target			重新编译所有的文件并生成应用
Translate …		Ctrl+F7	编译当前文件
Stop Build			停止生成应用的过程
1~7			打开最近打开过的项目

(4) 调试菜单和调试命令 Debug(见表 2-3)。

表 2-3　调试菜单和调试命令 Debug

菜　　单	工具栏	快　捷　键	描　　述
Start/Stop Debugging		Ctrl+F5	开始/停止调试模式
Go		F5	运行程序,直到遇到一个中断
Step		F11	单步执行程序,遇到子程序则进入
Step over		F10	单步执行程序,跳过子程序
Step out of		Ctrl+F11	执行到当前函数的结尾

续表

菜　　单	工具栏	快　捷　键	描　　述
Current function stop Runing		Esc	程序停止运行
Breakpoints…			打开断点对话框
Insert/Remove Breakpoint			设置/取消当前行的断点
Enable/Disable Breakpoint			使能/禁止当前行的断点
Disable All Breakpoints			禁止所有的断点
Kill All Breakpoints			取消所有的断点
Show Next Statement			显示下一条指令
Enable/Disable Trace Recording			使能/禁止程序运行轨迹的标识
View Trace Records			显示程序运行过的指令
Memory Map…			打开存储器空间设置对话框
Performance Analyzer…			打开设置性能分析的窗口
Inline Assembly…			对某一行重新汇编，可以修改汇编代码
Function Editor…			编辑调试函数和调试设置文件

（5）外围器件菜单 Peripherals（见表 2-4）。

表 2-4　外围器件菜单 Peripherals

菜　　单	工　具　栏	描　　述
Reset CPU		复位 CPU
以下为单片机外围器件的设置菜单（种类及内容取决于选择的 CPU）		
Interrupt		中断观察
I/O-Ports		I/O 口观察
Serial		串口观察
Timer		定时器观察
A/D Conoverter		A/D 转换器
D/A Conoverter		D/A 转换器
I^2C Conoverter		I^2C 总线控制器
Watchdog		看门狗

（6）工具菜单 Tool（见表 2-5）。

利用工具菜单，可以设置并运行 Gimpel PC-Lint、Siemens Easy-Case 和用户程序。

通过 Customize Tools Menu…菜单，可以添加需要的程序。

表 2-5 工具菜单 Tool

菜　单	描　述
Setup PC-Lint…	设置 Gimpel Software 的 PC-Lint 程序
Lint	用 PC- Lint 处理当前编辑的文件
Lint all C Source Files	用 PC-Lint 处理项目中所有的 C 源代码文件
Setup Easy-Case…	设置 Siemens 的 Easy-Case 程序
Start/Stop Easy-Case	运行/停止 Siemens 的 Easy-Case 程序
Show File (Line)	用 Easy-Case 处理当前编辑的文件
Customize Tools Menu…	添加用户程序到工具菜单中

3）创建项目实例

μVision 包括一个项目管理器，它可以使 8x51 应用系统的设计变得简单。要创建一个应用，需要按下列步骤进行操作：

- 启动 Keil IDE，新建一个项目文件并从器件库中选择一个器件。
- 新建一个源文件并将它加入项目中。
- 增加并设置选择的器件启动代码。
- 针对目标硬件设置工具选项。
- 编译项目并生成可编程序 PROM 的 HEX 文件。

下面将逐步地进行描述，从而指引读者创建一个简单的 μVision 项目。

（1）选择【Project】/【New Project】选项，如图 2-2 所示。

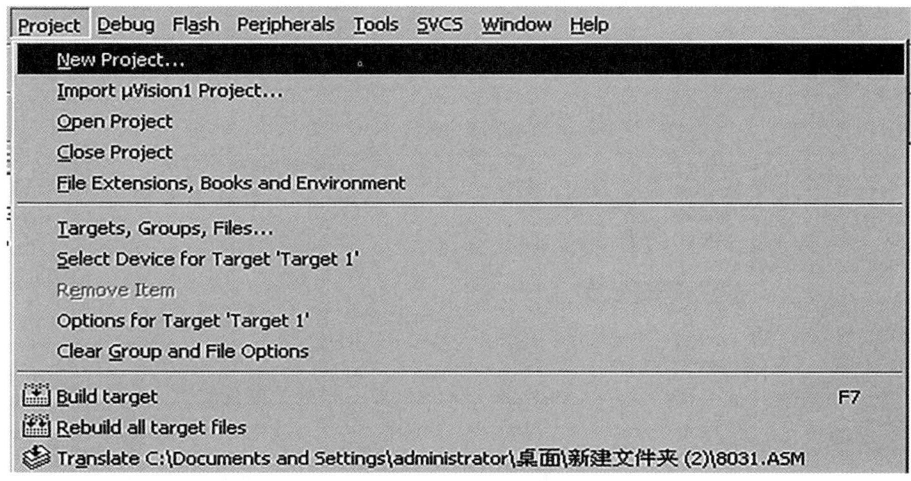

图 2-2 Project 菜单

（2）在弹出的“Create New Project”对话框中选择要保存项目文件的路径，比如保存到 Exercise 目录里，在“文件名”文本框中输入项目名为 example，如图 2-3 所示，然后单击“保存”按钮。

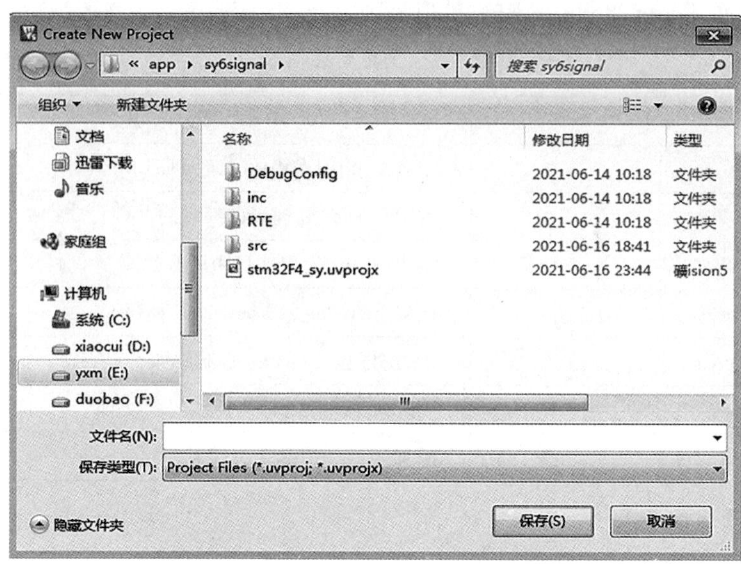

图 2-3　Create New Project 对话框

(3) 这时会弹出一个对话框，要求选择单片机的型号。读者可以根据使用的单片机型号来选择，Keil C51 几乎支持所有的 51 核的单片机，这里只是以常用的 AT89S52 为例来说明，如图 2-4 所示。选择 AT89S52 之后，右边 Description 栏中即显示单片机的基本说明，然后单击“OK”按钮。

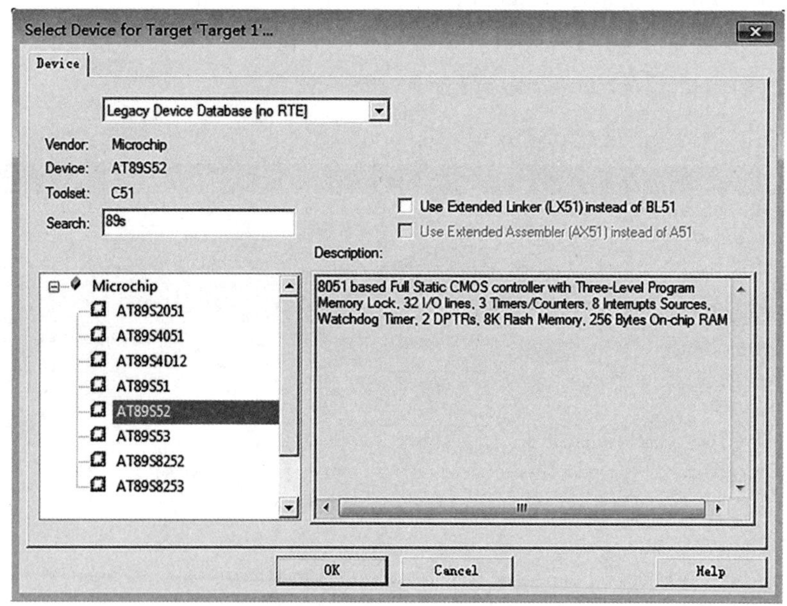

图 2-4　选择单片机的型号对话框

(4) 这时需要新建一个源程序文件。建立一个汇编或 C 文件，如果已经有源程序文件，可以忽略这一步。选择【File】/【New】选项，如图 2-5 所示。

(5) 在弹出的程序文本框中输入一个简单的程序，如图 2-6 所示。

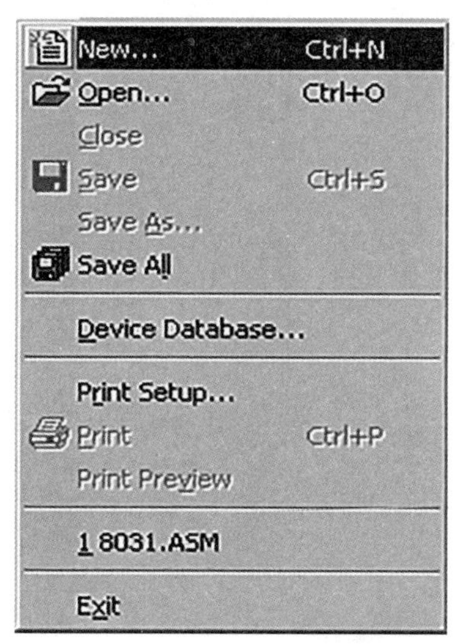

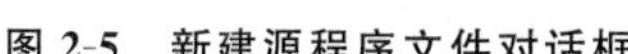

图 2-5　新建源程序文件对话框

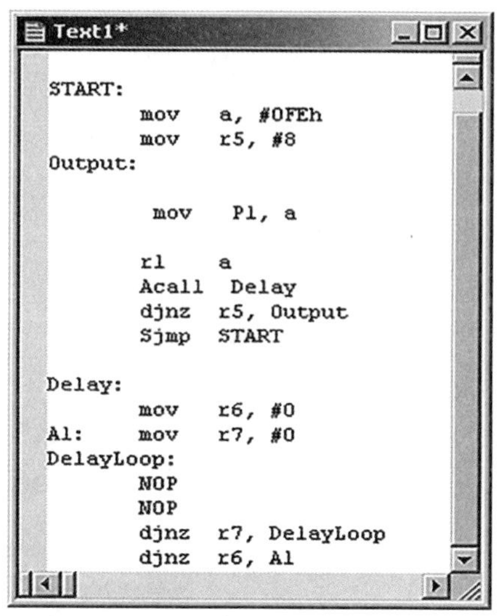

图 2-6　程序文本框

(6) 选择【File】/【Save】选项，或者单击工具栏中的按钮，保存文件。

在弹出的如图 2-7 所示的对话框中选择要保存的路径，在“文件名”文本框中输入文件名。注意一定要输入扩展名，如果是 C 程序文件，扩展名为“. c”；如果是汇编文件，扩展名为“. asm”；如果是 ini 文件，扩展名为“. ini”。这里需要存储 ASM 源程序文件，所以应输入. asm 扩展名(也可以保存为其他名字，比如 new. asm 等)，单击“保存”按钮。

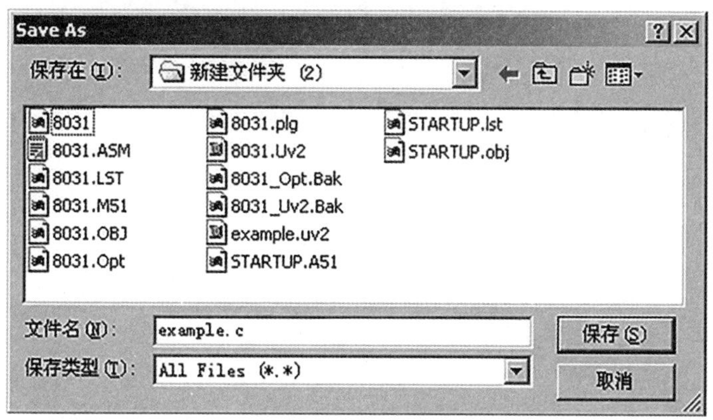

图 2-7　Save As 对话框

(7) 单击 Target1 前面的＋号，展开里面的内容 Source Group1，如图 2-8 所示。

(8) 用右键单击 Source Group1，在弹出的快捷菜单中选择“Add Files to Group ‘Source Group1’”选项，如图 2-9 所示。

(9) 选择刚才的文件 example. asm，文件类型选择 Asm Source file(＊. C)。如果是 C 文件，则选择 C Source file；如果是目标文件，则选择 Object file；如果是库文件，则选择 Library file。最后单击“Add”按钮，如果要添加多个文件，可以不断添加(注意：在用汇编语言编写的程序文件时只能添加一个文件，否则会显示错误信息)。添加完毕后单击“Close”按钮，关闭该窗口，如图 2-10 所示。

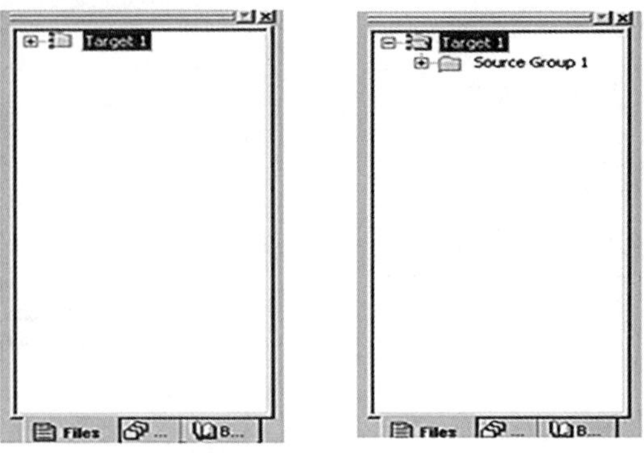

图 2-8　Target 展开图

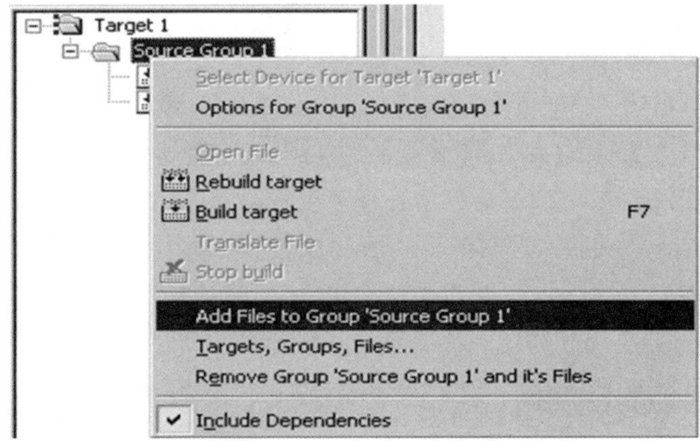

图 2-9　Add Files to Group'Source Group1'选项

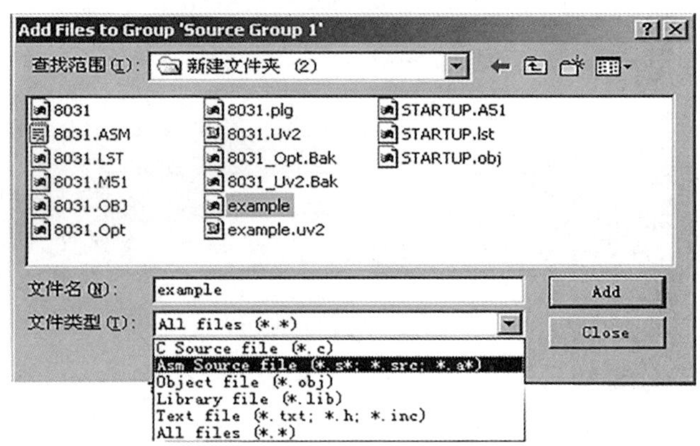

图 2-10　Add Files to Group 'Source Group1'对话框

(10) 这时在 Source Group1 目录里就有 example.asm 文件,如图 2-11 所示。

(11) 接下来要对目标进行一些设置。用鼠标右键单击 Target1,在弹出的菜单中选择"Options for Target 'Target 1'"选项,如图 2-12 所示。

(12) 弹出 Options for Target 'Target 1'对话框,其中有 10 个选项卡。

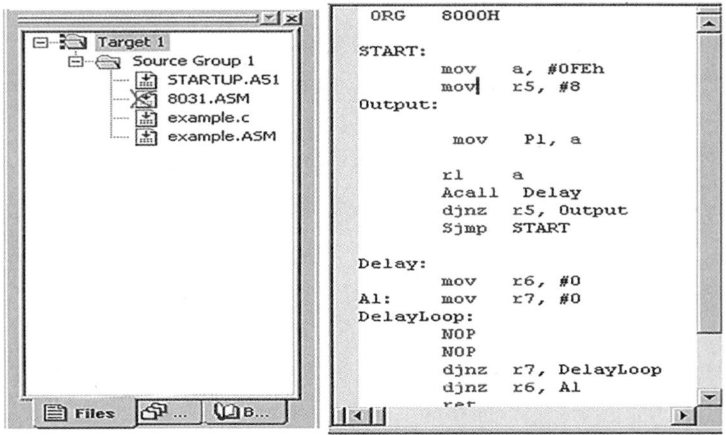

图 2-11　example. asm 文件

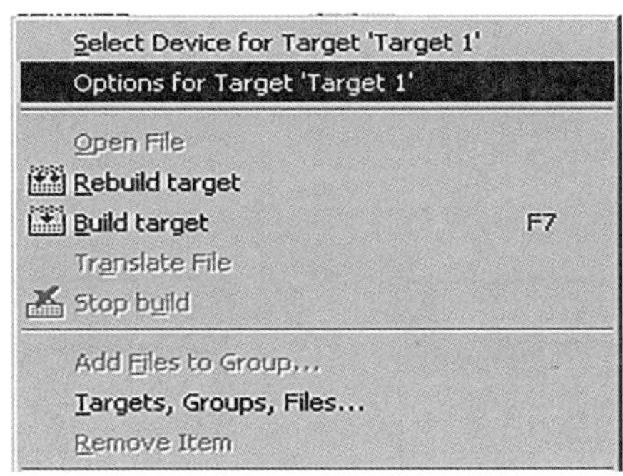

图 2-12　Options for Target ‘Target 1’选项

① 默认为 Target 选项卡(见图 2-13)。

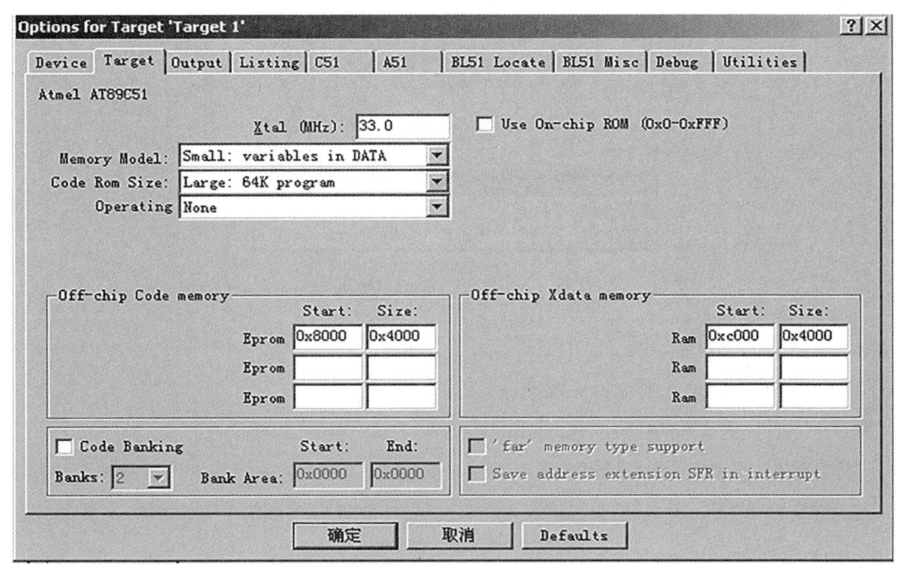

图 2-13　Target 选项卡

● Xtal(MHz):设置单片机工作的频率,默认是 24.0 MHz。

● Use On-chip ROM(0x0-0XFFF):表示使用片上的 Flash ROM,是有 4 KB 的可重编程的 Flash ROM,该选项取决于单片机应用系统,这里选中该选项。

● Off-chip Code memory:表示片外 ROM 的开始地址和大小,如果没有外接程序存储器,那么不需要填任何数据。假设使用一个片外 ROM,地址从 0x8000 开始,外接 ROM 的大小为 0x4000 字节,则最多可以外接 3 块 ROM。

● Off-chip Xdata memory:可以填上外接 Xdata 外部数据存储器的起始地址和大小,一般应用的是 62256 芯片,这里特别指定 Xdata 的起始地址为 0xC000,大小为 0x4000。

● Code Banking:指使用 Code Banking 的技术。Keil 可以支持程序代码超过 64KB 的情况,最大可以有 2MB 的程序代码。目前,微处理器可选型号非常多,当程序空间不足时,可以选用其他处理器来设计,而不是用分段方法来设计。

● Memory Model:单击 Memory Model 后面的下拉箭头,会有 3 个选项,如图 2-14 所示。

Small:变量存储在内部 RAM 里。

Compact:变量存储在外部 RAM 里,使用 8 位间接寻址。

Large:变量存储在外部 RAM 里,使用 16 位间接寻址。

● Code Rom Size:单击 Code Rom Size 后面的下拉箭头,将有 3 个选项,如图 2-15 所示。

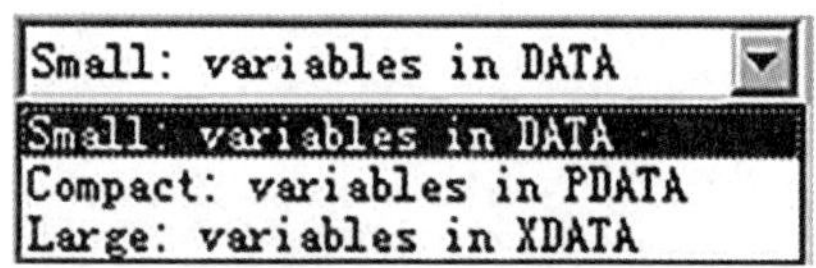

图 2-14 Memory Model 选项

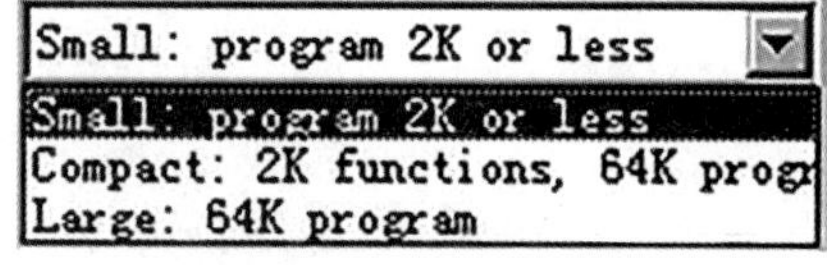

图 2-15 Code Rom Size 选项

选 Small 模式时,程序只用低于 2 KB 的程序空间;选 Compact 模式时,单个函数不超过 2 KB 的程序空间,整个程序可以使用 64 KB 空间;选 Large 模式时,可以任意使用 64 KB 空间。

● Operating:单击 Operating 后面的下拉箭头,会有 3 个选项,如图 2-16 所示。

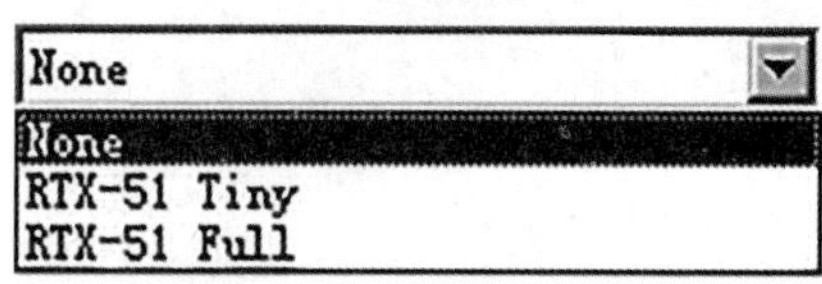

图 2-16 Operating 选项

None:表示不使用操作系统。

RTX-51 Tiny:表示使用 Tiny 操作系统。

RTX-51 Full:表示使用 Full 操作系统。

由于 RTX-51 操作系统任务切换时间较长,在 11.0592 MHz 时,切换任务的时间约为 30 ms。如果有 10 个任务同时运行,那么切换时间为 300 ms。目前嵌入式操作系统也有很多可供选择,如 uCOS,RAWOS 等。

② 设置 Output 选项卡(见图 2-17)。

● Select Folder for Objects：单击该按钮可以选择编译后目标文件的存储目录，如果不设置，就存储在项目文件的目录里。

● Name of Executable：设置生成的目标文件的名字，缺省情况下和项目的名字一样。目标文件可以生成库或者 obj、HEX 的格式。

● Create Executable：如果要生成 OMF 以及 HEX 文件，一般选中 Debug Information 和 Browse Information。选中这两项，才有调试所需的详细信息，比如要调试 C 语言程序；如果不选中，调试时将无法看到高级语言写的程序。

● Create HEX File：要生成 HEX 文件，一定要选中该选项，如果编译之后没有生成 HEX 文件，就是因为这个选项没有被选中。默认是不选中的。

● Create Library：选中该项时将生成 lib 库文件。根据需要决定是否要生成库文件，一般应用是不生成库文件的。

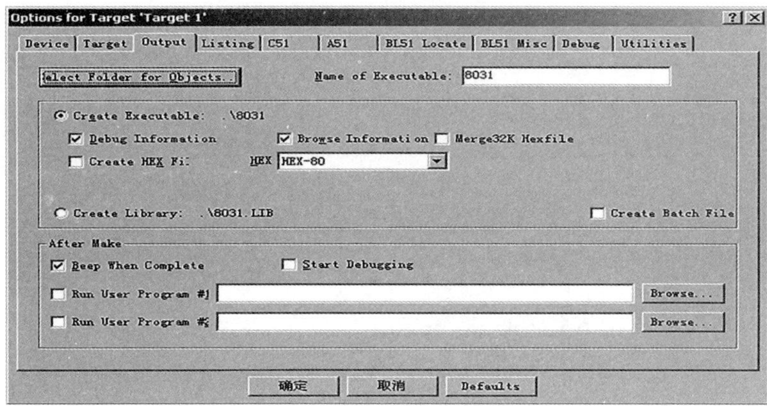

图 2-17　设置 Output 选项卡

③ 设置 Listing 选项卡(见图 2-18)。

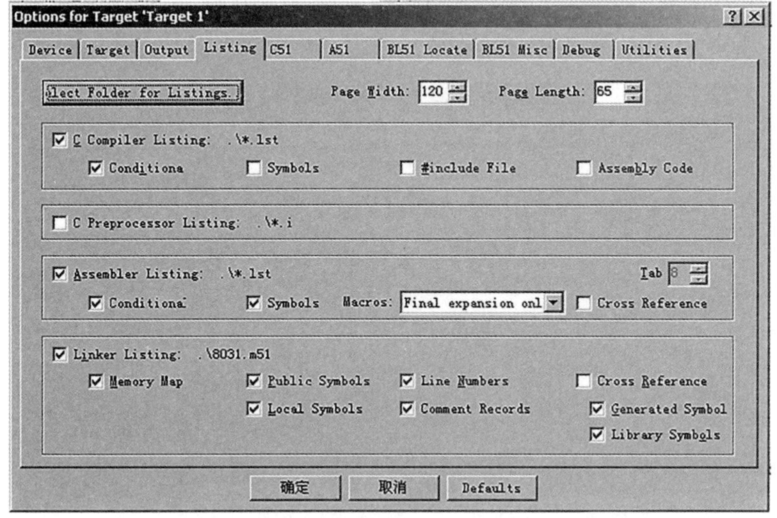

图 2-18　设置 Listing 选项卡

Keil C51 在编译之后除了生成目标文件之外，还生成 *. lst、* m51 文件。这两个文件可以告诉程序员程序中所用的 idata、data、bit、xdata、code、RAM、ROM、stack 等相关信息，以及程序所需的代码空间。一般来说，可以在项目中新建一个文件夹来专门保存这些中间文件。

④ 设置 Debug 选项卡(见图 2-19)。

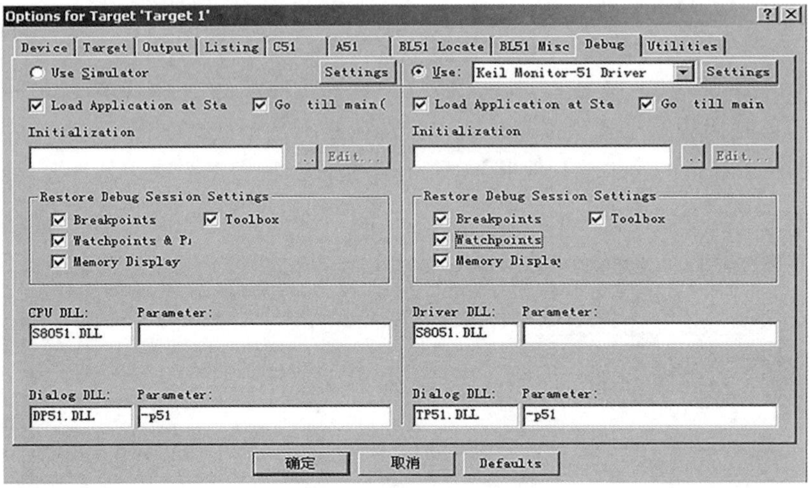

图 2-19　设置 Debug 选项卡

这里有两类仿真形式 Use Simulator 和 Use:Keil Monitor-51 Driver 可选。前一种是纯软件仿真，后一种是带有 Monitor-51 目标仿真器的仿真。

- Load Application at Start:选择此项之后，Keil 才会自动装载程序代码。
- Go till main:调试 C 语言程序时可以选择这一项，PC 会自动运行到 main 程序处。

这里选择 Use Simulator。

如果选择 Use:Keil Monitor-51 Driver，还可以单击图 2-19 中的"Settings"按钮，打开新的窗口如图 2-20 所示，其中的设置如下。

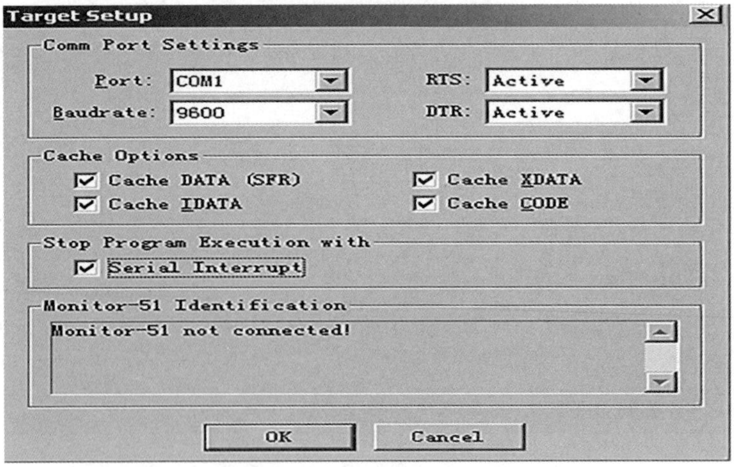

图 2-20　Target 设置

● Port：设置串口号，为仿真机的串口连接线 COM_A 所连接的串口。

● Baudrate：设置为 9600，仿真机固定使用 9600bit/s 跟 Keil 通信。

● Serial Interrupt：允许串行中断，选中它。

● Cache Options：可以选也可以不选，推荐选它，这样仿真机会运行得快一点。

最后单击“OK”按钮关闭窗口。

(13) 编译程序，选择【Project】/【Rebuild all target files】选项，如图 2-21 所示。或者单击工具栏中的▦按钮，如图 2-22 所示，开始编译程序。

图 2-21 Rebuild all target files 选项

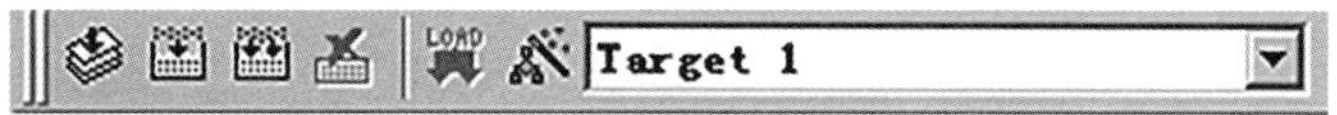

图 2-22 工具栏编译按钮

如果编译成功，开发环境下会显示如图 2-23 所示的信息。

```
Build target 'Target 1'
assembling Led_Flash.asm...
linking...
Program Size: data=8.0 xdata=0 code=33050
"Led_Flash" - 0 Error(s), 0 Warning(s).
```

Build Command Find in Files

图 2-23 编译成功信息

(14) 编译完毕之后，选择【Debug】/【Start/Stop Debug Session】选项，即进入仿真环境，如图 2-24 所示。或者单击工具栏中的🔍按钮，如图 2-25 所示。

图 2-24 Start/Stop Debug Session 选项

图 2-25 工具栏仿真按钮

(15) 装载代码之后,开发环境下会显示如图 2-26 所示的信息。

图 2-26 装载代码成功信息

2.2 Keil μVision 软件仿真步骤

下面通过一个实例看看软件仿真的过程。本实例指定外部存储器的起始地址和长度,将其内容赋同一值。通过本例,读者可主要学习 Keil μVision 软件单步运行、查看内存数据、设置断点等功能。

程序如下:

```
        ADDR    EQU 8000H          ;//地址:8000H
        ORG     0000H
        MOV     DPTR,#ADDR
        MOV     R0,#20             ;//赋值个数:20
        MOV     A,#0FFH            ;//赋值:0FFH
LOOP:   MOVX    @DPTR,A
        INC     DPTR
        DJNZ    R0,LOOP
        END
```

1) 软件设置

按照图 2-27 中所示的方法,进行仿真设置。

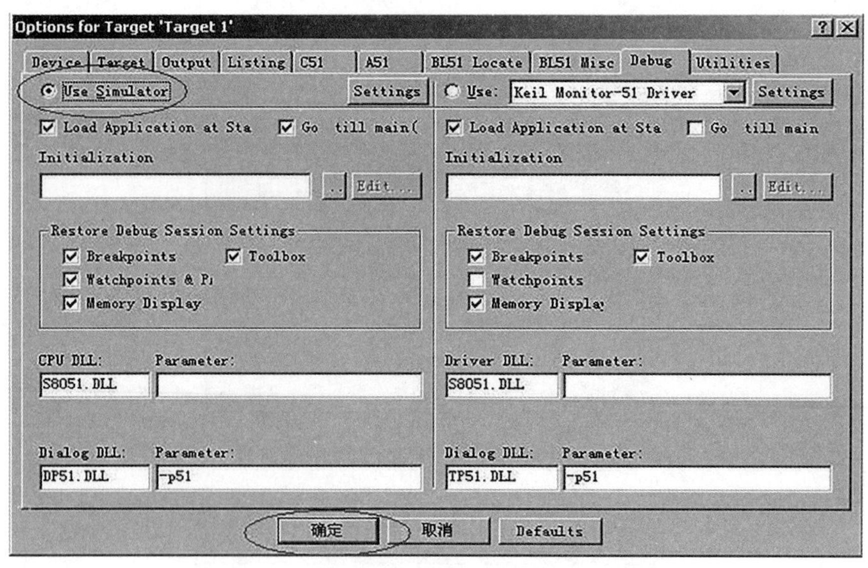

图 2-27 仿真设置

2）编译

单击按钮后再单击按钮，如图 2-28 所示。编译无误后单击按钮开始调试。

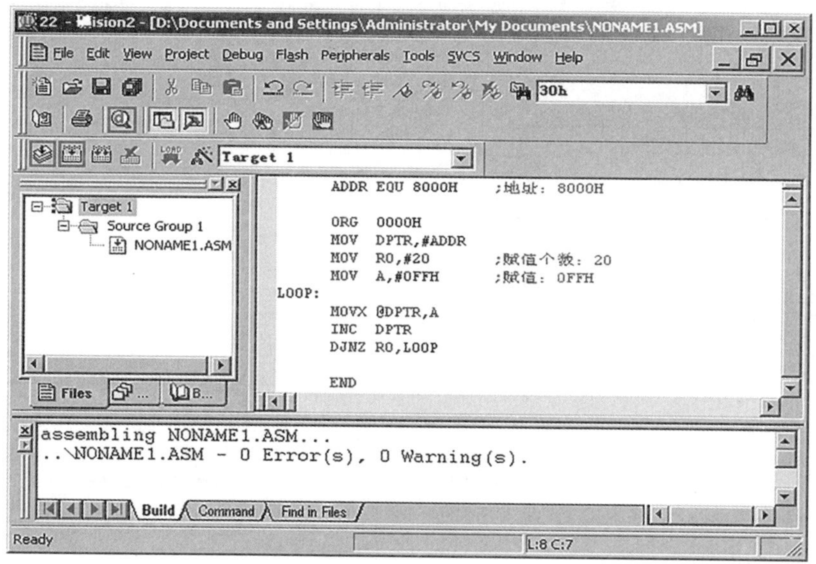

图 2-28 编译

3）调试

打开 View 菜单下的 Memory Window（存储器窗口），在存储器窗口的 Address 输入框中输入“X：0x8000”（如果需查看单片机内的 RAM 单元则输入 D：0x * *，如 D：0x30）。

接着按回车键，存储器窗口显示 8000H 起始的存储数据（都为 0）。单击按钮，运行程序，如图 2-29 所示。

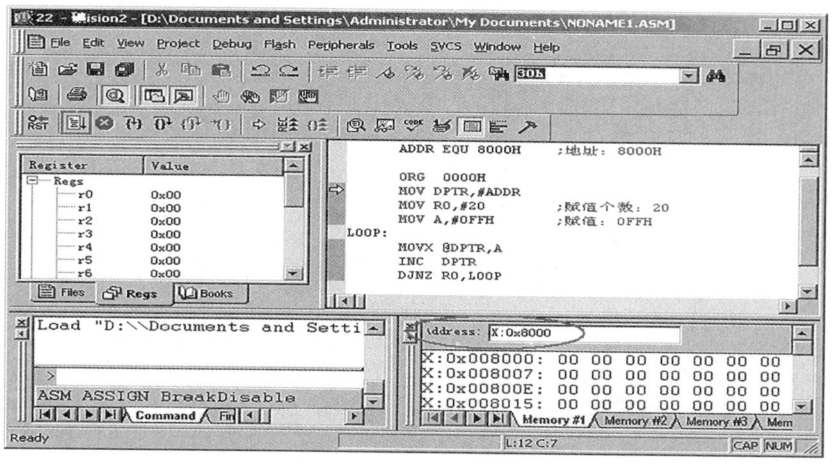

图 2-29 调试窗口 1

程序运行结束后，存储器窗口显示 8000H 起始的 20 个单元的数据变为“0FFH”，如图 2-30 所示。

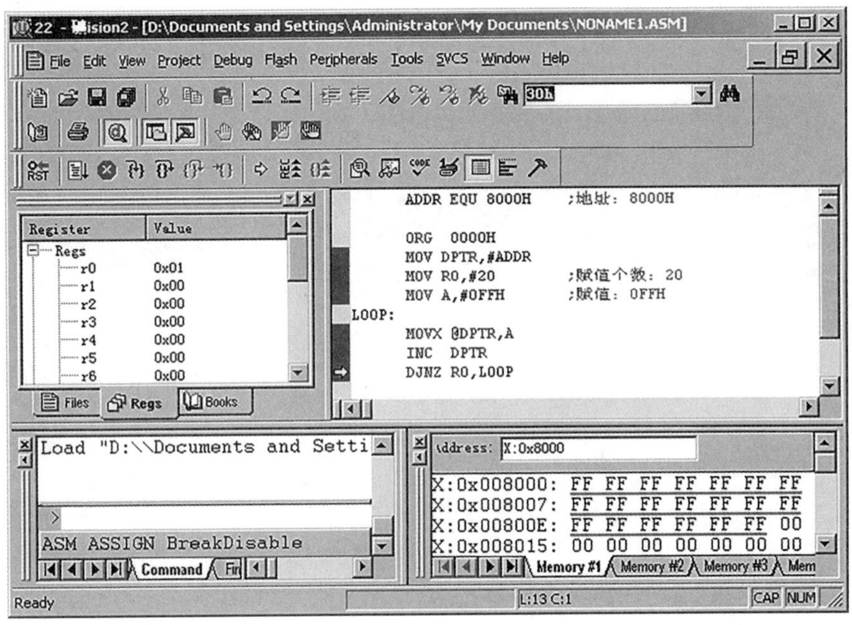

图 2-30 调试窗口 2

4）设置断点

在需要设置断点的指令行的空白处双击左键，指令行的前端出现红色方块即可。同样，要取消断点，也在空白处双击左键，红色方块消失，如图 2-31 所示。

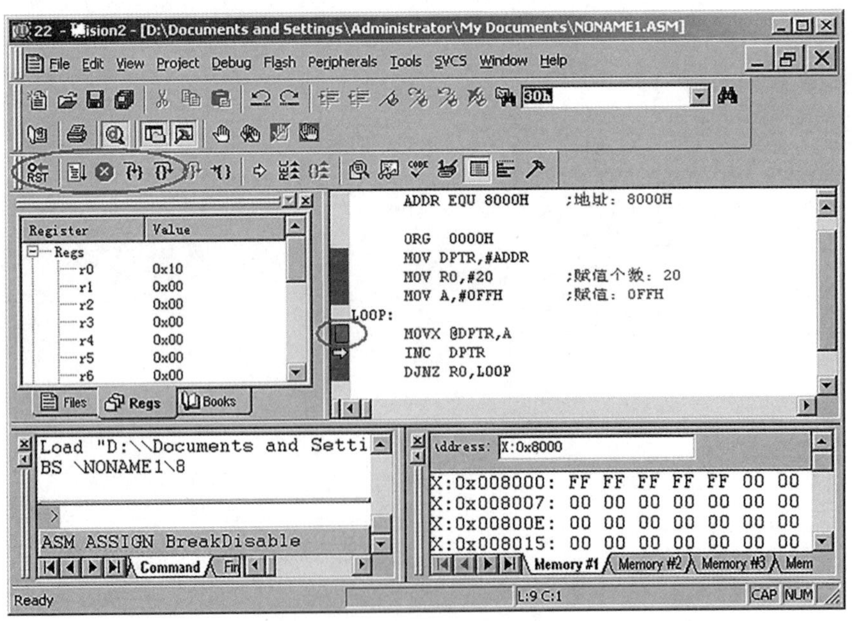

图 2-31 调试窗口 3

图 2-31 中的按钮的功能分别为复位 CPU、运行、停止、跟踪执行程序（遇到子程序则进入）和单步执行程序（跳过子程序）。

5）生成.HEX格式文件

因为烧录器一般只支持.HEX格式文件，而Keil μVision2的默认设置中不会生成该格式的文件，这就需要我们来设置了。如图2-32所示，设置Output选项卡时选中“Create HEX Fi:”前的复选框，然后编译，生成的文件扩展名和项目主文件扩展名相同，即均为“.HEX”文件。

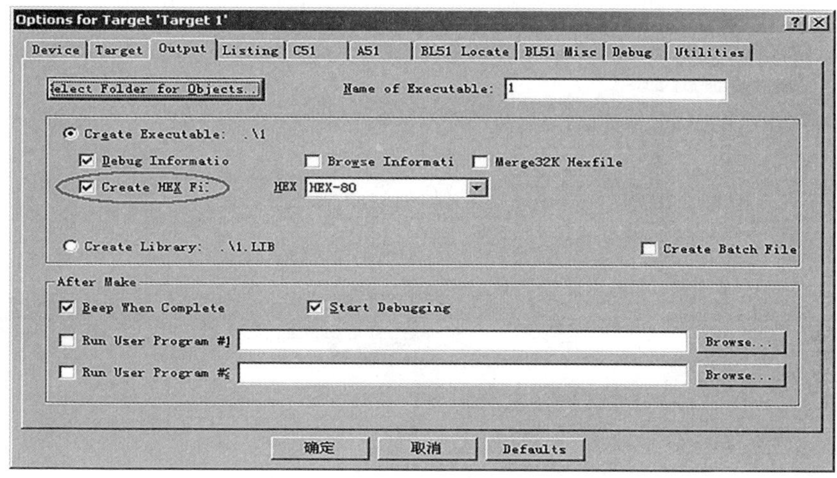

图2-32 设置Output选项卡

2.3 Keil软件的调试功能和技巧

1）Keil软件调试过程

打开一个已经编译通过的单片机项目，如图2-33所示。选择Debug下面的“Start/Stop Debug Session”，这个选项可以打开调试也可以关闭调试。

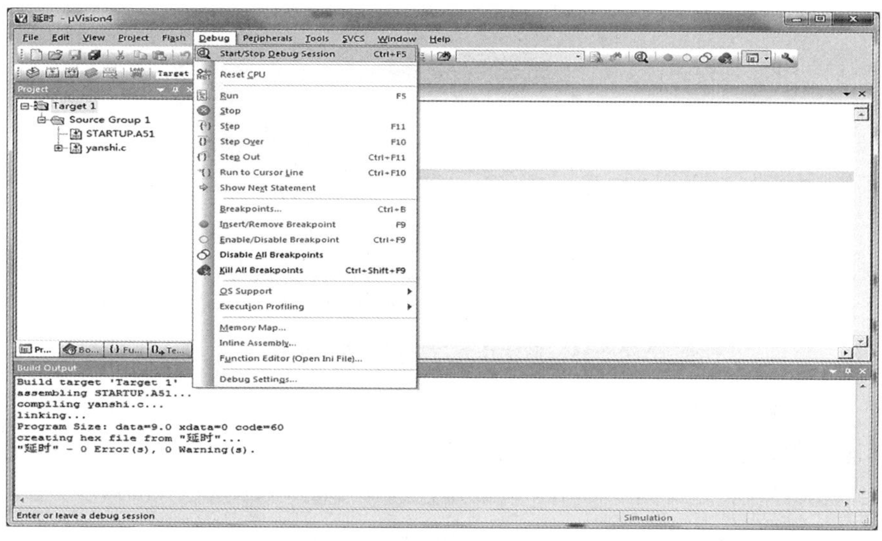

图2-33 打开调试窗口

接下来看到的窗口就是调试窗口，如图 2-34 所示。

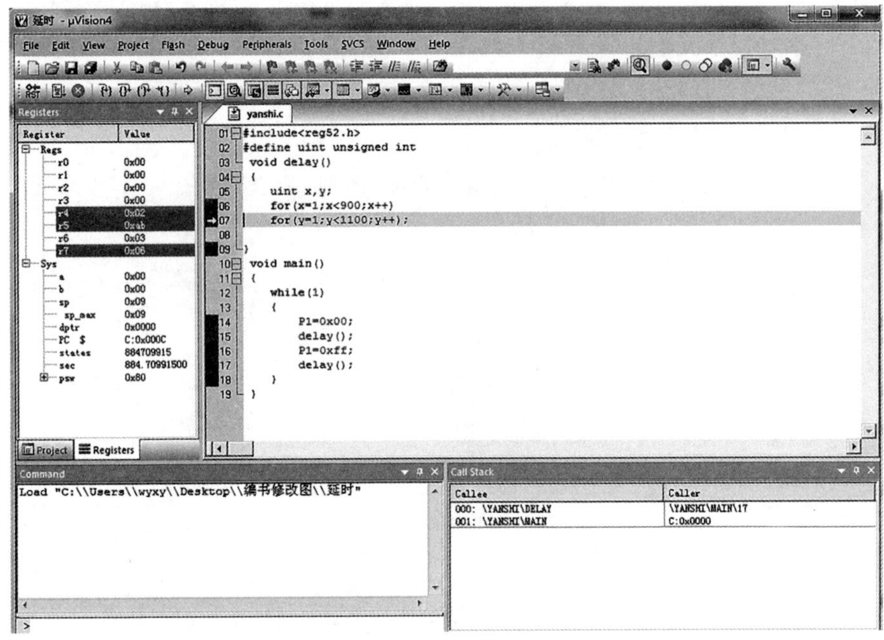

图 2-34 软件调试窗口

2）常用的调试功能按钮与数据查看功能按钮（见图 2-35）

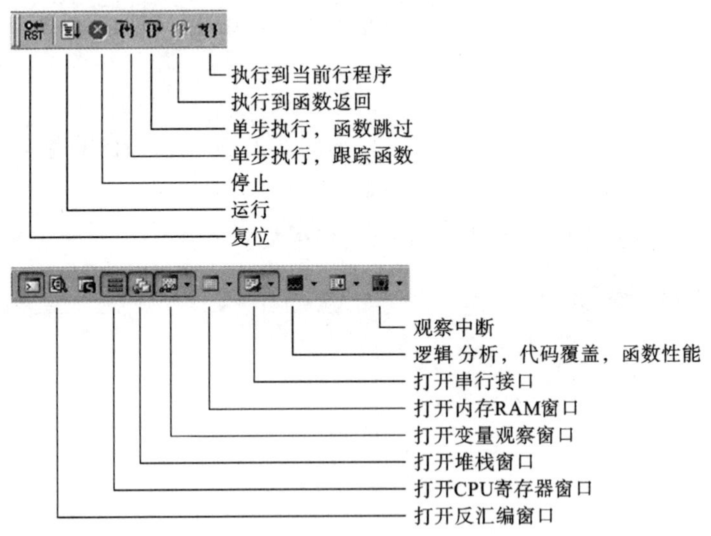

图 2-35 调试功能与数据查看功能按钮

3）用反汇编功能跟踪调试程序

这个是 Disassembly Windows 反汇编窗口，反汇编窗口 Disassembly 用于显示编译器为源代码产生的汇编指令。用户可以通过选择 View→Debug Windows→Disassembly 命令或者按 Alt+8 组合键打开 Disassembly 窗口，如图 2-36 所示。

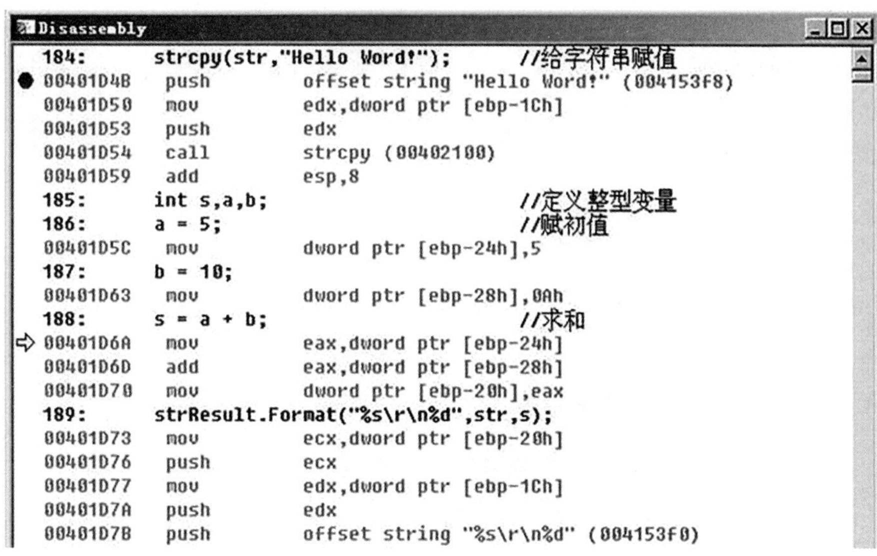
Disassembly
184:        strcpy(str,"Hello Word!");   //给字符串赋值
00401D4B   push   offset string "Hello Word!" (004153F8)
00401D50   mov   edx,dword ptr [ebp-1Ch]
00401D53   push   edx
00401D54   call   strcpy (00402100)
00401D59   add   esp,8
185:        int s,a,b;   //定义整型变量
186:        a = 5;   //赋初值
00401D5C   mov   dword ptr [ebp-24h],5
187:        b = 10;
00401D63   mov   dword ptr [ebp-28h],0Ah
188:        s = a + b;   //求和
00401D6A   mov   eax,dword ptr [ebp-24h]
00401D6D   add   eax,dword ptr [ebp-28h]
00401D70   mov   dword ptr [ebp-20h],eax
189:        strResult.Format("%s\r\n%d",str,s);
00401D73   mov   ecx,dword ptr [ebp-20h]
00401D76   push   ecx
00401D77   mov   edx,dword ptr [ebp-1Ch]
00401D7A   push   edx
00401D7B   push   offset string "%s\r\n%d" (004153F0)

图 2-36　Disassembly 窗口

反汇编窗口 Disassembly 不但可以显示汇编代码，还可以将程序的源代码显示出来，这样可以查看每条语句对应着什么样的汇编代码，结合汇编语句前的地址值、Memory 窗口和 Registers 窗口可以分析汇编代码的执行情况。

4) CPU 内部硬件功能仿真

Keil C51 不仅能仿真 8051 单片机指令，还可以仿真常见的硬件模块：GPIO 口，定时器，串口，中断等。单击外设 Peripherals 菜单，可以打开各种仿真模块，如图 2-37 所示。图 2-38 所示为 I/O-Ports 的四个窗口。

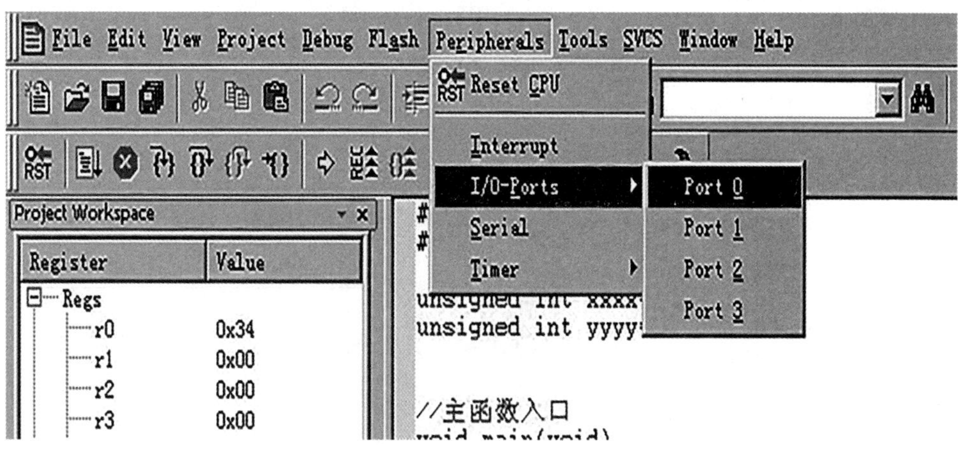
File Edit View Project Debug Flash Peripherals Tools SVCS Window Help
Reset CPU
Interrupt
I/O-Ports
Serial
Timer
Port 0
Port 1
Port 2
Port 3
Project Workspace
Register
Value
Regs
r0
0x34
r1
0x00
r2
0x00
r3
0x00
unsigned int yyyy
//主函数入口

图 2-37　打开 I/O-Ports 硬件窗口

中断 Interrupt 设置选项如图 2-39 所示。

选择 Interrupt 这个选项可以打开中断输入窗口(见图 2-40)，可以随时设置产生任意一种中断。

选择不同的中断源 Int Source 会有不同的中断设置项目 Selected Interrupt，通过选

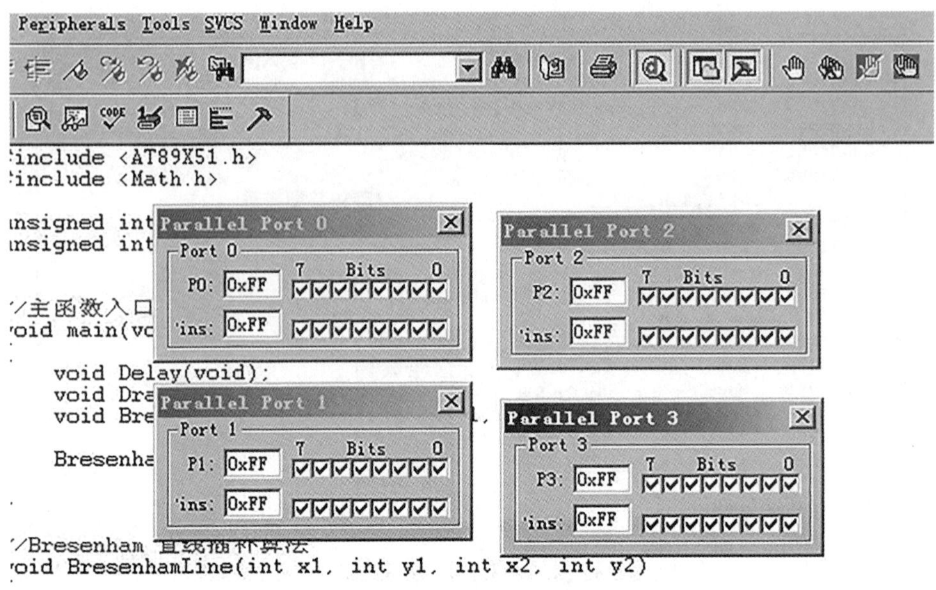

图 2-38　I/O-Ports 的四个窗口

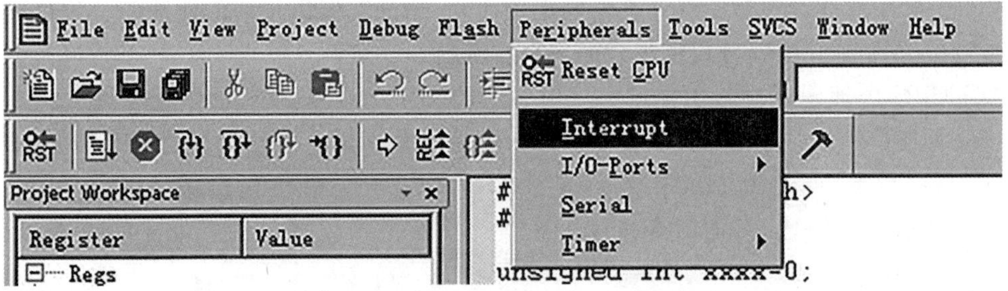

图 2-39　Interrupt 设置选项

Interrupt System

Int Source	Vector	Mode	Req	Ena	Pri
P3.2/Int0	0003H	0	0	0	0
Timer 0	000BH		0	0	0
P3.3/Int1	0013H	0	0	0	0
Timer 1	001BH		0	0	0
Serial Rcv.	0023H		0	0	0
Serial Xmit.	0023H		0	0	0
Timer 2	002BH		0	0	0
P1.1/T2EX	002BH	0	0	0	0

Selected Interrupt: EA　IT0　IE0　EX0　Pri.: 0

图 2-40　中断输入窗口

择与赋值达到模拟输入的目的。

单片机串口功能的设置，如图 2-41 所示。

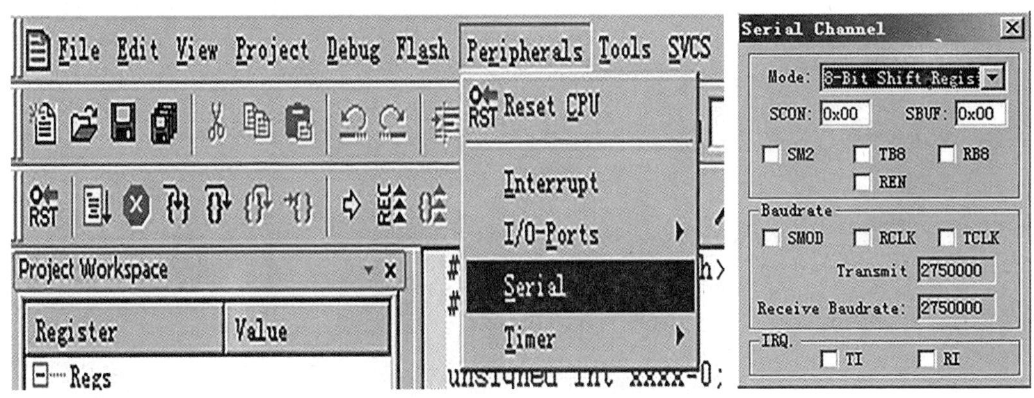

图 2-41　串口设置窗口

单击将会出现图 2-42 所示窗口，这个窗口可以监测从串口输出的 ASCII 代码。

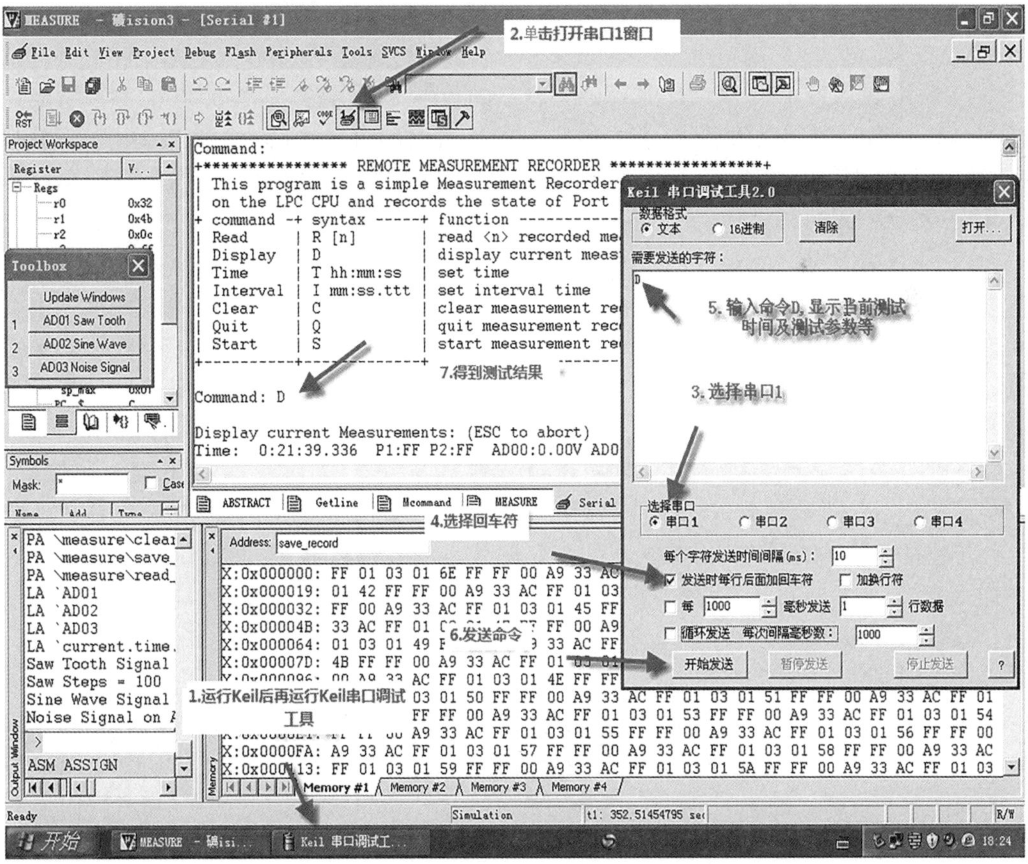

图 2-42　串口输出 ASCII 代码监视窗口

定时器仿真设置如图 2-43 所示，图中显示有 3 个定时器与一个看门狗（Watchdog），设置定时器的数量与工程选择的单片机种类有关，如果是 8051 就可以只选 2 个定时器，如果是 8052 就要选择 3 个定时器了。

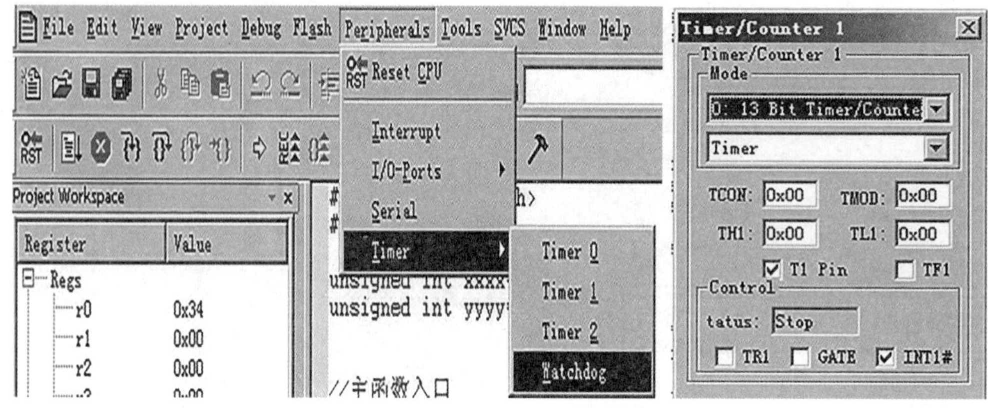

图 2-43　定时器仿真设置

2.4　单片机 Proteus 仿真软件

Proteus 是英国 Lab Center Electronics 公司研发的多功能 EDA 软件，它具有功能很强的 ISIS 智能原理图输入系统，有非常友好的人机互动窗口界面，有丰富的操作菜单与工具。在原理图 ISIS 编辑区中，能方便地完成单片机系统的硬件设计、软件设计、单片机源代码级调试与仿真。

Proteus 有三十多个元器件库，拥有数千种元器件仿真模型，有形象生动的动态器件库、外设库。特别是有从 8051 系列 8 位单片机直至 ARM7 32 位单片机的多种单片机类型库。支持的单片机类型有：68000 系列、8051 系列、AVR 系列、PIC12 系列、PIC16 系列、PIC18 系列、Z80 系列、HC11 系列以及各种外围芯片。它们是单片机系统设计与仿真的基础。

Proteus 有多达十余种的信号激励源，十余种虚拟仪器（如示波器、逻辑分析仪、信号发生器等），可提供软件调试功能，即具有模拟电路仿真、数字电路仿真、单片机及其外围电路组成的系统仿真、RS232 动态仿真、I2C 调试器、SPI 调试器、键盘和 LCD 系统仿真的功能；还有用来精确测量与分析的 Proteus 高级图表仿真（ASF）。它们构成了单片机系统设计与仿真的完整的虚拟实验室。Proteus 同时支持第三方的软件编译和调试环境，如 Keil C51 μVision2 等软件。

Proteus 还有使用极方便的印刷电路板高级布线编辑软件（PCB）。特别指出，Proteus 库中数千种仿真模型是依据生产企业提供的数据来建模的。因此，Proteus 设计与仿真极其接近实际。目前，Proteus 已成为流行的单片机系统设计与仿真平台，应用于各种领域。通过 Proteus 软件的使用，读者能够轻易地获得一个功能齐全、实用方便的单片机实验室。

1) Proteus Isis 的基本界面

双击桌面快捷菜单或者通过开始/程序/Proteus Isis 进入开启界面，如图 2-44 所示。

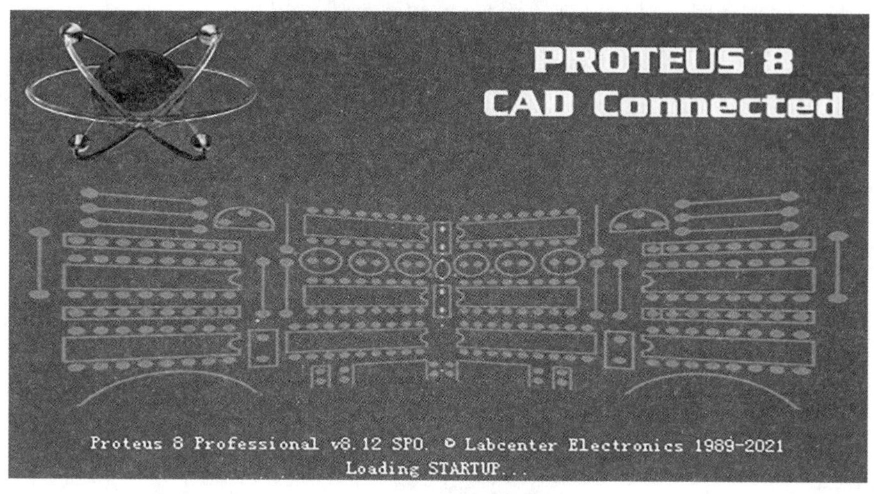

图 2-44 Proteus 开启界面

Proteus 是一个标准的 Windows 窗口程序，和大多数程序一样，没有太大区别，如图 2-45 所示，区域①为菜单及工具栏，区域②为预览区，区域③为元器件浏览区，区域④为编辑窗口，区域⑤为对象拾取区，区域⑥为元器件调整工具栏，区域⑦为运行工具条。

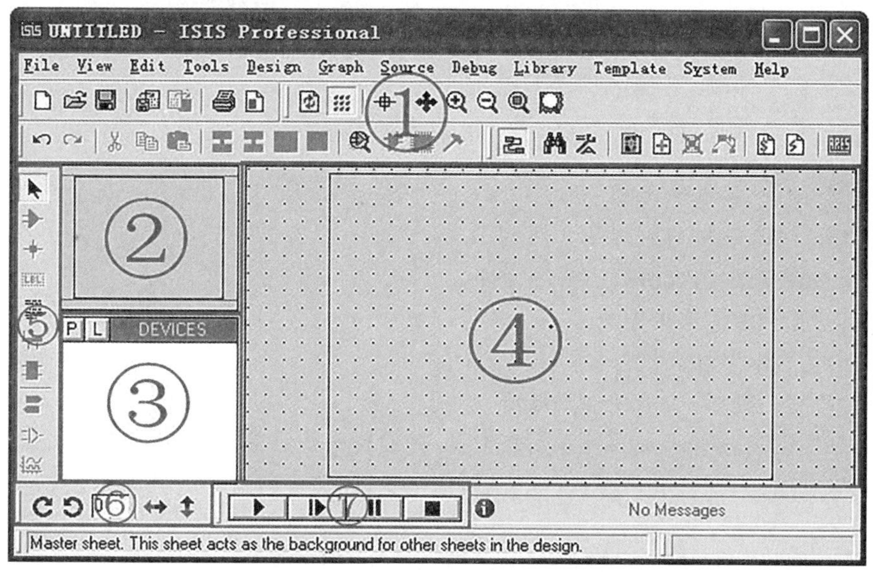

图 2-45 Proteus Isis 工作界面

2）对象拾取区功能

在对象拾取区完成设计电路图的过程中经常需要一些工具、端点、虚拟仿真仪器、图形符号、信号源等。具体图标如下：

![]:(Selection Mode)。选择模式，通常情况下我们都需要选中它，比如布局时和布线时。

![]:(Component Mode)。组件模式，单击该按钮，能够显示出区域③中的元器件，以

便我们选择元件来画图。鼠标移到线附近时,单击左键可以进行电路连接。

:(Wire Label Mode)。线路标签模式,选中它并单击文档区电路连线能够为连线添加标签。经常与总线配合使用。

:(Text Script Mode)。文本模式,选中它能够为文档添加文本。

:(Buses Mode)。总线模式,选中它能够在电路中画总线。

:(Terminals Mode)。终端模式,选中它能够为电路添加各种终端,比如输入、输出、电源、地,等等。

:(Virtual Instruments Mode)。虚拟仪器模式,选中它能够在区域③中看到很多虚拟仪器,比如示波器、电压表、电流表等。

3) 对象拾取区中的图表、信号源与虚拟仪器(见图 2-46)

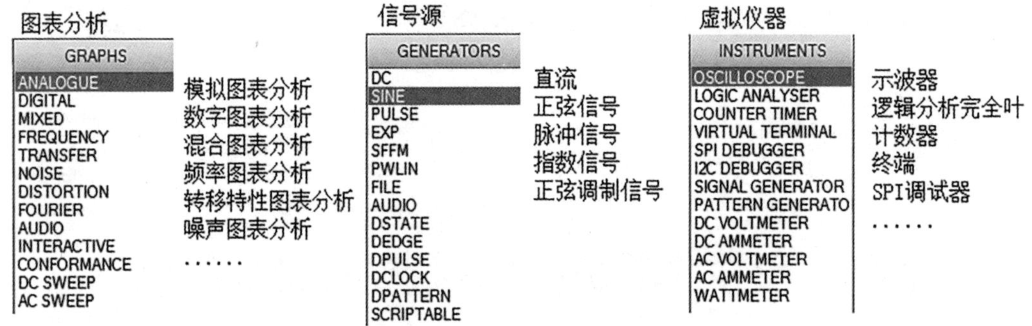

图 2-46 对象拾取区中的图表、信号源、虚拟仪器

4) Proteus 仿真基本步骤

(1) 建立仿真项目与原理图文件。

(2) 从元件库中选出所有需要的元件。

(3) 排列元件,并连接导线。

(4) 给仿真电路加入信号源。

(5) 添加仿真所需的各种虚拟仪器。

(6) 添加图表分析所需的各种图表工具,并设置好仿真曲线、时间基准等。

(7) 仿真电路,调整电路参数(电位器,信号源,开关等),观察电路输出。

2.5 Proteus 产品设计仿真实例

1) 仿真实例

设计一个简单的单片机电路,如图 2-47 所示。

电路的核心是单片机 AT89C52,晶振 X1 和电容 C1、C2 构成单片机时钟电路,单片机的 P1 口接 8 个发光二极管,二极管的阳极通过限流电阻接到电源的正极。

2) 电路图绘制

(1) 将需要用到的元器件加载到对象选择器窗口。单击对象选择器按钮 P ,如图 2-48所示。

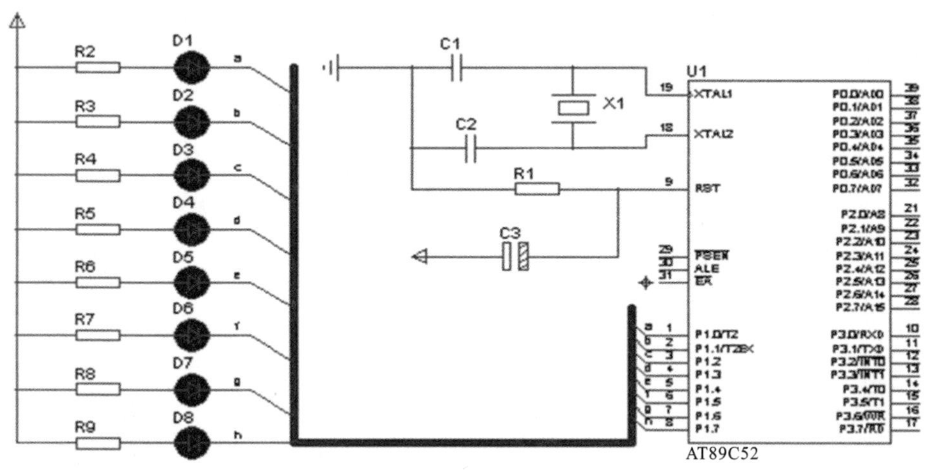

图 2-47 流水灯控制电路

弹出“Pick Devices”对话框，在“Category”下面找到“Microprocessor ICs”选项，用鼠标左键单击，在对话框的右侧，我们会发现这里有大量常见的各种型号的单片机。找到 AT89C52，双击“AT89C52”。这样在左侧的对象选择器中就有了 AT89C52 这个元件了。

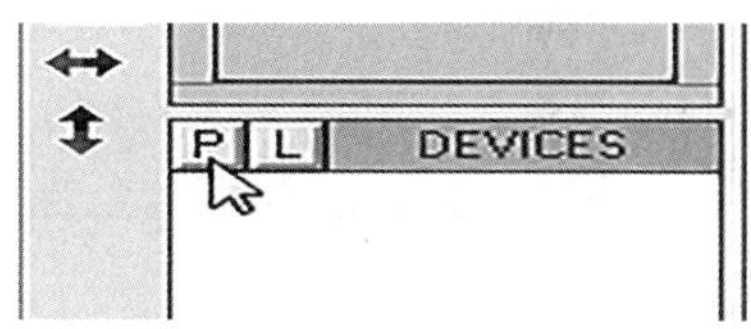

图 2-48 元器件选择

如果知道元件 AT89C52 的名称或者型号，我们可以在“Keywords”中输入 AT89C52，系统在对象库中搜索查找，并将搜索结果显示在“Results”中，如图 2-49 所示。

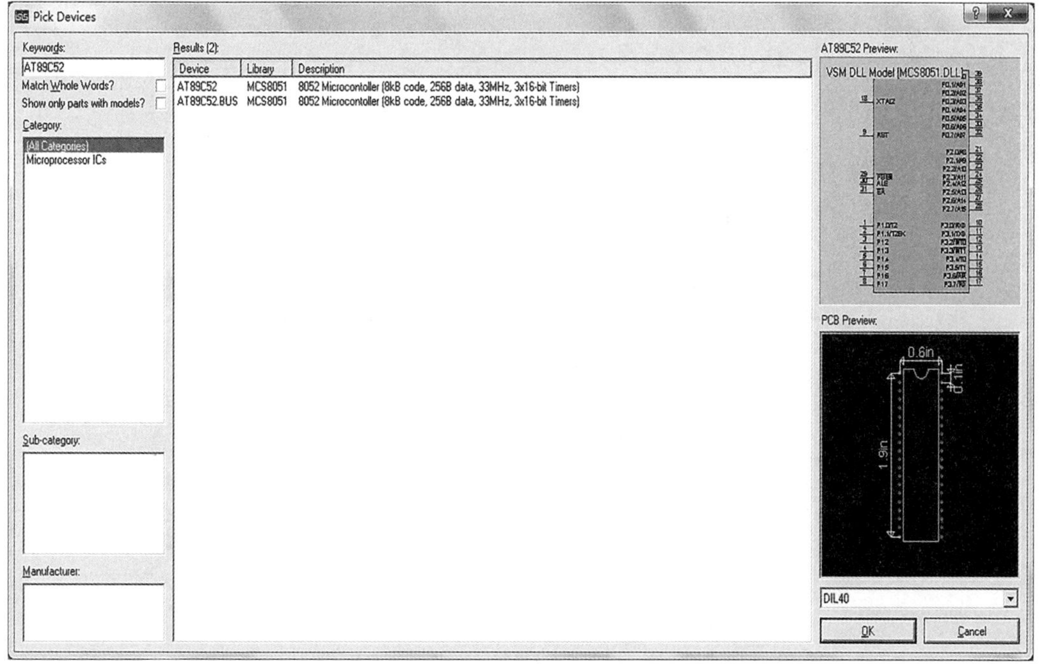

图 2-49 单片机元件选择

在“Results”的列表中，双击“AT89C52”即可将AT89C52加载到对象选择器窗口内。接着在“Keywords”中输入CRY，在“Results”的列表中，双击“CRYSTAL”将晶振加载到对象选择器窗口内，如图2-50所示。

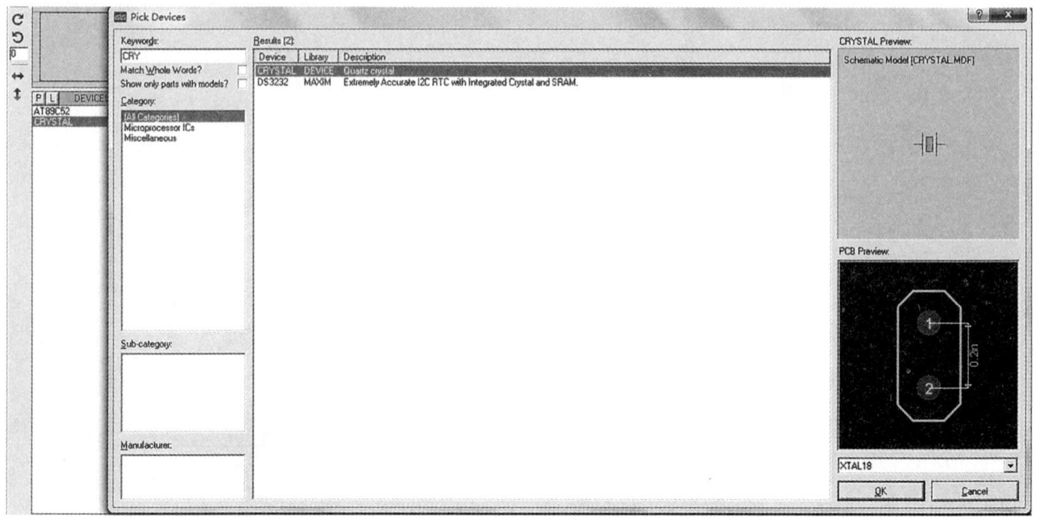

图2-50　晶振选择

经过前面的操作我们已经将AT89C52、晶振加载到了对象选择器窗口内，现在还缺CAP(电容)、CAP POL(极性电容)、LED-RED(红色发光二极管)、RES(电阻)，我们只要依次在“Keywords”中输入CAP、CAP POL 、LED-RED、RES，在“Results”的列表中，把需要用到的元件加载到对象选择器窗口内即可。

在对象选择器窗口内用鼠标左键单击“AT89C52”会发现在预览窗口中可以看到AT89C52的实物图，且绘图工具栏中的元器件按钮处于选中状态。再单击“CRYSTAL”“LED-RED”也能看到对应的实物图，元器件按钮也处于选中状态，如图2-51所示。

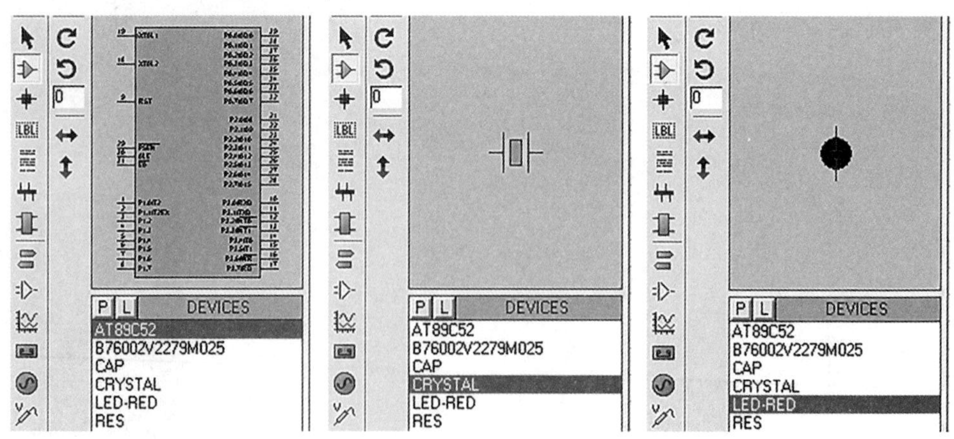

图2-51　元器件选择

(2) 将元器件放置到图形编辑窗口。

在对象选择器窗口内，选中AT89C52，如果元器件的方向不符合要求，可使用预览对象方向控制按钮进行调整。例如,用按钮 对元器件进行顺时针旋转,用按钮 对元器件进行逆时针旋转,用按钮 对元器件进行左右反转,用按钮 对元器件进行上下反转。元器件方向符合要求后,将鼠标置于图形编辑窗口元器件需要放置的位置,单击鼠标左键,出现紫红色的元器件轮廓符号(此时还可对元器件的放置位置进行调整)。再单击鼠标左键,元器件被完全放置(放置元器件后,如还需调整方向,可使用鼠标左键,单击需要调整的元器件,再单击鼠标右键菜单进行调整)。同理将晶振、电容、电阻、发光二极管放置到图形编辑窗口,如图 2-52 所示。

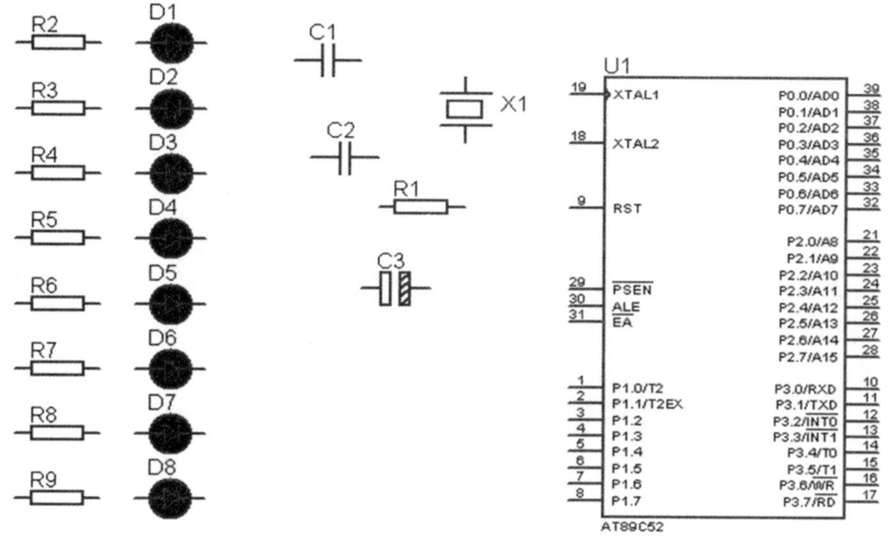

图 2-52 放置电路元器件

我们将元器件编号,并修改参数。修改的方法是:在图形编辑窗口中,双击元器件,在弹出的“Edit Component”对话框中进行修改。现以电阻为例进行说明,如图 2-53 所示。

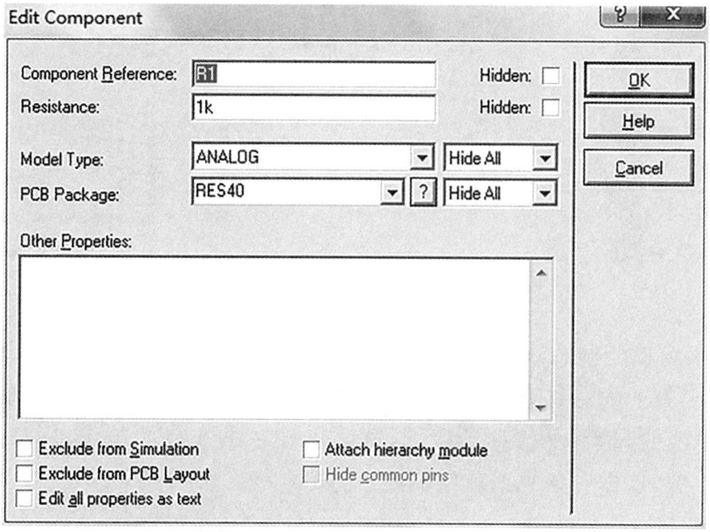

图 2-53 元器件参数修改

把“Component Reference”中的 R? 改为 R1，把“Resistance”中的 10k 改为 1k。修改好后单击 OK 按钮，这时编辑窗口就有了一个编号为 R1，阻值为 1k 的电阻了。大家只需重复以上步骤就可对其他元器件的参数进行设置。

(3) 元器件与元器件的电气连接。

Proteus 具有自动连线功能(wire auto router)，当鼠标移动至连接点时，鼠标指针处出现一个虚线框。

单击鼠标左键，移动鼠标至 LED-RED 的阳极，出现虚线框时，单击鼠标左键完成连线，如图 2-54 所示。

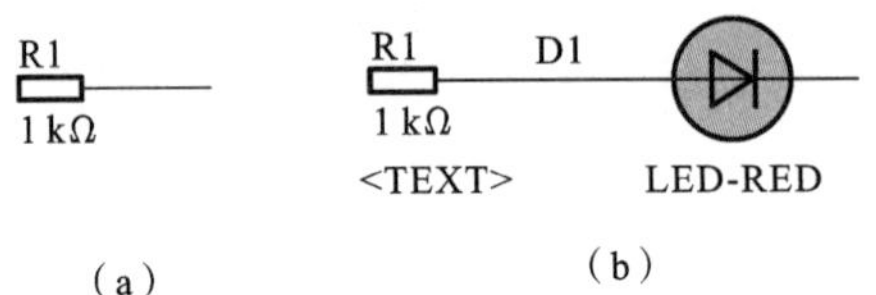

图 2-54 完成连线

同理，我们可以完成其他连线。在此过程中，我们可以按下 ESC 键或者单击鼠标右键放弃连线。

(4) 放置电源端子。

单击绘图工具栏的按钮，使之处于选中状态。单击选中“POWER”，放置两个电源端子；单击选中“GROUND”，放置一个接地端子。放置好后完成连线，如图 2-55 所示。

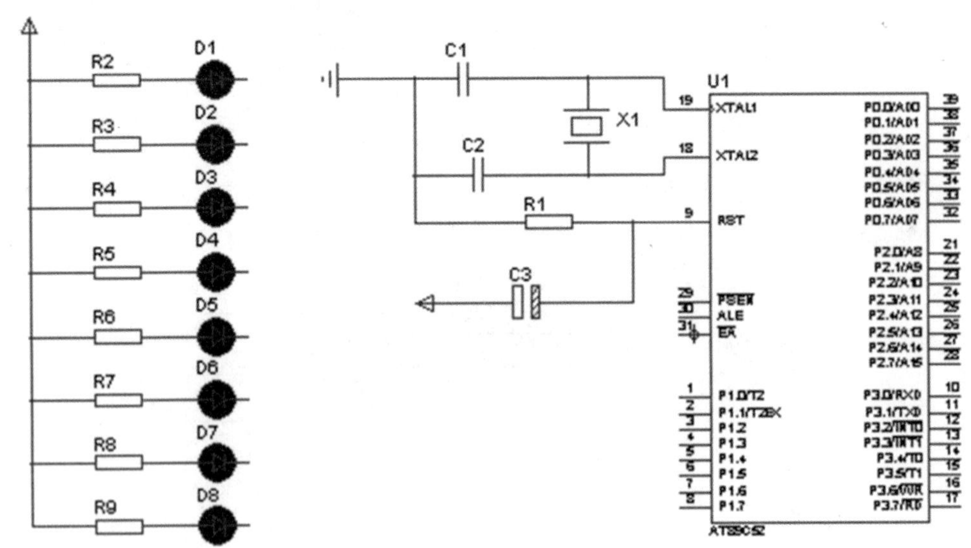

图 2-55 总体电路图

(5) 在编辑窗口绘制总线。

单击绘图工具栏的按钮，使之处于选中状态。将鼠标置于图形编辑窗口，单击鼠标左键，确定总线的起始位置；移动鼠标，屏幕出现一条蓝色的粗线，选择总线的终点位置，双击鼠标左键，这样一条总线就绘制好了，如图 2-56 所示。

(6) 元器件与总线的连线。

在绘制元器件与总线的连线时，一般用斜线来表示。此时我们需要自己决定走线路

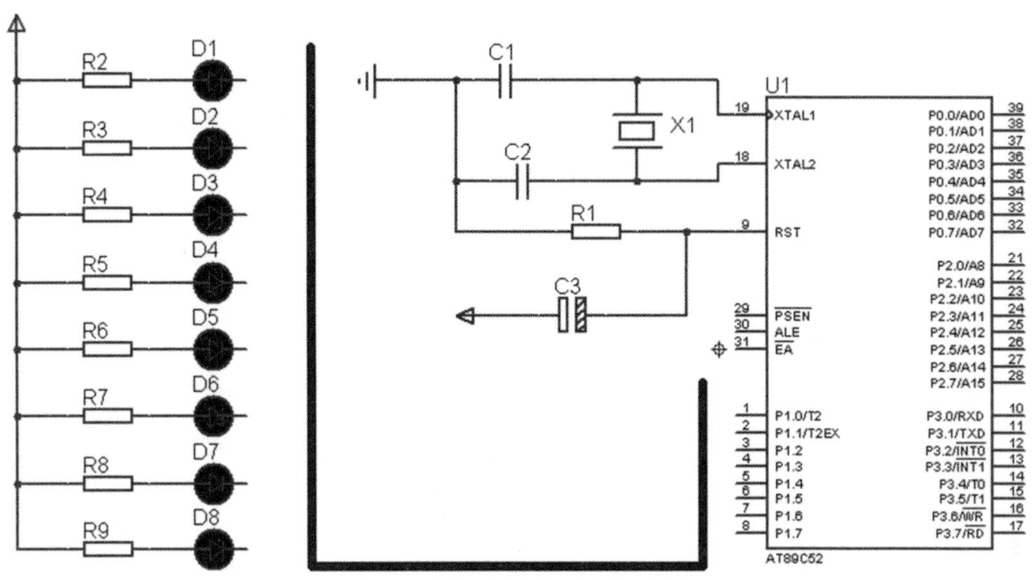

图 2-56　总线画法

径，在想要拐点处单击鼠标左键即可。在绘制斜线时我们需要关闭自动连线功能，可通过使用工具栏里的 WAR 命令按钮来关闭该功能。绘制完成的效果如图 2-57 所示。

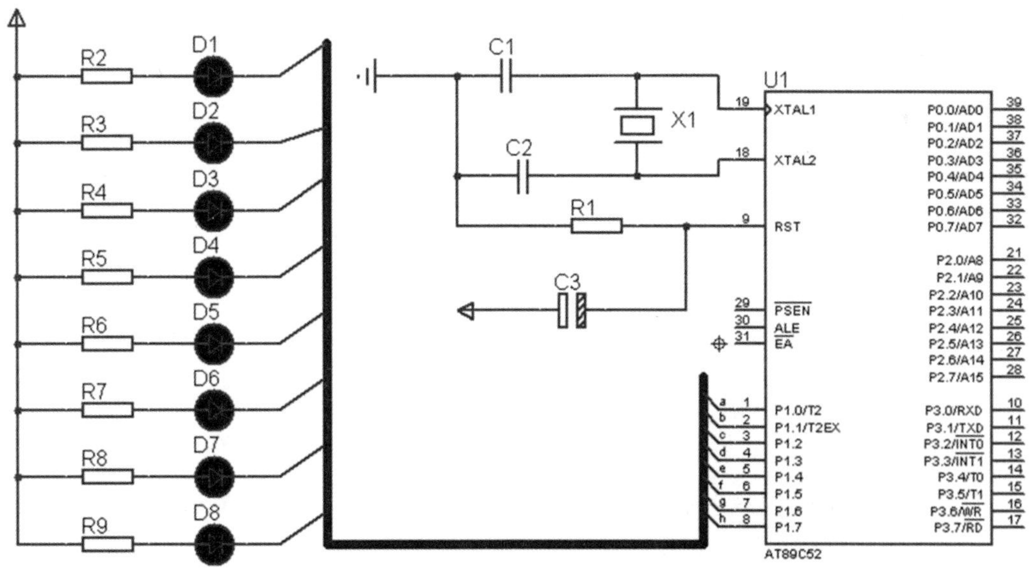

图 2-57　完整原理图

（7）放置网络标号。

单击绘图工具栏的网络标号按钮使之处于选中状态。将鼠标置于欲放置网络标号的导线上，这时会出现一个“×”，表明该导线可以放置网络标号。单击鼠标左键，弹出“Edit Wire Label”对话框，在“String”中输入网络标号名称(如 a)，单击 OK 按钮，完成该导线的网络标号的放置。同理，可以放置其他导线的标号。注意：在放置导线网络标号的过程中，相互接通的导线必须标注相同的标号，如图 2-58 所示。

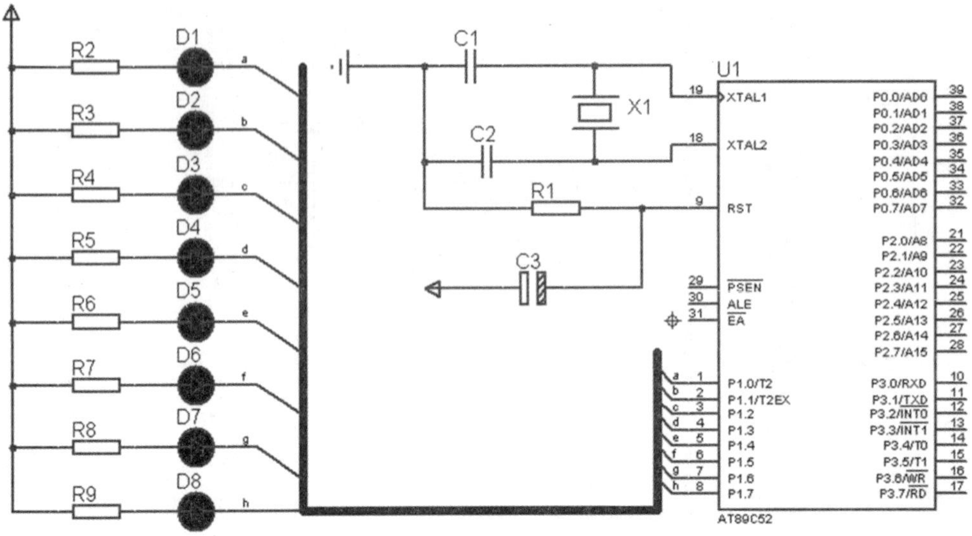

图 2-58 网络标号配置

至此，我们便完成了整个电路图的绘制。

3）电路调试

在进行调试前，我们需要设计和编译程序，并加载编译好的程序。

（1）编译程序。

Proteus 自带编译器，有 8051、AVR、PIC 的汇编器等。在 ISIS 上添加编写好的程序，方法如下：单击菜单栏“Source”，在下拉菜单中单击“Add/Remove Source Code Files”，出现一个对话框，如图 2-59 所示。

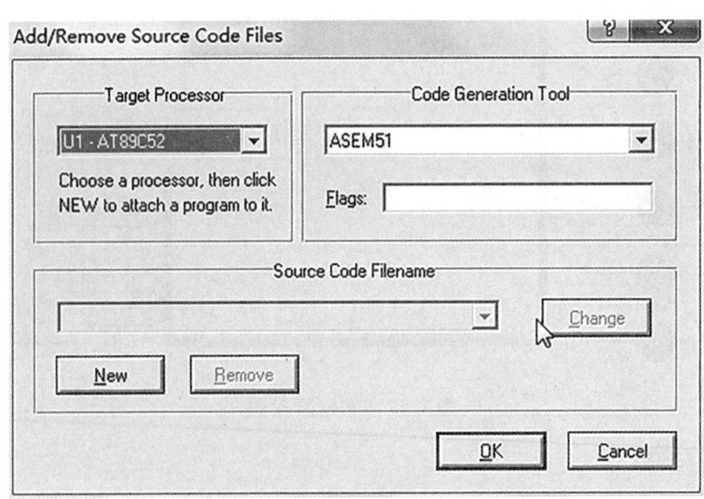

图 2-59 选择添加的硬件单片机类型

单击对话框的 New 按钮，在弹出的对话框中找到设计好的 ASM 文件，单击“打开”，在“Code Generation Tool”的下面找到“ASEM51”，然后单击 OK 按钮，设置完毕后就可以编译了。单击菜单栏的“Source”，在下拉菜单中单击“Build All”，稍等一会儿，编译结果的对话框就会出现在我们面前。如果有错误，对话框会告诉我们是哪一行出现了问题。或者利用 Keil C51 开发软件完成源程序代码的编写和编译，形成 HEX 文件。

(2) 加载程序。

选中单片机 AT89C52，用鼠标左键单击 AT89C52，弹出一个对话框，如图 2-60 所示。

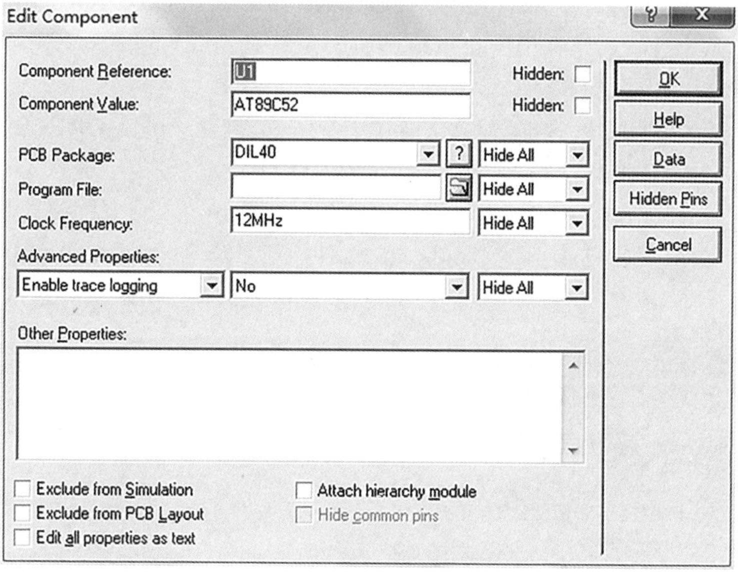

图 2-60　程序加载

在弹出的对话框里单击“Program File”中的按钮，找到刚才编译得到的 HEX 文件并打开，然后单击 OK 按钮就可以调试了。单击调试控制运行按钮，进入调试状态。这时我们能清楚地看到每一个引脚电平的变化。红色代表高电平，蓝色代表低电平。进入调试状态后，若出现错误提示，通常如图 2-61 所示。

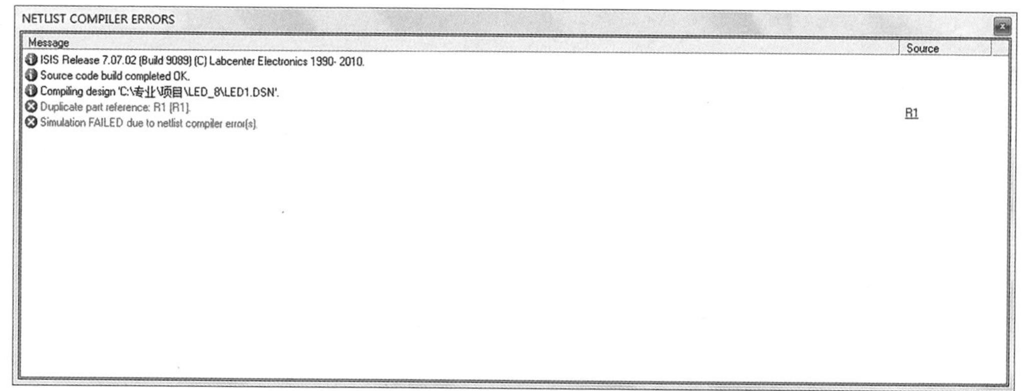

图 2-61　调试出错与报警

出现此错误提示的原因是：电路图中有两个电阻的编号都是 R1。我们只需要把其中一个改为 R9 就行了。

2.6 Proteus 仿真软件与 Keil 联调

1) 安装相关配置文件

(1) 若 Keil C51 与 Proteus 均安装在 C:\Program Files (x86)的目录中，把 C:\Program Files (x86)\Labcenter Electronics\Proteus 7 Professional\MODELS\VDM51.dll 文件复制到 C:\Keil_v5\C51\BIN 目录中。如果安装 Proteus 7 以上版本，则需要自行到网上下载 VDM51.dll 文件。

(2) 将下载的 VDM51.dll 文件复制到 Proteus 安装目录的 MODELS 文件夹中，再复制一个到 C:\keilC\C51\BIN 目录下(Keil 的安装目录)。

2) 修改 Keil 中的工具文件，设置相关配置

(1) 修改 Keil 安装目录下的 Tools.ini 文件，在[C51]字段中加入 TDRV9＝BIN\VDM51.DLL ("Proteus VSM Monitor-51 Driver")，并保存，如图 2-62 所示。

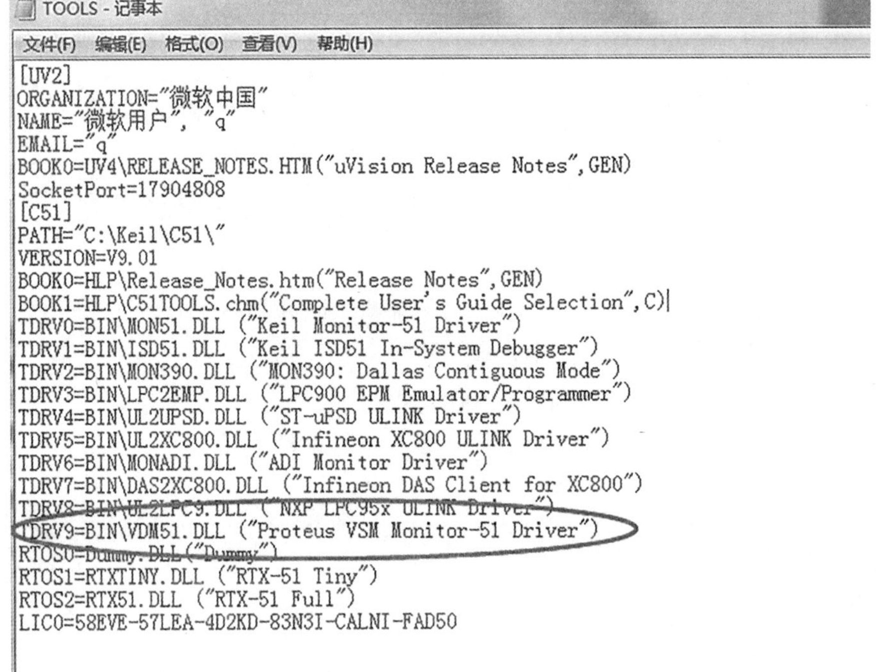

TOOLS - 记事本

文件(F) 编辑(E) 格式(O) 查看(V) 帮助(H)

```
[UV2]
ORGANIZATION="微软中国"
NAME="微软用户", "q"
EMAIL="q"
BOOK0=UV4\RELEASE_NOTES.HTM("uVision Release Notes",GEN)
SocketPort=17904808
[C51]
PATH="C:\Keil\C51\"
VERSION=V9.01
BOOK0=HLP\Release_Notes.htm("Release Notes",GEN)
BOOK1=HLP\C51TOOLS.chm("Complete User's Guide Selection",C)
TDRV0=BIN\MON51.DLL ("Keil Monitor-51 Driver")
TDRV1=BIN\ISD51.DLL ("Keil ISD51 In-System Debugger")
TDRV2=BIN\MON390.DLL ("MON390: Dallas Contiguous Mode")
TDRV3=BIN\LPC2EMP.DLL ("LPC900 EPM Emulator/Programmer")
TDRV4=BIN\UL2UPSD.DLL ("ST-uPSD ULINK Driver")
TDRV5=BIN\UL2XC800.DLL ("Infineon XC800 ULINK Driver")
TDRV6=BIN\MONADI.DLL ("ADI Monitor Driver")
TDRV7=BIN\DAS2XC800.DLL ("Infineon DAS Client for XC800")
TDRV8=BIN\UL2LPC9.DLL ("NXP LPC95x ULINK Driver")
TDRV9=BIN\VDM51.DLL ("Proteus VSM Monitor-51 Driver")
RTOS0=Dummy.DLL("Dummy")
RTOS1=RTXTINY.DLL ("RTX-51 Tiny")
RTOS2=RTX51.DLL ("RTX-51 Full")
LIC0=58EVE-57LEA-4D2KD-83N3I-CALNI-FAD50
```

图 2-62 修改 Tools.ini 文件

注意：不一定要用 TDRV9，根据原来字段选用一个不重复的数值，如“TDRV10”也可以。

(2) 打开 Proteus，画出相应的电路原理图。在 Proteus 的 Debug 菜单中选中“Enable Remote Debug Monitor”(使用远程调试监控)，如图 2-63 所示。

(3) 进入 Keil 的 project 菜单 Option for Target '工程名'。在 Debug 选项右栏上部的下拉菜单中选中“Proteus VSM Monitor-51 Driver”。然后进入 Settings，如图 2-64 所示。如果用同一台机器调试，IP 名为 127.0.0.1；如果不是同一台计算机调试，则填入另

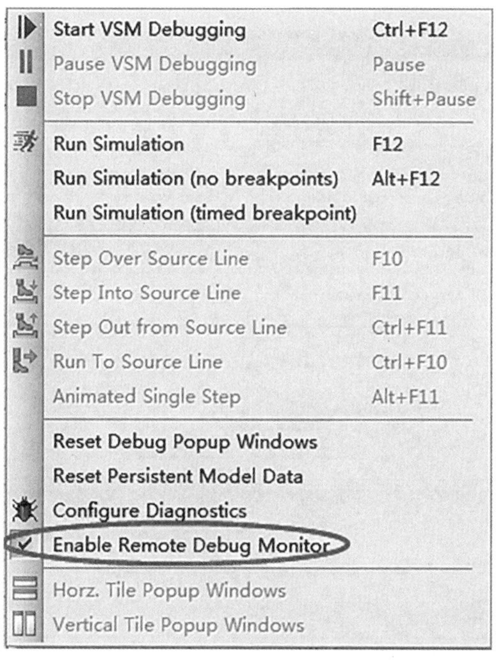

图 2-63 Proteus 远程调试设置

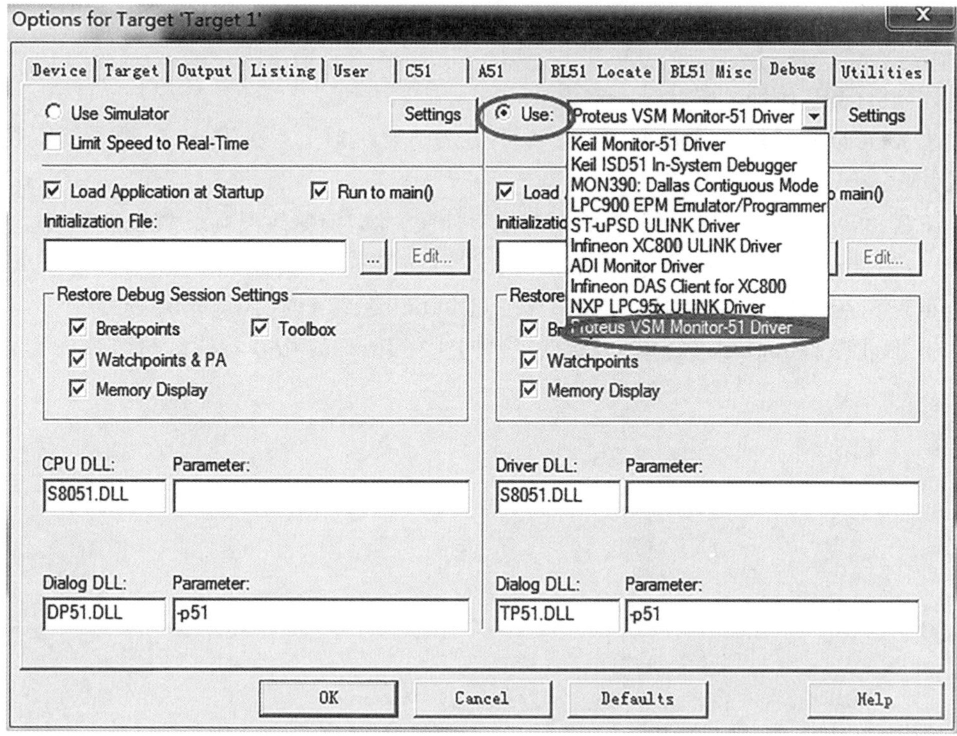

(a)

图 2-64 Keil 环境的 DEBUG 设置

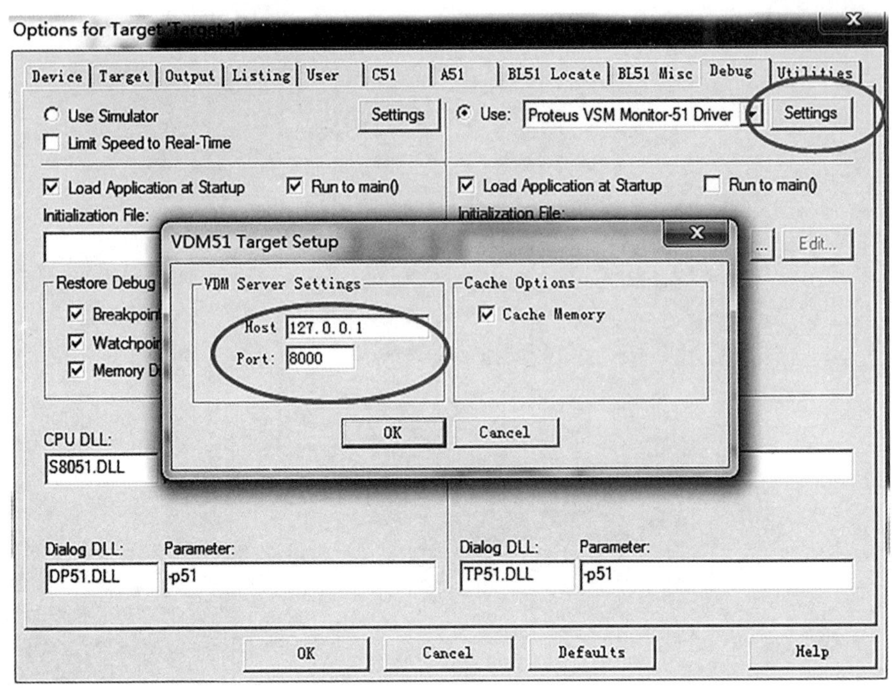

(b)

续图 2-64

一台计算机的 IP 地址。端口号一定为 8000。

注意:可以实现在一台机器上运行 Keil,在另一台机器上运行 Proteus 进行远程仿真调试。

注意:8000 端口可能会和酷狗的下载端口冲突,此时应修改酷狗下载端口。

(4) 在 Proteus 中选择 Debug,然后单击"Start/Restart Debugging",如果在 Keil 的 OutputWindow 的窗口中出现"VDM51 target initialized.",说明 Proteus 连接成功了,则在 Keil 中进行 debug(如进行单步、断点等),同时在 Proteus 中查看调试的结果。

第 2 篇

基　础　篇

实验1　LED单灯闪烁

实验目的

(1) 了解单片机C语言程序的设计和调试方法。

(2) 掌握顺序控制程序的简单编程。

(3) 熟悉51单片机的端口使用。

实验仪器

单片机开发试验仪、稳压电源、计算机。

实验原理

1. C语言顺序结构

顺序结构的程序设计是最简单的,只要按照解决问题的顺序写出相应的语句就行,它的执行顺序是自上而下,依次执行。

1) 表达式语句、函数调用语句和空语句

(1) C语言的语句共分五大类:表达式语句、控制语句、函数调用语句、空语句和复合语句。

(2) 表达式语句的一般形式为

```
Y=x+z;
```

最典型的表达式语句是由一个赋值表达式加一个分号构成的赋值语句,例如:

```
X=5;
```

(3) 控制语句是C语言程序设计中用来构成分支结构和循环结构的语句。此类语句有if语句,for语句,while语句,do-while语句,switch语句等。

(4) 函数调用语句的一般形式为

```
函数名(实参表);
```

(5) 空语句的一般形式为

```
;
```

这条语句的含义是什么也不做。凡是在C语言程序中出现语句的地方都可以用一个分号来代替一条语句。

(6) 复合语句的一般形式为

```
{语句1;语句2;…;}
```

复合语句在功能上相当于一条语句。

2) 数据的输入与输出,输入输出函数的调用

(1) C语言本身没有提供输入和输出操作语句。C程序的输入和输出完全依靠调用C语言的标准输入和输出函数来完成。四个常用的输入和输出函数为

```
printf函数、scanf函数、putchar函数、getchar函数
```

(2) printf 函数是 C 语言提供的标准输出函数，它的作用是在终端设备（或系统隐含指定的输出设备）上按指定格式进行输出。printf 函数的一般调用形式如下：

```
printf(格式控制,输出项表)
```

如果在 printf 函数调用之后加上“;”，就构成了输出语句。

格式控制参数以字符串的形式描述，由两部分组成。

① 普通字符：将被简单地显示。

② 格式字符：将引起一个输出参数项的转换和显示，由“%”引出并以一个类型描述符结束的字符串，中间可加一些可选的附加说明项。

(3) scanf 函数是 C 语言提供的标准输入函数，它的作用是在终端设备（或系统隐含指定的输入设备）上输入数据。scanf 函数的一般调用形式为

```
scanf(格式控制,输入项表)
```

如果在 scanf 函数调用之后加上“;”，就构成了输入语句。

(4) putchar 函数的作用是把一个字符输出到标准输出设备（常指显示器或打印机）上。一般调用形式为

```
putchar(ch);
```

其中，ch 代表一个字符变量或一个整型变量，也可代表一个字符常量（包括转义字符常量）。

(5) getchar 函数的作用是从标准输入设备（如键盘）读入一个字符。一般调用形式为

```
getchar();
```

getchar 函数本身没有参数，其函数值就是从输入设备得到的字符。

3) 复合语句

在 C 语言中，一对花括号“{ }”不仅可以用作函数体的开头和结尾标志，也可以用作复合语句的开头和结尾标志。复合语句的形式为

```
{    语句 1;语句 2;    …;    语句 n;    }
```

4) goto 语句及语句标号的使用

goto 语句称为无条件转向语句，一般形式为

```
goto 语句标号;
```

goto 语句的作用是把程序执行转至语句标号所在的位置，这个语句标号必须与此 goto 语句同在一个函数内。语句标号在 C 语言中不必加以定义，这一点与变量的使用方法不同。标号可以是任意合法的标识符，当在标识符后面加一个冒号，该标识符就成了一个语句标号。

2. LED 灯的闪烁

LED 灯闪烁硬件电路由发光二极管、单片机 I/O 口、限流电阻等组成。发光二极管点亮条件为正向偏执电压的施加，其硬件接法分为两种：阳极驱动和阴极驱动。即单片机 I/O 口输出高电位到二极管的阳极，二极管阴极接地；单片机 I/O 口输出低电位接二极管阴极，二极管阳极接电源。常规使用时都是阴极驱动，阳极供电。

实验源程序

```
#include<reg52.h>
#define uchar unsigned char
#define uint unsigned int
sbit LED=P1^0;

void DelayMS(uint x)
{
    uchar i;
    while(x--)
    {
        for(i=120;i>0;i--);
    }
}

void main()
{
    while(1)
    {
        LED=~LED;
        DelayMS(150);
    }
}
```

实验仿真电路(实验图 1-1)

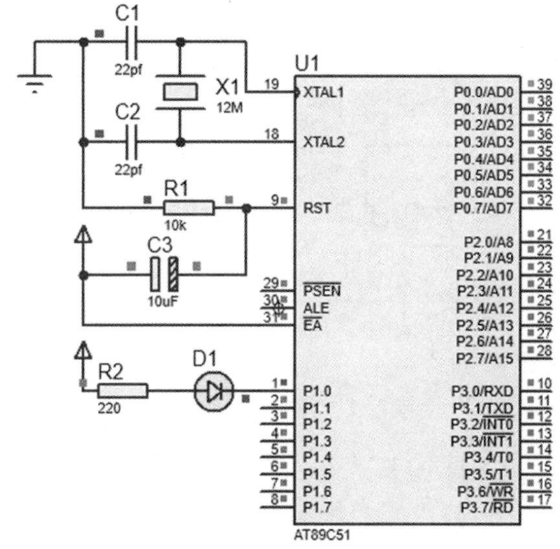

实验图 1-1 LED 单灯闪烁实验仿真电路图

思考题

1. C 源程序的基本构成是什么?

2. LED 灯为什么一般选择阴极驱动?

实验 2　LED 流水灯(并口的使用)

实验目的

(1) 了解单片机 C 语言程序的编写与调试。

(2) 掌握多灯驱动连接和驱动方式。

(3) 掌握 51 单片机的 4 组 I/O 口的使用。

实验仪器

单片机开发试验仪、稳压电源、计算机。

实验原理

1. 51 单片机 I/O 口介绍

89C51 单片机有 4 组 I/O 端口分别为 P0、P1、P2、P3，每个端口有 8 个引脚，分别对应 8 个位 0～7，每个端口的引脚都可以输入/输出。

P1、P2、P3 口的位结构都有一个上拉电阻，因而被称为“准双向口”。正是因为此上拉电阻的存在，所以有些时候 P1、P2、P3 端口的引脚的外部上拉电阻可以省略，P0 端口的引脚某些时候需要考虑使用外部上拉电阻。

(1) P0 口没有内部上拉电阻，是一个真正的双向口，引脚内部结构为一个开漏结构，其内部结构如实验图 2-1 所示。

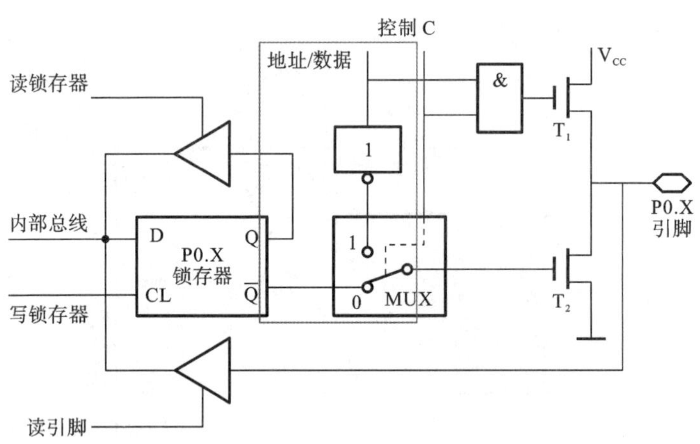

实验图 2-1　P0 口内部结构图

(2) P2 口有内部集成上拉电阻，单管驱动，其内部结构如实验图 2-2 所示。

(3) 在使用外部存储器时，P2 端口用来访问外部总线的高 8 位地址，P0 端口用来分时访问外部总线低 8 位地址和 8 位数据，其连接图如实验图 2-3 所示。

(4) P3 端口除了具备基本的 I/O 功能外，还有复用功能，比如串口和外部中断功能等，其内部结构如实验图 2-4 所示。

(5) P1 端口为完全的基本 I/O 端口。

I/O 口总结：

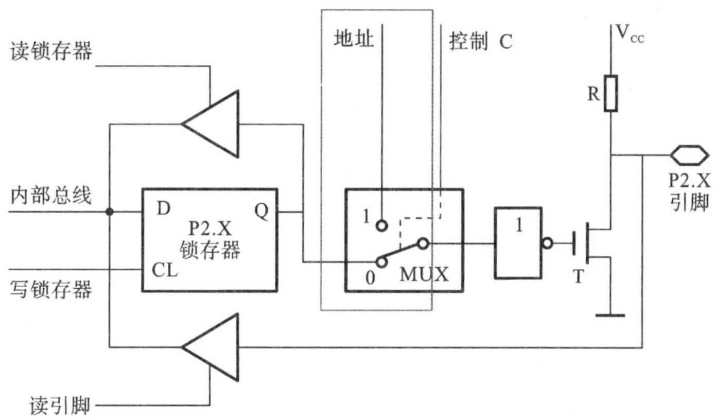

实验图 2-2　P2 口内部结构图

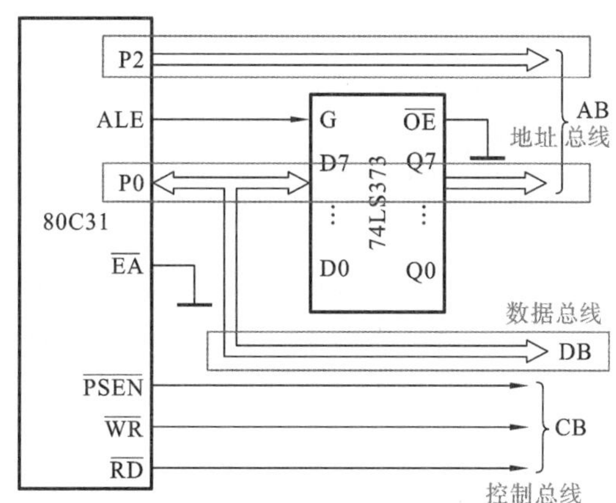

实验图 2-3　总线型“三总线”连接关系

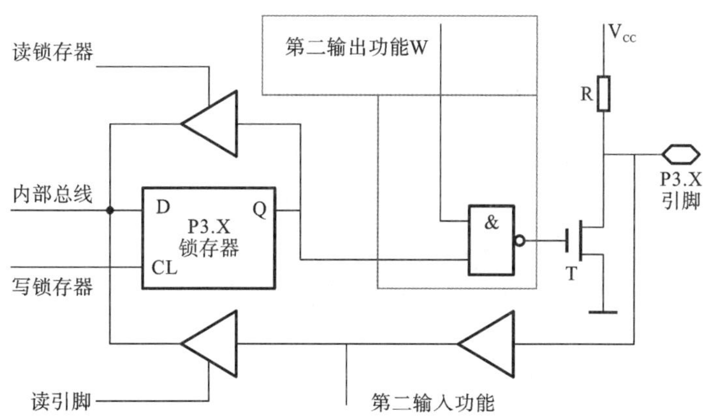

实验图 2-4　P3 口内部结构图

(1) 单片机每一个 I/O 口都可以独立地作为输入或输出口使用，但 P0 和 P2 在访问外部存储器时作地址/数据总线，此时它们将不能再作为 I/O 口使用。

(2) 当 I/O 口作为输入口时，必须通过程序输出 1 使内部开关管截止，这样从“引脚

Px. x”输入的信号才能在“读引脚”信号的帮助下被正确读走。

(3) P1、P2、P3 因为内部存在上拉电阻而被称为“准双向口”。它们在作输入口时，上拉电阻将“引脚 Px. x”拉高并在外设输入低电平时向外输出电流。

(4) P0 口没有内部上拉电阻，是一个真正的双向口。它作输入口时，引脚因开漏结构而浮地。由于 P0 口自身没有集成上拉电阻，因此它作为输出口使用时，如果需要输出逻辑“1”，则必须外接上拉电阻。

2. 流水灯工作原理

流水灯硬件电路由发光二极管、单片机并口、限流电阻等组成。发光二极管组可以连接成共阴极结构或者共阳极结构。为了减轻单片机的负载，一般为共阳极结构。发光二极管点亮的条件是：阳极接高电平、各阴极接低电平。因此，二极管公共端接电源，然后再按一定规则从某 I/O 口输出数据，发光二极管就会点亮。本实验案例采用共阴极设计。

3. LED 发光二极管八段数码管共阳极和共阴极的区别

(1) 指代不同。

共阴极：把所有 LED 的阴极连接到共同接点 COM，而每个 LED 的阳极分别为 a、b、c、d、e、f、g 及 dp(小数点)。

共阳极：将所有发光二极管的阳极接到一起形成公共阳极(COM)的 LED 灯组。

(2) 原理不同。

共阴极：当某个发光二极管的阳极为高电平时，该发光二极管点亮，相应的灯被点亮。

共阳极：将公共极 COM 接到+5 V，当某一字段发光二极管的阴极为低电平时，相应字段就点亮；当某一字段的阴极为高电平时，相应字段就不亮。

(3) 应用不同。

共阴极：对于非 51 系列单片机控制器输出初始为低电位控制电路显示，一般采用共阴极数码管，防止上电数码管全部点亮。家电领域应用极为广泛。

共阳极：对于 51 系列单片机控制类电气设备的显示，初始化时端口为高电位。共阳极显示可以完成正确的显示任务。

(4) LED 发光二极管共阴极、共阳极接线方法不同。

共阳极公共端接阳极，低电平有效(灯亮)，共阳极数码管内部发光二极管的阳极(正极)都连在一起，此类数码管阳极(正极)在外部只有一个引脚。

共阴极公共端接阴极，高电平有效(灯亮)，共阴极数码管内部发光二极管的阴极(负极)都连在一起，此类数码管阴极(负极)在外部只有一个引脚。

实验源程序

```
# include <reg52.h>
# include <intrins.h>
# define uchar unsigned char
# define uint unsigned int

void DelayMS (uint x)
{
    uchar t;
    while(x--)
```

```
    {
        for(t=120;t>0;t--);
    }
}

void main()
{
    uchar i;
    P2=0x01;
    while(1)
    {
        for(i=7;i>0;i--)
        {
            P2=_crol_(P2,1);
            DelayMS(150);
        }
        for(i=7;i>0;i--)
        {
            P2=_cror_(P2,2);
            DelayMS(150);
        }
    }
}
```

实验仿真电路(实验图 2-5)

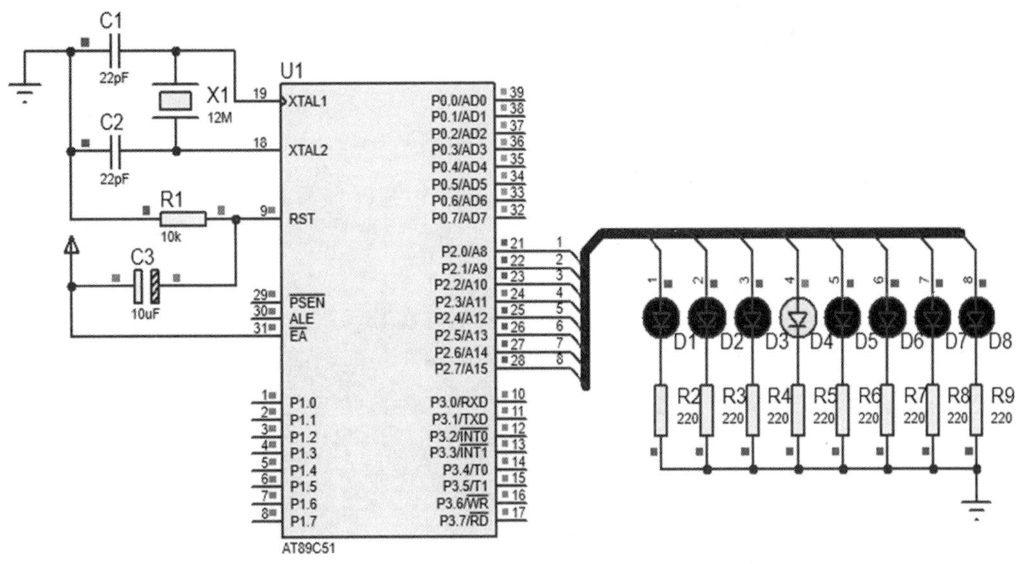

实验图 2-5　LED 流水灯(并口的使用)实验仿真图

思考题

1. 什么是共阳极、共阴极二极管？共阳极、共阴极结构的特点和驱动方式各是什么？
2. 简述 51 单片机 4 组 I/O 口的使用异同。

实验3　多位8段数码管动态显示

实验目的

(1) 理解数码管动态显示原理。

(2) 掌握数码管动态显示电路的设计方法。

(3) 掌握数码管动态显示程序的设计方法。

实验仪器

单片机开发试验仪、稳压电源、计算机。

实验原理

1. *8段数码管的结构*

数码管的显示是靠点亮内部二极管来实现的。数码管内部电路如实验图3-1所示，显示一个8字需要7个小段，另外还有一个小数点，所以其内部一共有8个小的发光二极管，且它们有一个公共端。公共端又可分为共阳极和共阴极，图(b)所示为共阴极内部原理图，图(c)所示为共阳极内部原理图。

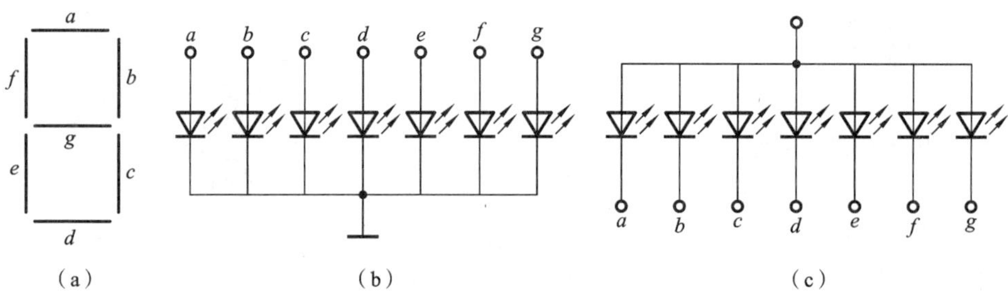

实验图3-1　8段数码管内部电路

实验图3-1展出了常用的两种数码管的引脚排列和内部结构。众所周知，点亮发光二极管就是要给予它足够大的正向压降。所以点亮数码管其实也就是给它内部相应的发光二极管正向压降。

对共阴极数码管来说，其8个发光二极管的阴极在数码管内部全部连接在一起，所以称“共阴”，而它们的阳极是独立的。通常在设计电路时一般把阴极接地，当我们给数码管的任意一个阳极加一个高电平时，对应的这个发光二极管就点亮了。

共阳极数码管的内部8个发光二极管的所有阳极全部连接在一起，电路连接时，公共端接高电平，因此我们要点亮哪个发光二极管就需要给它的阴极送低电平，此时显示数字的编码与共阳极编码是相反的关系。

2. *动态数码管工作原理*

数码管动态显示是单片机中应用最为广泛的一种显示方式。将所有数码管的8个显示笔画“a,b,c,d,e,f,g,dp”的同名端连在一起，另外为每个数码管的公共端COM增加位选通控制电路，位选通由各自独立的I/O线控制，当单片机输出字形码时，所有数码管都接收到相同的字形码，但究竟是哪个数码管会显示出字形，取决于单片机对位选通

COM 端电路的控制，所以我们只要将需要显示的数码管的选通控制打开，该位就显示出字形，没有选通的数码管就不会亮。再通过分时轮流控制各个数码管的 COM 端，各个数码管就轮流受控显示，这就是动态驱动。在轮流显示过程中，每位数码管的点亮时间为 1～2 ms，由于人的视觉暂留现象及发光二极管的余辉效应，尽管实际上各位数码管并非同时点亮，但只要扫描速度足够快，人们获得的印象就是一组稳定的显示数据，不会有闪烁感，动态显示效果和静态显示的一样，能够节省大量的 I/O 端口，而且功耗更低。

3. 常用位选电路 74HC138 译码电路

74HC138 是常用的 3-8 线译码器，即具有 3 个输入端(管脚 1,2,3)与 8 个输出端(管脚 15,14,13,12,11,10,9,7)，作用为完成 3 位二进制数据到 8 位片选的译码。即 3 个输入端对应 8 个二进制数据(000,001,010,011,100,101,110,111)，对于每个输入的数据，输出端相应位输出低电平，其他 7 位输出高电平。74HC138 具有 2 个低电平使能端(管脚 4,5)与 1 个高电平使能端(管脚 6)。当低电平使能端接低电平且高电平使能端接高电平时，74HC138 才能正常工作，否则 8 个输出端全部输出高电平。74HC138 的真值表如实验表 3-1 所示：H 代表高电平，L 代表低电平，X 代表不定的状态。

实验表 3-1　74HC138 输入输出真值表

输入					输出							
使能		选择										
OE1	$\overline{OE2A}$ $\overline{OE2B}$	C	B	A	Y0	Y1	Y2	Y3	Y4	Y5	Y6	Y7
X	H	X	X	X	H	H	H	H	H	H	H	H
L	X	X	X	X	H	H	H	H	H	H	H	H
H	L	L	L	L	L	H	H	H	H	H	H	H
H	L	L	L	H	H	L	H	H	H	H	H	H
H	L	L	H	L	H	H	L	H	H	H	H	H
H	L	L	H	H	H	H	H	L	H	H	H	H
H	L	H	L	L	H	H	H	H	L	H	H	H
H	L	H	L	H	H	H	H	H	H	L	H	H
H	L	H	H	L	H	H	H	L	H	H	L	H
H	L	H	H	H	H	H	H	H	H	H	H	L

实验源程序

```
#include<reg51.h>
//--定义使用的 IO 口--//
#define GPIO_DIG   P0                          //段选
#define GPIO_PLACE P2                          //位选
```

```
//--定义全局变量--//
unsigned char code DIG_PLACE[8]={
0xfe,0xfd,0xfb,0xf7,0xef,0xdf,0xbf,0x7f};        //位选控制,通过查表的方法控制
unsigned char code DIG_CODE[17]={
0x3f,0x06,0x5b,0x4f,0x66,0x6d,0x7d,0x07,0x7f,0x6f,0x77,0x7c,0x39,0x5e,0x79,
0x71};
//0、1、2、3、4、5、6、7、8、9、A、b、C、d、E、F 的显示码
unsigned char DisplayData[8];                     //用来存放要显示的 8 位数的值

//--声明全局函数--//
void DigDisplay(); //动态显示函数

void main(void)
{
    unsigned char i;

    for(i=0; i<8; i++)
    {
        DisplayData[i]=DIG_CODE[i];
    }
    while(1)
    {
        DigDisplay();
    }
}

void DigDisplay()
{
    unsigned char i;
    unsigned int j;

    for(i=0; i<8; i++)
    {
        GPIO_PLACE=DIG_PLACE[i];                  //发送位选
        GPIO_DIG=DisplayData[i];                  //发送段码
        j=10;                                     //扫描间隔时间设定
        while(j--);
        GPIO_DIG=0x00;//消隐
    }
}
```

实验仿真电路(实验图 3-2)

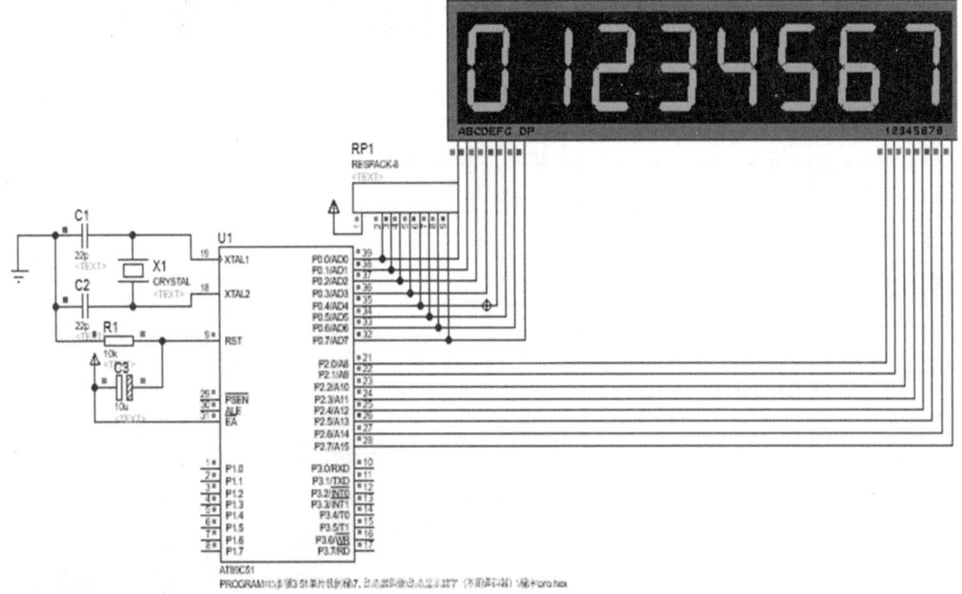

实验图 3-2　多位 8 段数码管动态显示实验仿真图

思考题

1. 如何理解数码管动态显示?

2. 消影是什么?为什么消影?消影的方法有哪些?

实验4　矩阵键盘LED键值显示

实验目的

(1) 理解独立按键、矩阵按键的结构和工作原理。

(2) 了解单片机C语言程序的设计和调试方法。

(3) 掌握矩阵按键的检测方法。

实验仪器

单片机开发板、稳压电源、计算机。

实验原理

1. 按键

实验图4-1所示为一个典型的接触式按键(又称轻触开关)。

实验图4-2所示为单个接触式按键内部结构图。

实验图4-1　单个接触式按键

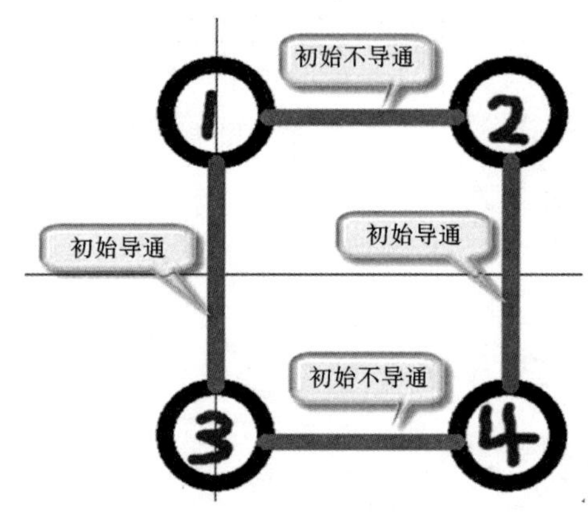

实验图4-2　单个接触式按键内部结构图

在实验图4-2中,初始不导通的线表示按键未被按下时的状态,称为初始状态;而初始导通的线却是永久导通的。所以取(1,2)、(1,4)、(3,2)、(3,4)四种组合,这四种组合都可以起到预期的开关作用。

2. 按键电平的判定

如实验图4-3所示,当按键按下以后,请问这时用万用表测量导线上任何一处的电压,得到的结果是VCC还是GND的电压?

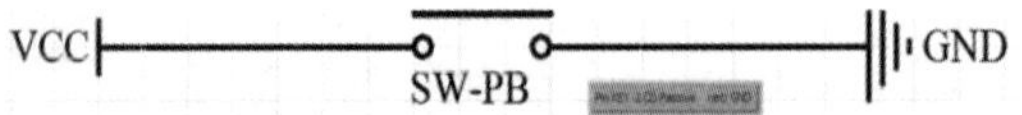

实验图4-3　单个接触式按键接线图

答案是:GND,即表示测出的电压为0V。因为导线上,两端电平的关系是一种类似于程序语言逻辑运算里面的“与”,即对于导线两端:有0即0,全为1才是1。

3. 按键分类与检测

键盘分为编码键盘和非编码键盘。闭合键的识别由专用的硬件编码器实现,并产生键编码号或键值的键盘称为编码键盘,如计算机键盘;而靠软件编程来识别闭合键的键盘称为非编码键盘。在单片机组成的各种系统中,用得较多的是非编码键盘。非编码键盘又分为独立键盘和行列式键盘(即常说的矩阵键盘)。

单片机的 I/O 口既可输出也可输入,检测按键时用的是它的输入功能,我们把按键的一端接地,另一端与单片机的某个 I/O 口相连,开始时先给该 I/O 口赋一高电平,然后让单片机不断地检测该 I/O 口是否变为低电平。当按键闭合时,即相当于该 I/O 口通过按键与地相连,变成低电平。一旦程序检测到 I/O 口变为低电平,则说明按键被按下,然后执行相应的指令。

4. 矩阵按键

独立键盘与单片机连接时,每一个按键都需要单片机的一个 I/O 口,若某单片机系统需要较多按键,用独立按键便会占用过多的 I/O 口资源。单片机系统中的 I/O 口资源往往比较宝贵,当用到多个按键时为了节省 I/O 口口线,我们可引入矩阵键盘。

下面以 4×4 矩阵键盘为例讲解其工作原理和检测方法。将 16 个按键排成 4 行 4 列,第一行将每个按键的一端连接在一起构成行线,第一列将每个按键的另一端连接在一起构成列线,这样便一共有 4 行 4 列共 8 根线,我们将这 8 根线连接到单片机的 8 个 I/O 口上,通过程序扫描键盘就可检测 16 个键。

实验图 4-4 所示为一个 4×4 的矩阵键盘电路连接图,一共是 16 个按键。我们照习惯称横为“行”,“竖”为列,那么 5、6、7、8 称为“行线”,1、2、3、4 称为“列线”。要正确记住各个行列线各自对应的 I/O。

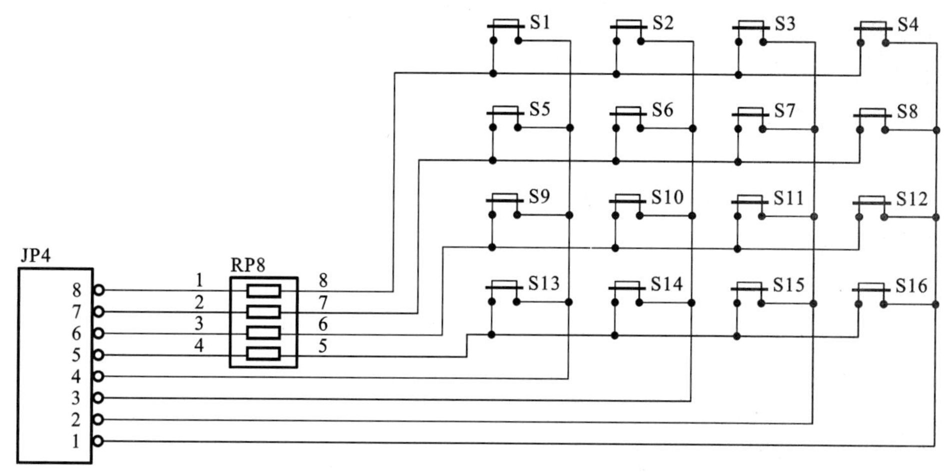

实验图 4-4　4×4 矩阵键盘电路连接图

5. 按键抖动

理论上讲,按键按下去后的电平应该如实验图 4-5(a)所示,实际上如实验图 4-5(b)所示。在高低电平之间有一段锯齿一样的波形,这就是所谓的按键抖动。

一般手动按下键然后释放,按键两片金属膜接触的时间大约为 50 ms,从按下瞬间到

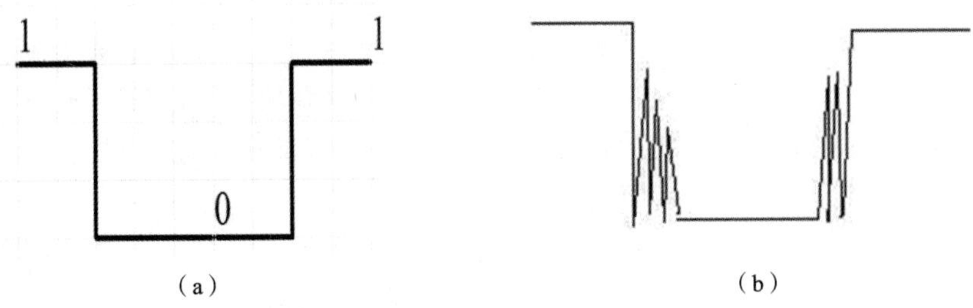

(a) (b)

实验图 4-5 按键按下后的理想与实际电平情况

稳定的时间为 5～10 ms，从松开的瞬间到稳定的时间也为 5～10 ms，如果我们在首次检测到键被按下后延时 10 ms 左右再去检测，这时干扰信号将不会被检测到，如果确实是有键被按下，则可确认。

当按键出现第一个电位变化，假设是高电位转变成低电位，那么我们就延长 10 ms，10 ms 以后，我们再次判断此时的电位状态是否为低电位。如果是低电位，那么就认为按键被按下了；如果是高电位，就认为是按键抖动。从低电位变成高电位时同理。这就是识别按键抖动的原理。

按键消抖方法分为硬件消抖和软件延时消抖两种方法。

(1) 软件延时消抖。

消抖程序分为两大块：一个是主函数，处理开关状态；一个是延时函数。主函数中，先把开关采集端口置 1，这是读取数据的前提条件，然后把需要采集的 I/O 状态转移给中间变量，接着判断此时的中间变量是否为零，也就是按键是否被按下，如果没有被按下，那就跳出，继续赋值，接着判断，直到判断为零。进入语句中，先延时一段时间，让抖动空过去，延时结束，再判断一次，由于此时程序还没运行结束，因此中间变量的值也没有实时切换，我们此时要判断按键实时状态是否为零，这就需要判断端口的实际值。若端口为零，就说明按键确实处于按下状态。

(2) 硬件消抖。

① RS 触发器消抖：为了消除按键的接触抖动，可在机械按键与被驱动电路间接入一个基本 RS 触发器。$S'=0$，$R'=1$，可得出 $A=1$，$A'=0$。当按压按键时，$S'=1$，$R'=0$，可得出 $A=0$，$A'=1$，改变了输出信号 A 的状态。

若由于机械按键的接触抖动，则 R 的状态会在 0 和 1 之间变化多次。若 $R=1$，由于 $A=0$，因此 G2 门仍然是"有低出高"，不会影响输出的状态。同理，当松开按键时，S 端出现的接触抖动亦不会影响输出的状态。

② 电容消抖：利用电容两端的电压不能突变的特性，将其并联在机械触点两端，消除接触抖动产生的毛刺电压，也可以实现硬件消抖。由于电容两端的电压不能突变，因此按键两端电压的变化平缓。

6. 矩阵键盘扫描的原理和步骤

扫描矩阵键盘，即把某一条(只有一条)行线置为低电平，而列线全部置为输入方向，然后检测列线。如果检测到某一条列线是低电平，那么就表示位于这条列线与输出低电平的行线的交点处的按键被按下了。以这样的方法依次扫描 16 次，就可以确定 16 个按键中哪一个按键被按下了。当然这里也少不了用软件延时消除按键抖动的环节。

实验源程序

```
#include <reg52.h>
#define uchar unsigned char
#define uint unsigned int
sbit BEEP=P3^7;

uchar code DSY_CODE[]=
{
    0xc0,0xf9,0xa4,0xb0,0x99,0x92,0x82,0xf8,0x80,0x90,0x88,0x83,0xc6,0xa1,
0x86,0x8e,0x00
};
uchar Pre_KeyNO=16,KeyNO=16;

void DelayMS(uint ms)
{
    uchar t;
    while(ms--)
    {
        for(t=0;t<120;t++);
    }
}

void Keys_Scan()
{
    uchar Tmp;
    P1=0x0f;
    DelayMS(1);
    if(Tmp!=0x0f)                    //读取按键是否被按下
        {
            DelayMS(10);             //延时10ms进行消抖
            if(Tmp!=0x0f)            //再次检测键盘是否被按下
    Tmp=P1^0x0f;
    switch(Tmp)
    {
        case 1: KeyNO=0; break;
        case 2: KeyNO=1; break;
        case 4: KeyNO=2; break;
        case 8: KeyNO=3; break;
        default: KeyNO=16;
    }
    P1=0xf0;
```

```
        DelayMS(1);
        Tmp=P1>>4 ^ 0x0f;
        switch(Tmp)
        {
            case 1: KeyNO+=0; break;
            case 2: KeyNO+=4; break;
            case 4: KeyNO+=8; break;
            case 8: KeyNO+=12;
        }
    }
}

void Beep()
{
    uchar i;
    for(i=0;i<100;i++)
    {
        DelayMS(1);
        BEEP=~ BEEP;
    }
    BEEP=1;
}

void main()
{
    P0=0x00;
    while(1)
    {
        P1=0xf0;
        if(P1!=0xf0)
            Keys_Scan();
        if(Pre_KeyNO !=KeyNO)
        {
            P0=~ DSY_CODE[KeyNO];
            Beep();
            Pre_KeyNO=KeyNO;
        }
        DelayMS(100);
    }
}
```

实验仿真电路(实验图 4-6)

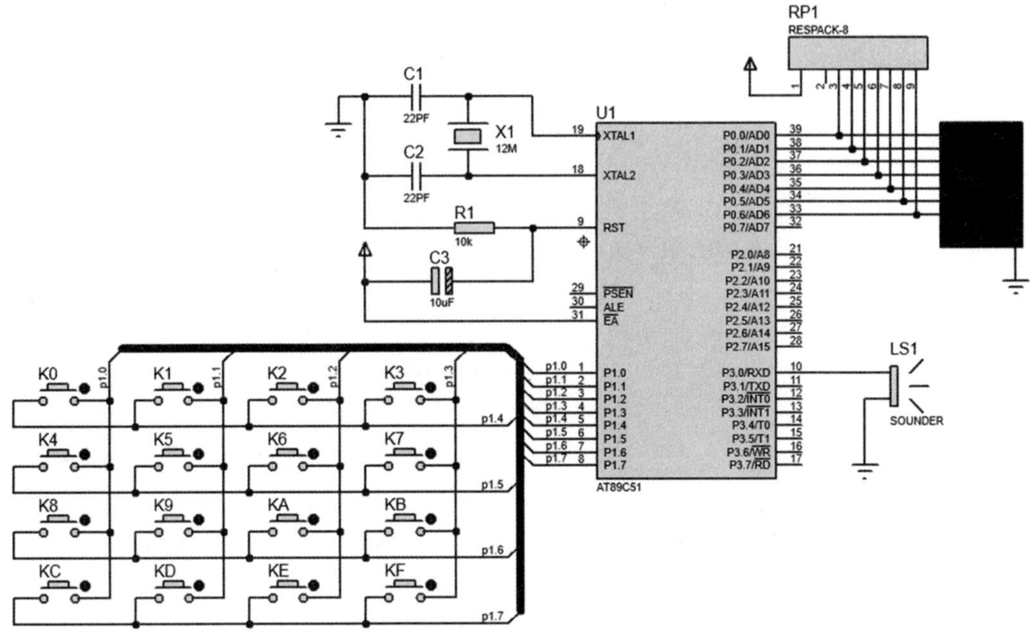

实验图 4-6 矩阵键盘实验仿真图

思考题

1. 为什么要进行按键消抖？消抖方法有哪些？
2. 硬件消抖好还是软件消抖好？键值计算有哪些方法？

实验5　外部中断INT0控制LED

实验目的

(1) 理解中断的概念、使用方法。

(2) 了解单片机内外部中断C语言程序的设计和调试方法。

(3) 掌握外部中断源的使用方法、控制方法。

实验仪器

单片机开发板、稳压电源、计算机。

实验原理

1. 中断的概念

CPU执行(主)程序的过程中,随机接收到外设发出来的中断请求时可以暂时中断当前正在执行的(主)程序,转到相应的中断服务(子)程序进行处理。处理完毕,再返回到原来的(主)程序(被中断之处),继续运行下去。可以产生中断请求的设备或事件称为中断源。中断源将大大地提高CPU的工作效率,能及时地响应和处理特殊事件。

2. 51单片机外部中断相关控制寄存器

1) 中断级别

中　断　源	优先级别	原　　因
INT0(外部中断0)	0	P3.2引入 低电平或下降沿引发
T0(定时器/计数器0中断)	1	T0计数器记满回零引发
INT1(外部中断1)	2	P3.3引入低电平或下降沿引发
T1(定时器/计数器1中断)	3	T1计数器记满回零引发
TI/RI(串行口中断)	4	串行口完成一帧字符发送或接收后引发

2) 中断允许寄存器IE

位序号	D7	D6	D5	D4	D3	D2	D1	D0
位符号	EA	—	ET2	ES	ET1	EX1	ET0	EX0

其中:EA——全局中断;ES——串口中断;

ET2——定时器2中断;EX1——外部中断1;

ET1——定时器1中断;EX0——外部中断0;

ET0——定时器0中断。

3) 中断优先级寄存器IP

位序号	D7	D6	D5	D4	D3	D2	D1	D0
位符号	—	—	—	PS	PT1	PX1	PT0	PX0

其中:PS——串口;PT——计时器;PX——外部中断;

置0——低优先级;置1——高优先级。

4) 定时器/计数器控制寄存器 TCON

位序号	D7	D6	D5	D4	D3	D2	D1	D0
位符号	TF1	TR1	TF0	TR0	IE1	IT1	IE0	IT0

其中:TF1——定时器 1 溢出标志位,当定时器 1 计满,硬件使 TF1 置 1,并申请中断,进入中断后,由软件自动清 0;如果是软件查询,需要软件清 0;

TR1——定时器 1 运行控制位,软件清 0 关闭定时器 1,当 GATE=1,且 INT1 为高电平,TR1 置 1,启动定时器 1;GATE=0,TR1 置 1,启动定时器 1;

IE1——外部中断 1 请求标志,进入中断后硬件自动清零;

IT1——外部中断 1 触发方式选择位,IT=0,为电平触发方式,引脚 INT1 上低电平有效;IT=1,为跳变沿触发方式,引脚 INT1 上的电平从高到低的负跳变沿有效。

5) 电源管理寄存器 PCON

位序号	D7	D6	D5	D4	D3	D2	D1	D0
位符号	SMOD	SMOD0	LVDF	POF	GF1	GF0	PD	IDL

其中:SMOD——该位与串口通信波特率有关;

方式 0 波特率 $=f_{osc}/12$

方式 1 波特率=(2SMOD/32)×(T1 溢出率)

方式 2 波特率 $=(2SMOD/64)\times f_{osc}$

方式 3 波特率=(2SMOD/32)×(T1 溢出率)

(SMOD0)(LVDF)(POF)——STC 单片机独有功能,可查看相关手册;

PD——掉电模式;

IDL——空闲模式。

3. 51 单片机的外部中断触发方式

51 单片机的外部中断有两种触发方式可选:电平触发和边沿触发。选择电平触发时,单片机在每个机器周期检查中断源口线,检测到低电平,即置位中断请求标志,向 CPU 请求中断。选择边沿触发方式时,单片机在上一个机器周期检测到中断源口线为高电平,下一个机器周期检测到低电平,即置位中断标志,请求中断。

应用外部中断时需要特别注意以下几点:

(1) 采用电平触发方式时,中断标志寄存器不锁存中断请求信号。也就是说,单片机把每个机器周期的 S5P2 采样到的外部中断源口线的电平逻辑直接赋值给中断标志寄存器。标志寄存器对于请求信号来说是透明的。这样中断请求被阻塞而没有得到及时响应时,将被丢失。换句话说,要使电平触发的中断被 CPU 响应并执行,必须保证外部中断源口线的低电平维持到中断被执行为止。因此在 CPU 正在执行同级中断或更高级中断期间产生的外部中断源(产生低电平),如果在该中断执行完毕之前撤销(变为高电平)了,那么将得不到响应,就如同没发生一样。同样,当 CPU 在执行不可被中断的指令(如 RETI)时,产生的电平触发中断如果时间太短,也得不到响应。

(2) 采用边沿触发方式时,中断标志寄存器锁存了中断请求。中断源口线上一个从高到低的跳变将记录在标志寄存器中，直到 CPU 响应并转向该中断服务程序时，中断请求由硬件自动清除。因此当 CPU 正在执行同级中断(甚至是外部中断本身)或高级中断时，产生的外部中断(负跳变)同样将记录在中断标志寄存器中，直到该中断退出后才被响应执行。如果我们不希望这样，则必须在该中断退出之前，手工清除外部中断标志。

(3) 中断标志可以手工清除。一个中断如果在没有得到响应之前就已经被手工清除，则该中断将被 CPU 忽略，就如同没有发生一样。

(4) 选择电平触发还是边沿触发方式应从系统使用外部中断的目的上去考虑，而不是如许多资料上说的根据中断源信号的特性来取舍。MCS51 系列单片机属于 8 位单片机，它是 Intel 公司继 MCS48 系列成功之后，于 1980 年推出的产品。MCS51 系列单片机具有很强的片内功能和指令系统，使单片机的应用发生了一个飞跃，这个系列的产品也很快成为世界上第二代的标准控制器。51 系列单片机有 5 个中断源，其中有 2 个是外部输入中断源 INT0 和 INT1，可由中断控制寄存器 TCON 的 IT1(TCON. 2)和 IT0(TCON. 1)分别控制外部输入中断 1 和中断 0 的中断触发方式。若为 0，则外部输入中断控制为电平触发方式；若为 1，则外部输入中断控制为边沿触发方式。这里是下降沿触发中断。

但是几乎国内所有的单片机资料对单片机边沿触发中断的响应时刻的定义都不太明确。例如，某文献中关于边沿触发中断响应时刻的描述为“对于脉冲触发方式(即边沿触发方式)要检测两次电平，若前一次为高电平，后一次为低电平，则表示检测到了负跳变的有效中断请求信号”，但实际情况却并非如此。

我们知道，单片机外部输入的中断触发电平是 TTL 电平。对于 TTL 电平，TTL 逻辑门输出高电平的允许范围为 2.4～5 V，其标称值为 3.6 V；输出低电平的允许范围为 0～0.7 V，其标称值为 0.3 V，在 0.7 V 与 2.4 V 之间的是非高非低的中间电平。

这样，在实际应用中，假设单片机外部中断引脚 INT0 输入一路由＋5 V 下降到 0 V 的下降沿信号，单片机在某个时钟周期对 INT0 引脚电平进行采样，得到 2.4 V 的高电平；而在下一个时钟周期进行采样时，由于实际的外部输入中断触发信号由高电平变为低电平往往需要一定的时间，因此，检测到的可能并非真正的低电平(小于 0.7 V)，而是处于低电平与高电平之间的某一中间电平，即 0.7～2.4 V 的某一电平。对于这种情况，单片机是否会依然置位中断触发标志从而引发中断呢？关于这一点，国内的绝大部分教材以及单片机生产商提供的器件资料都没有给予准确的定义，但在实际应用中这种情况确实会碰到。

以美国 Analog 公司生产的运算放大器芯片 AD708 为例，其转换速率(slew rate)为 0.3 V/μs，在由 AD708 芯片组成的比较器电路中，其输出方波的下降沿由 2.4 V 下降到 0.7 V，所需时间约为(2.4 V－0.7 V)/0.3 V · μs－1＝4.67μs。即需要约 4.67μs 的过渡时间，下降沿才能真正地由高电平下降为低电平，在实际应用电路中，这个下降时间往往可达 10 μs 以上。对于精密的测量系统，这么长的不确定时间是无法接受的，因此，有必要对单片机边沿中断触发时刻进行精确的测定。

4. 中断服务程序与普通子程序的区别

(1) 程序是否提前安排好：中断服务程序是随机的，而普通子程序是预先安排好的。

(2) 结束程序不同：中断服务子程序以 RETI 结束，而一般子程序以 RET 结束。

(3) 结束动作不同：中断服务子程序 RETI 除将断点弹回 PC 动作外，还要清除对应的中断优先标志位，以便新的中断请求能被响应；一般子程序则无此项操作。

实验源程序

```
#include <reg52.h>
#define uchar unsigned char
#define uint unsigned int
sbit LED=P0^0;

void mian()
{
    LED=1;
    EA=1;
    EX0=1;
    TCON=0x01;
    while(1);
}

void External_Interrupt_0() interrupt 0
{
    LED=~ LED;
}
```

实验仿真电路(实验图 5-1)

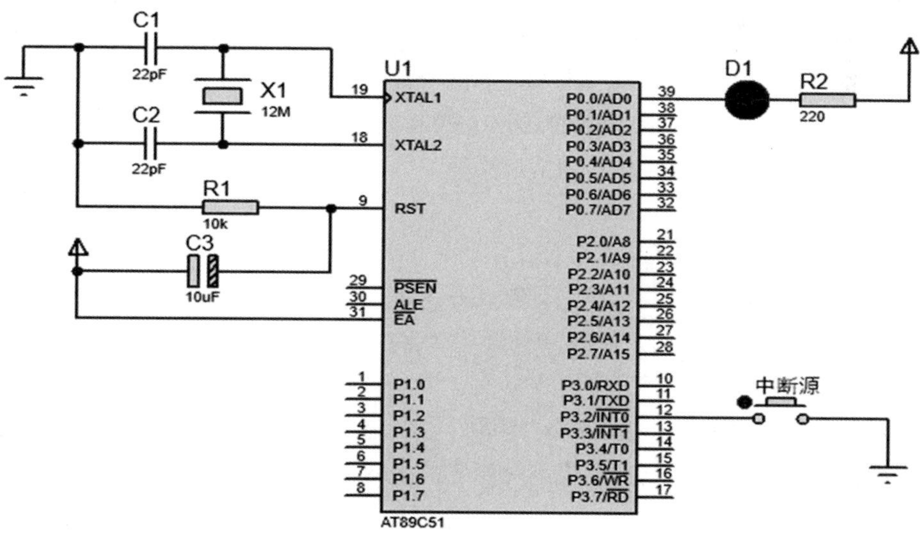

实验图 5-1　外部中断 INT0 控制 LED 实验仿真图

思考题

1. 简述外部中断优先级的设置，以及中断现场保护的处理方法？
2. 多个外部中断请求发生时，如何完成系统的设置和控制？

实验6　外部中断 INT0 与 INT1 嵌套

实验目的

(1) 理解多中断嵌套工作原理。

(2) 了解单片机多中断源 C 语言程序的设计和调试方法。

(3) 掌握多外部中断嵌套的设计和使用方法。

实验仪器

单片机开发板、稳压电源、计算机。

实验原理

1. 中断系统中的基本概念

(1) 中断向量。

中断服务程序的入口地址。

(2) 请求中断 。

当某一中断源需要 CPU 为其进行中断服务时，就输出中断请求信号，使中断控制系统的中断请求触发器置位，向 CPU 请求中断。系统要求中断请求信号一直保持到 CPU 对其进行中断响应为止。

(3) 中断响应。

CPU 对系统内部中断源提出的中断请求必须响应，而且自动取得中断服务子程序的入口地址，执行中断服务子程序。对于外部中断，CPU 在执行当前指令的最后一个时钟周期去查询 INTR 引脚，若查询到中断请求信号有效，同时在系统开中断(即 IF＝1)的情况下，CPU 向发出中断请求的外设回送一个低电平有效的中断应答信号，作为对中断请求 INTR 的应答，系统自动进入中断响应周期。

(4) 保护现场。

主程序和中断服务子程序都要使用 CPU 内部寄存器等资源，为了使中断处理程序不破坏主程序中寄存器的内容，应先将断点处各寄存器的内容压入堆栈保护起来，再进入中断处理。现场保护是由用户使用 PUSH 指令来实现的。

(5) 中断服务。

中断服务是执行中断的主体部分，不同的中断请求，有各自不同的中断服务内容，需要根据中断源所要完成的功能，事先编写相应的中断服务子程序存入内存，等待中断请求响应后调用执行。

(6) 恢复现场。

当中断处理完毕后，用户通过 POP 指令将保存在堆栈中的各个寄存器的内容弹出，即恢复主程序断点处寄存器的原值。

(7) 中断返回。

在中断服务子程序的最后要安排一条中断返回指令 IRET，执行该指令，系统自动将堆栈内保存的 IP/EIP 和 CS 值弹出，从而恢复主程序断点处的地址值，同时还自动恢复标志寄存器 FR 或 EFR 的内容，CPU 转到被中断的程序中继续运行。

(8) 中断嵌套。

中断嵌套是指中断系统正在执行一个中断服务时，有另一个优先级更高的中断提出中断请求，这时 CPU 会暂时终止当前正在执行的级别较低的中断源的服务程序，去处理级别更高的中断源，待处理完毕，再返回到被中断了的中断服务程序继续运行，这个过程就是中断嵌套。

2. 中断嵌套的处理

多外部中断发生时，主要的工作为中断优先级的配置。51 单片机的默认(此时的 IP 寄存器不做设置)中断优先级为外部中断 0>定时/计数器 0>外部中断 1>定时/计数器 1>串行中断；但这种优先级只是逻辑上的优先级，当有几种中断同时到达时，高优先级中断会先得到服务。要实现可提供中断嵌套能力的优先级，即高优先级中断服务可以打断低优先级中断服务的情况，必须通过设置中断优先级寄存器 IP 来实现，这种优先级被称为物理优先级。

例如：当计数器 0 中断和外部中断 1(优先级 计数器 0 中断>外部中断 1)同时到达时，会进入计时器 0 的中断服务函数；但是在外部中断 1 的中断服务函数正在服务的情况下，任何中断都是打断不了它的，包括逻辑优先级比它高的外部中断 0 和计数器 0 中断。

设置外部中断 1 优先级大于外部中断 0 优先级；实现二级中断嵌套。当执行外部中断 0 的时候，外部中断 1 能打断外部中断 0 程序的运行。

实验源程序

```
# include <reg51.h>
# include <intrins.h>
# define uchar   unsigned char
# define uint    unsigned int

void delay(uint x) //延时
{
  char i;
  while(x--) for(i=0;i<120;i++);
}

void init ()
{
        IT0=1;                  //下降沿触发
        IT1=1;                  //下降沿触发
        EX0=1;                  //外部 0 中断允许
        EX1=1;                  //外部 1 中断允许
        PX0=0;
        PX1=1;                  //外部中断 1 设置为高优先级
```

```
        EA=1;
}

void main()
    {
        init ();
        P1=0xfe;
        while(1)
        {
          P1=_crol_(P1,1);
            delay(200);
        }
    }

void int0() interrupt 0
    {
       uchar b,flag;
       flag=P1;//保护现场
         for(b=0;b<5;b++)
       {
         P1=0X0f;
         delay(300);
         P1=0Xff;
         delay(300);
       }
       P1=flag; //恢复现场
    }

      void  int1() interrupt 2
      {
          uchar a;
          for(a=0;a<5;a++)
          {
             P1=0Xff;
             delay(500);
             P1=0X00;
             delay(500);
          }

          P1=0xfe;
      }
```

实验仿真电路(实验图 6-1)

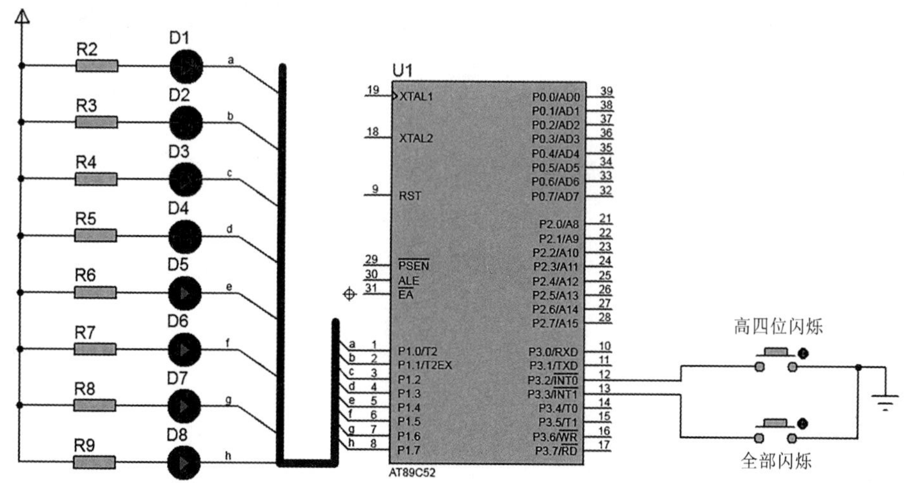

实验图 6-1　外部中断 INT0 与 INT1 嵌套实验仿真图

思考题

1. 外部中断触发方式是如何选择的?
2. 多级外部中断嵌套时,现场保护如何完成?

实验7 定时器/计数器二进制计数演示

实验目的

(1) 理解定时计数器的工作原理。

(2) 了解单片机定时器C语言程序的设计和调试方法。

(3) 掌握定时器初始化设计、初值计算方法和中断响应方式。

实验仪器

单片机开发板、稳压电源、计算机。

实验原理

1. 定时/计数的基本概念

定时和计数是日常生活和生产中最常见和最普遍的问题。

定时器和计数器功能基本上都是使用相同的逻辑实现的,而且这两个功能都包含输入的计数信号,本质上都是对脉冲计数。计数器用来计数并指示在任意时间间隔内输入信号(事件)的个数,而定时器则对规定时间间隔内输入的信号个数进行计数,以指示经历的时间。

在单片机中,定时器/计数器作定时功能用时,对机器周期计数(由单片机的晶体振荡器经过12分频后得到),因每次计数的周期是固定的,所以根据它计数的多少就可以很方便地计算出经历的时间,如实验图7-1所示。

2. 溢出的基本概念

从一个生活中的例程来看:一个水盆在水龙头下,水龙头没关紧,水一滴滴地滴入盆中。盆的容量是有限的,水滴持续落下,盆中的水持续变满,最终有一滴水使得盆中的水满了,这就是"溢出"。

如果一个空的盆要1万滴水滴进去才会满,开始滴水之前可以先放入一部分水,叫作计数初值。如果现在要计数9000,那么可以先放入1000滴水,也就是预置数为1000,再计数8000就可以溢出产生中断。

单片机中通常采用预置数的办法,如果每个脉冲是1 μs,则计满256个脉冲需256 μs,如果现在要定时100 μs,只要在计数器里面先放进156,然后计数100就可以溢出产生中断了,如实验图7-2所示。

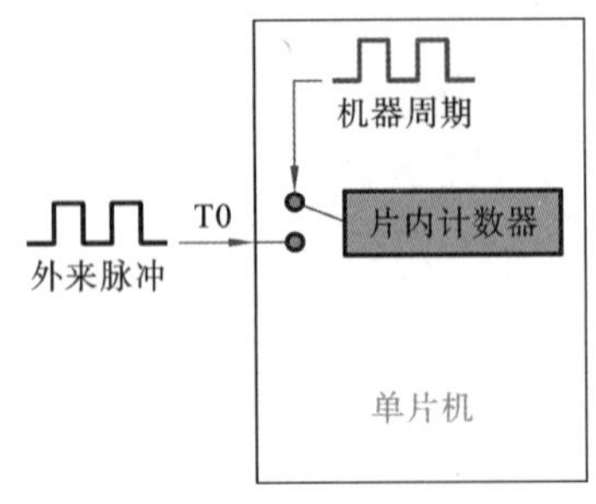

实验图7-1 计数与定时的本质原理

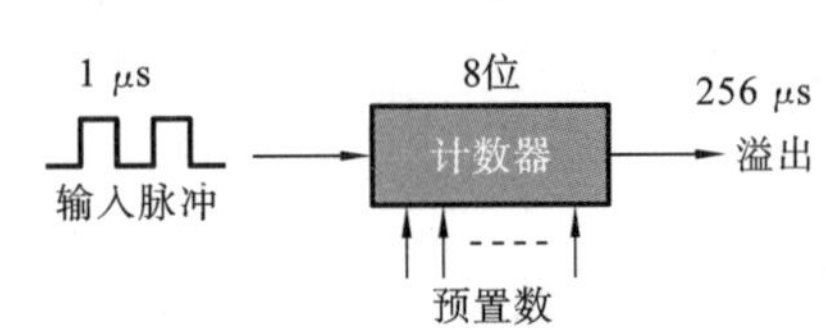

实验图7-2 定时器/计数器记满溢出原理

3. 定时/计数的主要方法

实现定时或计数，主要有三种方法。

(1) 软件延时。

软件延时利用微处理器执行一个延时程序段实现。因为微处理器执行每条指令都需要一定时间，通过指令的循环实现软件延时。软件定时具有不使用硬件的特点，但却占用了大量 CPU 时间。另外，软件定时精度不高，在不同系统时钟频率下，执行一条指令的时间不同，同一个软件延时程序的定时时间也会不同。

(2) 硬件定时。

硬件定时采用数字电路中的分频器将系统时钟进行适当分频产生需要的定时信号，也可以采用单稳电路或简易定时电路（如常用的 555 定时器）由外接 RC（电阻、电容）电路控制定时时间。这样的定时电路较简单，利用不同分频倍数或改变电阻阻值、电容容值使定时时间在一定范围内改变。

(3) 可编程的硬件定时。

可编程定时器/计数器最大的特点是可以通过软件编程来实现定时时间的改变，通过中断或查询方法来完成定时功能或计数功能。这种电路不仅定时值和定时范围可用程序改变，而且具有多种工作方式，可以输出多种控制信号，具备较强的功能。

4. 定时器/计数器的结构

AT89S51 单片机内部的定时器/计数器的结构如实验图 7-3 所示。定时器 T0 由特殊功能寄存器 TL0（低 8 位）和 TH0（高 8 位）构成，定时器 T1 由特殊功能寄存器 TL1（低 8 位）和 TH1（高 8 位）构成。每个寄存器均可单独访问。

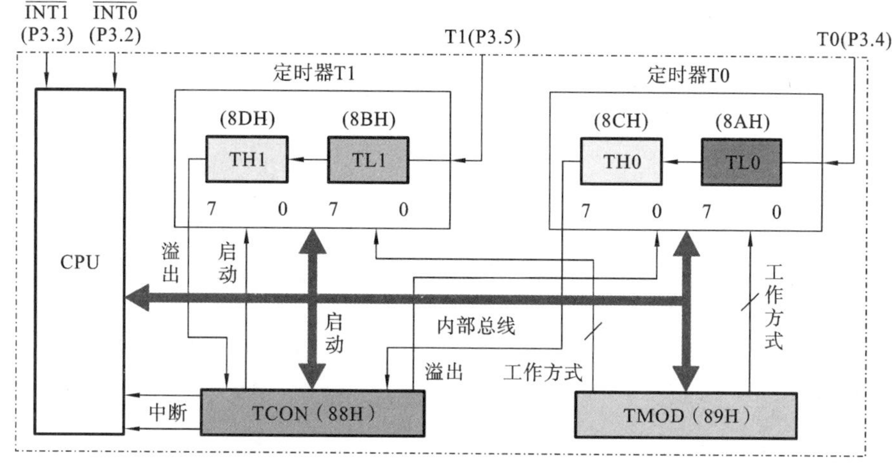

实验图 7-3 定时器/计数器的内部结构

5. 使用的寄存器

定时器/计数器中使用的寄存器包括 TCON 控制寄存器（见实验表 7-1、实验表 7-2）和 TMOD 方式寄存器（见实验表 7-3、实验表 7-4）。

实验表 7-1 TCON 控制寄存器

位序	D7	D6	D5	D4	D3	D2	D1	D0
位名称	TF1	TR1	TF0	TR0	IE1	IT1	IE0	IT0

实验表 7-2　TCON 控制寄存器位名称的说明和功能

位名称	说　明	功　能
TF1	T1 溢出标志位	当 T1 计数器溢出时，硬件将 TF1 置 1，并申请中断，进入中断服务程序后，由硬件将 TF1 自动清零。需要注意的是，如果使用定时器的中断，那么该位不需要人为操作，但是如果使用软件查询方式，当查询到该位置 1 后，需用软件清零
TR1	T1 运行控制位	TR1＝1，启动定时器，TR1＝0，关闭定时器，由软件控制
TF0	T0 溢出标志位	功能同 TF1，但是 TF0 的工作对象是 T0
TR0	T0 运行控制位	功能同 TR1，但是 TR0 的工作对象是 T0
IE1	外部中断 1 请求标志位	当 IT1＝0 时，为低电平触发方式，每个机器周期的 S5P2 对 INT1 引脚进行采样。若 INT1 引脚为低电平，则 IE1 置 1，否则 IE1 清零。 当 IT1＝1 时，为下降沿触发方式，当第一个机器周期采样到 INT1 为低电平时，则 IE1 置 1。IE1＝1 表示外部中断 1 正在向 CPU 请求中断，但 CPU 响应中断该位由硬件清零
IT1	外部中断 1 触发方式选择位	IT1＝0，低电平触发方式，INT1 引脚上低电平有效； IT1＝1，下降沿触发方式，INT1 引脚上的电平由高到低的负跳变有效
IE0	外部中断 0 请求标志位	功能同 IE1，但是 IE0 的工作对象为 INT0
IT0	外部中断 0 触发方式选择位	功能同 IT1，但是 IT0 的工作对象为 INT0

实验表 7-3　TMOD 方式寄存器

位序	D7	D6	D5	D4	D3	D2	D1	D0
位名称	GATE	$C/\overline{T}$	M1	M0	GATE	$C/\overline{T}$	M1	M0
应用	定时/计数器 1				定时/计数器 0			

实验表 7-4　TMOD 方式寄存器位名称的说明和功能

位名称	含　义	功　能
M1、M0	工作方式选择位	M1M0＝00：方式 0，13 位定时/计数器，最大计数 8192 次； M1M0＝01：方式 1，16 位定时/计数器，最大计数 65536 次； M1M0＝10：方式 2，8 位自动重装定时/计数器，最大计数 256 次； M1M0＝11：方式 3，把 T0 分成两个 8 位计数器，最大计数 256 次
$C/\overline{T}$	定时器工作方式控制位	$C/\overline{T}$＝0，定时工作方式，脉冲来自单片机内部； $C/\overline{T}$＝1，计数工作方式，脉冲由外部提供
GATE	计数器工作方式控制位	当 GATE＝0 时，计数器不受外部控制； 当 GATE＝1 时，计数器 T0 和 T1 分别受 P3.2 和 P3.3 引脚电平控制；当 P3.2(或 P3.3)引脚为高电平时，置 TR0(或 TR1)为 1，计数器 T0(或 T1)开始计数，当 P3.2(或 P3.3)引脚为低电平时，计数器 T0(或 T1)停止计数

实验源程序

```
# include <reg52.h>

void main()
{
    TMOD=0x05;
    TH0=0x00;
    TL0=0x00;
    TR0=1;
    while(1)
    {
        P1=TH0;
        P2=TL0;
    }
}
```

实验仿真电路(实验图 7-4)

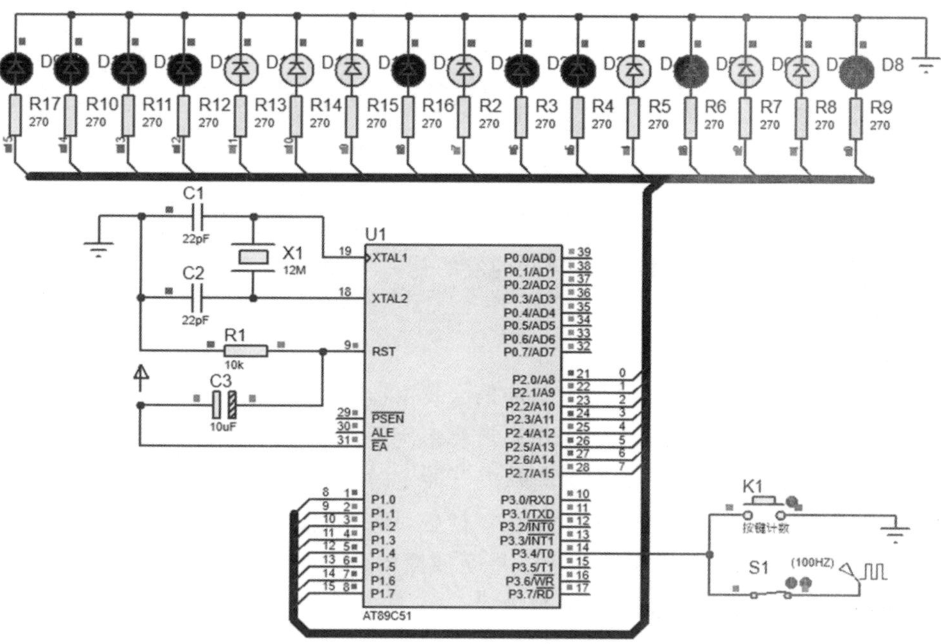

实验图 7-4　定时器/计数器二进制计数演示实验仿真图

思考题

1. 定时计数器的定时、计数本质是什么?
2. 定时计数器能否同时实现定时和计数功能?

实验 8　100 ms 长时间定时

实验目的

(1) 理解定时计数器的基本结构。

(2) 了解单片机定时器 C 语言程序的设计和调试方法。

(3) 掌握定时器初始化设计、初值计算以及长时间定时的设计。

实验仪器

单片机开发板、稳压电源、计算机。

实验原理

1. 51 单片机定时器 0 的 4 种工作模式

(1) 工作模式 0。

由 TL0 的低 5 位和 TH0 的全部 8 位共同构成一个 13 位的定时器/计数器，定时器/计数器启动后，定时或计数脉冲个数加到 TL0 上，从预先设置的初值(时间常数)开始累加，不断递增 1，当 TL0 计满后，向 TH0 进位，直到 13 位寄存器计满溢出。TH0 溢出时，置位 TCON 中的 TF0 标志，向 CPU 发出中断请求，并且定时器/计数器硬件会自动地把 13 位的寄存器值清零，如果需要进一步定时/计数，需要使用相关指令重置时间常数，并把定时器/计数器的中断标记 TF0 置 0。

(2) 工作模式 1。

工作模式 1 是最常用的定时器工作模式。模式 1 与模式 0 几乎相同，唯一的区别就是，模式 1 中的寄存器 TH0 和 TL0 共同构成的是一个 16 位定时器/计数器，因此比模式 0 中的定时/计数范围更大。

(3) 工作模式 2。

工作模式 2 特别适用于较精确的脉冲信号发生器。这种模式又称为自动再装入预置数模式。有时候，我们的定时/计数操作是需要多次重复定时/计数的，如果溢出时不做任何处理，那么在第二轮定时/计数时就是从 0 开始定时/计数了，这并不是我们想要的。我们想要的是每次溢出之后，再重新开始定时/计数，那么就需要把预置数(时间常数)重新装入某个地方，而重新装入预置数的操作是硬件设备自动完成的，不需要人工干预，所以这种工作模式也称为自动再装入预置数模式。

在工作模式 2 中，把自动重装入的预置数存放在定时器/计数器的寄存器的高 8 位中，也就是存放在 TH0 中，而只留下 TL0 参与定时/计数操作。这个工作模式常用于波特率发生器(串口通信)，T1 工作在串口模式 2；使用这种方式时，定时器就是为了提供一个时间基准；计数溢出之后，不需要做太多的事情，只做一件事就可以了，即重新装入预置数，再开始重新计数，而且中间不会有任何延时。

(4) 工作模式 3。

工作模式 3 只适用于定时器/计数器 T0。定时器 T1 处于工作模式 3 时相当于 TR1＝0。由于定时器/计数器 T1 没有工作模式 3，如果把定时器/计数器 T0 设置为工作模式 3,那么 TL0 和 TH0 将被分割成两个相互独立的 8 位定时器/计数器。

2. 定时器初值的设定

工作模式 0:13 位定时器/计数器工作模式,最多可计数次数为 2 的 13 次方,即 8192 次。

工作模式 1:16 位定时器/计数器工作模式,最多可计数次数为 2 的 16 次方,即 65536 次。

工作模式 2:8 位定时器/计数器工作模式,最多可计数次数为 2 的 8 次方,即 256 次。

工作模式 3:8 位定时器/计数器工作模式,最多可计数次数为 2 的 8 次方,即 256 次。

以 12 MHz 晶振为例:每秒钟可以执行 1000000 个机器周期,而定时器每次溢出最多 65536 个机器周期。

那么对 12 MHz 的晶振来讲,1 个机器周期 1 μs ($12/f_{osc}=1$ μs)。

工作模式 0:13 位定时器最大时间间隔 $=2^{13}$ μs=8192 μs=8.192 ms

工作模式 1:16 位定时器最大时间间隔 $=2^{16}$ μs=65536 μs=65.536 ms

工作模式 2:8 位定时器最大时间间隔 $=2^{8}$ μs=256 μs=0.256 ms

工作模式 3:8 位定时器最大时间间隔 $=2^{8}$ μs=256 μs=0.256 ms

以上是定时器定时的最大时间间隔。对于计算初值小于最大时间间隔时,定时 10 ms 的定时器初值计算如下。

若系统使用 12 MHz 晶振,12 MHz 除以 12 为 1 MHz,也就是说 1 s=1000000 个机器周期,那么 10 ms=10000 次机器周期。

预置数的计算公式:

预置数=最大值−需要计数的次数

再将预置数(65536−10000)装入 16 位定时计数器,如下:

TH0=(65536−10000)/256

TL0=(65536−10000)%256

如果系统使用 11.0592 MHz 晶振,11.0592 MHz 除以 12 为 921600Hz,就是 1 s=921600 个机器周期,10 ms=9216 个机器周期。

预置数的计算公式:

预置数=最大值−需要计数的次数

再将预置数(65536-9216)装入 16 位定时计数器,如下:

TH0=(65536−9216)/256

TL0=(65536−9216)%256

3. 长时间定时原理

51 单片机定时器/计数器的定时时长最大也就是 65.536ms,最大计数 65536 次。如何做到超过量程的定时/计数呢?简单的方法就是累加,利用单次定时/计数的累加,完成长时间定时或者大数据的计数。

实验源程序

```
# include <reg52.h>
# include <intrins.h>
```

```
# define uchar unsigned char
# define uint unsigned int
uchar Count;
sbit Dot=P0^7;
uchar code DSY_CODE[]=
{
    0x3f,0x06,0x5b,0x4f,0x66,0x6d,0x7d,0x07,0x7f,0x6f
};

uchar Digits_of_6DSY[]={0,0,0,0,0,0};

void DelayMS(uint x)
{
    uchar i;
    while(--x)
    {
        for(i=0;i<120;i++);
    }
}

void main()
{
    uchar i,j;
    P0=0x00;
    P3=0xff;
    Count=0;
    TMOD=0x01;
    TH0 =(65535-50000)/256;
    TL0 =(65535-50000)% 256;
    IE=0x82;
    TR0=1;
    while(1)
    {
        j=0x7f;
        for(i=5;i!=-1;i--)
        {
            j=_crol_(j,1);
            P3=j;
            P0=DSY_CODE[Digits_of_6DSY[i]];
            if(i==1) P0|=0x80;
            DelayMS(2);
        }
    }
}

void Time0() interrupt 1
{
    uchar i;
```

```
        TH0  =(65535-50000)/256;
        TL0  =(65535-50000)% 256;
        if(++Count !=2) return;
        Count=0;
        Digits_of_6DSY[0]++;
        for(i=0;i<=5;i++)
        {
            if(Digits_of_6DSY[i]==10)
            {
                Digits_of_6DSY[i]=0;
                if(i !=5) Digits_of_6DSY[i+ 1]++;
            }
            else break;
        }
    }
```

实验仿真电路(实验图 8-1)

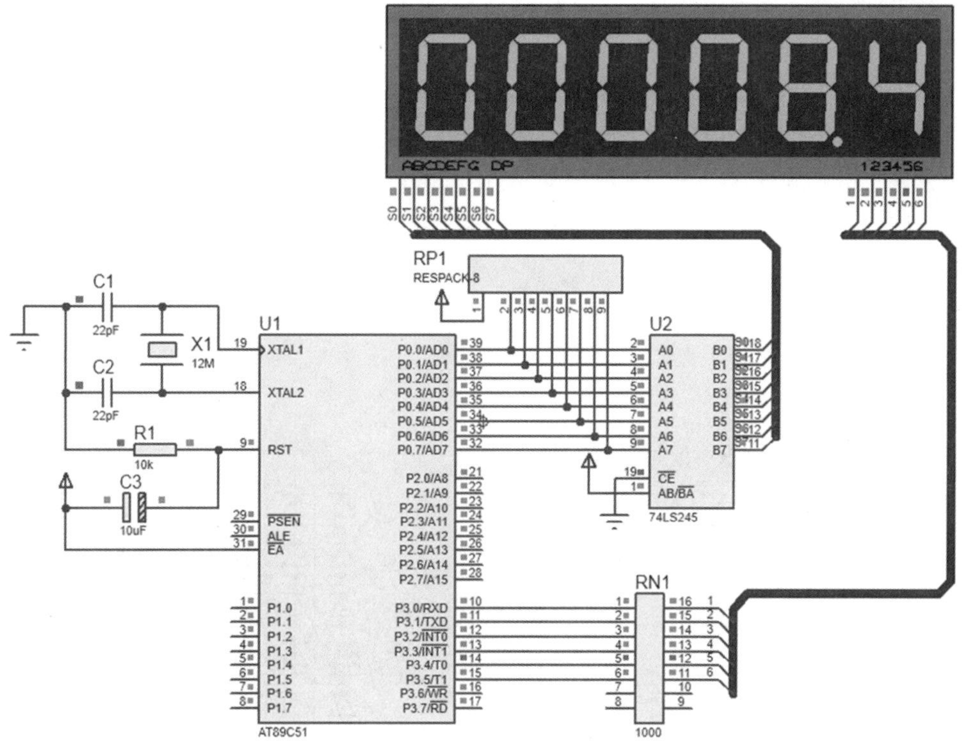

实验图 8-1 100 ms **长时间定时实验仿真图**

思考题

1. 对于通过多次反复定时累加完成长时间定时工作的定时器，在定时器每次重装初值过程中是否会产生延时？最终完成终极定时后是否存在误差？

2. 若上题中出现了误差该如何弥补？

实验9　8×8点阵屏设计

实验目的

(1) 理解点阵屏的工作机理和基本结构。

(2) 了解单片机点阵C语言程序的设计和调试方法。

(3) 掌握点阵基本单元的软硬件设计。

实验仪器

单片机开发板、稳压电源、计算机。

实验原理

LED就是发光二极管的英文(light emitting diode)缩写。LED显示屏(LED panel)是一种通过控制半导体发光二极管的显示方式,从而显示文字、图形、图像、动画、视频、录像信号等各种信息的显示屏幕。

1. LED点阵(8×8)工作原理

LED点阵(8×8)是由发光二极管排列组成的显示器件,在我们日常生活的电器中随处可见,被广泛应用于汽车报站器、广告屏等。8×8点阵共由64个发光二极管组成,且每个发光二极管放置在行线和列线的交叉点上,当对应的某一行置高电平(行所接的是二极管的阳极,所以为高电平),某一列置低电平(列所接的是二极管的阴极,所以为低电平),则相应的二极管就亮。

实验图9-1给出了点阵屏的内部电路原理及相应的管脚图,图(a)所示为共阴极点阵屏,图(b)所示为共阳极点阵屏。

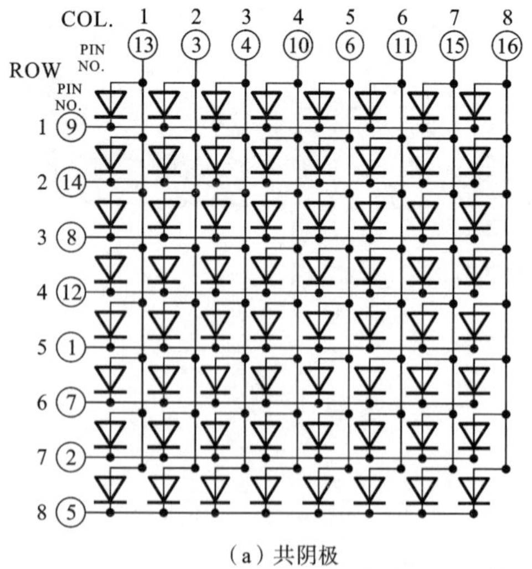

(a) 共阴极

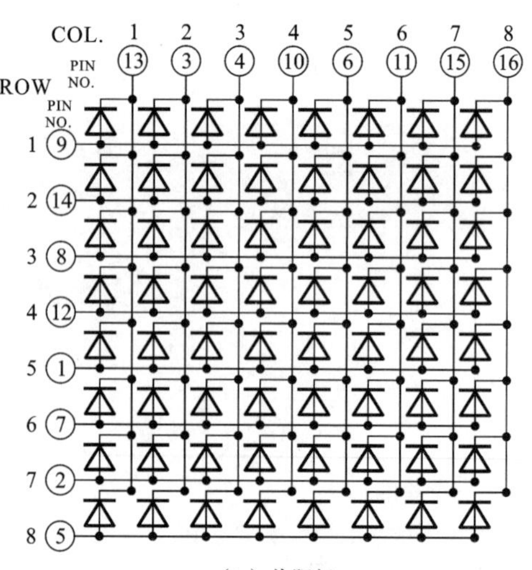

(b) 共阳极

实验图9-1　共阴极/共阳极点阵屏内部电路

LED点阵的显示方式是按显示编码的顺序一行一行地显示的。每一行的显示时间大约为4 ms，由于视觉暂留现象，人们将感觉到8行LED在同时显示。若显示的时间太短，则亮度不够，若显示的时间太长，将会感到闪烁。一般采用低电平逐行扫描，高电平输出显示信号的方式，即轮流给行信号输出低电平，在任意时刻只有一行发光二极管是处于可以被点亮的状态，其他行处于熄灭状态。

2. LED点阵(8×8)驱动芯片74LS245

74LS245是用来驱动LED或者其他设备的，它是8路同相三态双向总线收发器，可双向传输数据。74LS245还具有双向三态功能，既可以输出，也可以输入数据。

由于单片机的I/O驱动能力有限，如果超过其负载，我们将看到一片黑暗。如果用51单片机的P0口输出到点阵屏，那就要考虑点阵屏的亮度以及P0口带负载的能力，当单片机的P0口总线负载达到或超过P0最大负载能力时，必须接入74LS245等总线驱动器，依靠74LS245来提高驱动能力。

74LS245芯片管脚如实验图9-2所示。

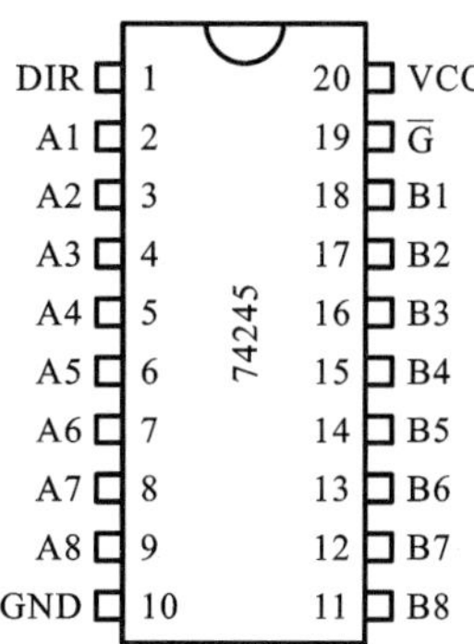

实验图9-2 74LS245 **芯片管脚**

当DIR=0时，信号由B向A传输，代表接收。

DIR=1，信号由A向B传输，代表发送。

当CE为高电平时，A、B均为高阻态。

引脚端符号含义说明如下。

VCC：电源输入引脚，8086 CPU采用单一+5V电源供电。

GND：接地引脚。

A：A总线端。

B：B总线端。

DIR：方向控制端。

实验源程序

```
# include <reg52.h>
# include <intrins.h>
# define uchar unsigned char
```

```
# define uint unsigned int
uchar code Table_OF_Digits[]=
{
    0x00,0x3e,0x41,0x41,0x41,0x3e,0x00,0x00,
    0x00,0x00,0x00,0x21,0x7f,0x01,0x00,0x00,
    0x00,0x27,0x45,0x45,0x45,0x39,0x00,0x00,
    0x00,0x22,0x49,0x49,0x49,0x36,0x00,0x00,
    0x00,0x0c,0x14,0x24,0x7f,0x04,0x00,0x00,
    0x00,0x72,0x51,0x51,0x51,0x4e,0x00,0x00,
    0x00,0x3e,0x49,0x49,0x49,0x26,0x00,0x00,
    0x00,0x40,0x40,0x40,0x4f,0x70,0x00,0x00,
    0x00,0x36,0x49,0x49,0x49,0x36,0x00,0x00,
    0x00,0x32,0x49,0x49,0x49,0x3e,0x00,0x00,
};
uchar i=0,t=0,Num_Index=0;

void main()
{
    P3=0x80;
    Num_Index=0;
    TMOD=0x00;
    TH0=(8192-2000)/32;
    TL0=(8192-2000)% 32;
    TR0=1;
    IE=0x82;
    while(1);
}

void LED_Screen_Display() interrupt 1
{
    TH0=(8192-2000)/32;
    TL0=(8192-2000)% 32;
    P3=_crol_(P3,1);
    P0=~ Table_OF_Digits[Num_Index * 8+ i];
    if(++i==8) i=0;
    if(++t==250)
    {
        t=0x00;
        if(++Num_Index==10) Num_Index=0;
    }
}
```

实验仿真电路(实验图 9-3)

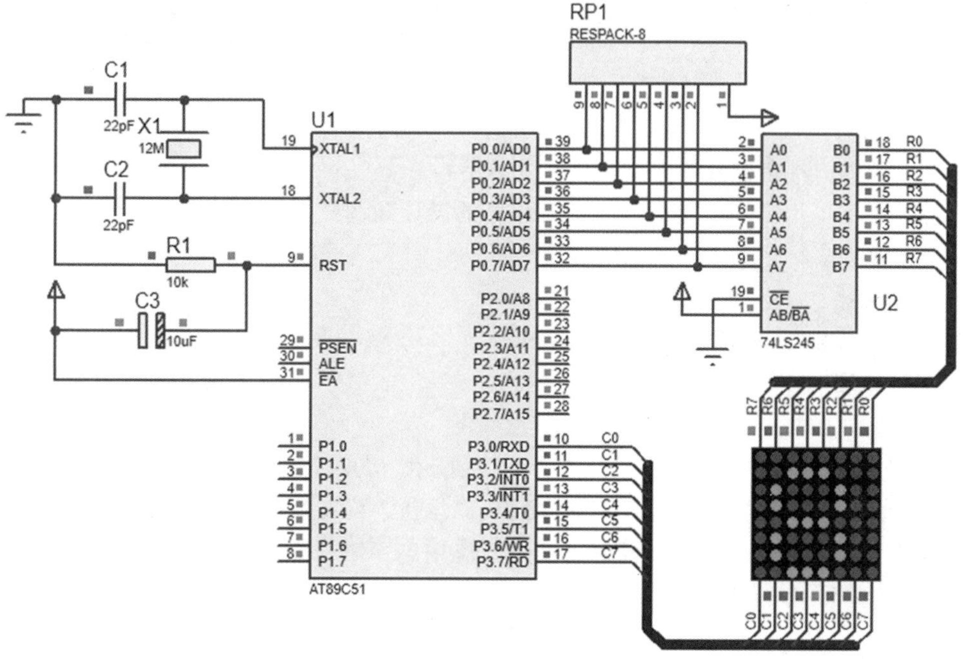

实验图 9-3 8×8 **点阵屏设计实验仿真图**

思考题

1. 简述点阵屏的扫描方式,以及扫描电平的选择原则。
2. 如何实现点阵屏动态显示?

实验 10　16×16 动态点阵屏设计

实验目的

(1) 理解大屏幕点阵的电路搭建和基本结构。

(2) 了解单片机多行列点阵 C 语言程序的设计和调试方法。

(3) 掌握多行多列大屏幕点阵的软硬件设计。

实验仪器

单片机开发板、稳压电源、计算机。

实验原理

1. LED 点阵屏显示原理

LED 点阵显示屏是集微电子技术、计算机技术、信息处理技术于一体的大型显示屏。它以色彩鲜艳、动态范围广、亮度高、寿命长、工作稳定可靠等优点而成为众多显示媒体以及户外作业显示的理想选择。同时也可广泛应用到军事、体育、新闻、金融、证券、广告以及交通运输等许多行业。

16×16 点阵显示屏共有 256 个发光二极管，显然单片机没有这么多端口，如果采用锁存器来扩展端口，按 8 位的锁存器来计算，16×16 的点阵需要 256/8＝32 个锁存器。这里仅讨论 16×16 的点阵，而实际应用中的显示屏往往要大得多，这样在锁存器上花的成本将是一个很庞大的数字。因此在实际应用中的显示屏几乎都不采用这种设计，而采用另一种称为动态扫描的显示方法。对 16×16 的点阵来说，它包含列驱动电路和行驱动电路。把所有同一行的发光管的阳极连在一起，把所有同一列的发光管的阴极连在一起（共阳的接法），先送出对应第一行发光管亮灭的数据并锁存，然后选通第一行使其燃亮一定的时间，然后熄灭；再送出第二行的数据并锁存，然后选通第二行使其燃亮相同的时间，然后熄灭……第十六行之后又重新燃亮第一行，这样反复轮回。

LED 点阵一般采用扫描式显示，实际运用分为三种方式：

(1) 点扫描；

(2) 行扫描；

(3) 列扫描。

若使用第一种方式，其扫描频率必须大于 16×64＝1024 Hz，周期小于 1 ms 即可符合视觉暂留要求。若使用第二或第三种方式，则频率必须大于 16×8＝128 Hz，周期小于 7.8 ms 即可。此外一次驱动一列或一行（8 颗 LED）时需外加驱动电路以提高电流，否则 LED 亮度会不足。

由 LED 点阵显示屏的内部结构可知，驱动方式宜采用动态扫描驱动方式。由于 LED 管芯大多为高型，因此某行或某列的单体 LED 驱动电流可选用窄脉冲，但其平均电流应限制在 20 mA 内，多数点阵显示屏的单体 LED 的正向压降约为 2 V，但大亮点点阵显示屏的单体 LED 的正向压降约为 6 V。

大屏幕显示系统一般是由多个 LED 点阵组成的小模块以搭积木的方式组合而成的，

每一个小模块都有自己独立的控制系统,组合在一起后只要引入一个总控制器控制各模块的命令和数据即可,这种方法既简单又具有易装、易维修的特点。

LED点阵显示系统中各模块的显示方式有静态显示和动态显示两种。静态显示原理简单、控制方便,但硬件接线复杂,在实际应用中一般采用动态显示方式。动态显示采用扫描的方式工作,由峰值较大的窄脉冲驱动,从上到下逐次不断地对显示屏的各行选通,同时又向各列送出表示图形或文字信息的脉冲信号,反复循环以上操作,就可显示各种图形或文字信息。

2. 74HC595驱动电路

74HC595管脚如实验图10-1,该芯片是一个8位串行输入、平行输出的位移缓存器:平行输出为三态输出。在SCK的上升沿,单行数据由SDL输入内部的8位位移缓存器,并由Q7输出,而平行输出则是在LCK的上升沿将8位位移缓存器的数据存入8位平行输出缓存器。当串行数据输入端$\overline{OE}$的控制信号为低电平使能时,平行输出端的输出值等于平行输出缓存器所存储的值。而当$\overline{OE}$为高电位,也就是输出关闭时,平行输出端会维持在高阻抗状态。

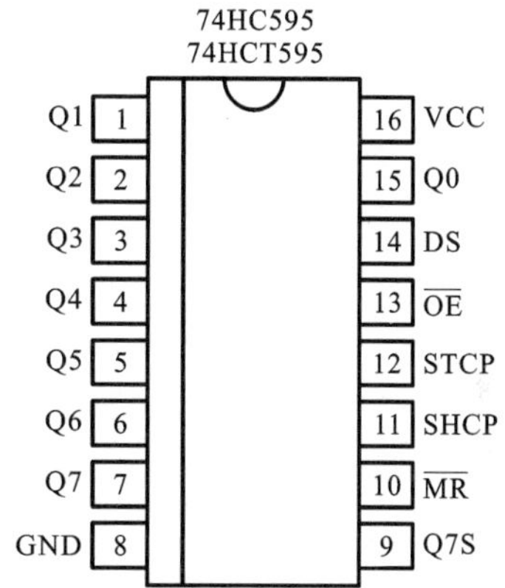

实验图10-1　74HC595管脚

14脚:DS(SER),串行数据输入引脚。

13脚:$\overline{OE}$,输出使能控制脚,它是低电平才使能输出,所以接GND。

12脚:STCP,存储寄存器时钟输入引脚。上升沿时,数据从移位寄存器转存至存储寄存器。

11脚:SHCP,移位寄存器时钟引脚。上升沿时,移位寄存器中的位数据整体后移,并接受新的位(从SER输入)。

10脚:$\overline{MR}$,低电平时,清空移位寄存器中已有的位数据,一般不用,接高电平即可。

9脚:Q7S,串行数据出口引脚。当移位寄存器中的数据多于8位时,会把已有的位从这个引脚"挤出去"。常用于74HC595的级联。

Q1~7:并行输出引脚。

实验源程序

```
# include<reg52.h>
# include< 74HC595.h>
# define uchar unsigned char
# define uint unsigned int
//列扫描数组
uchar code table_L[]={0xff,0x7f, 0xff,0xbf, 0xff,0xdf, 0xff,0xef, 0xff,0xf7,
0xff,0xfb, 0xff,0xfd, 0xff,0xfe, 0x7f,0xff, 0xbf,0xff, 0xdf,0xff, 0xef,0xff,
0xf7,0xff, 0xfb,0xff, 0xfd,0xff, 0xfe,0xff};
//字模数组
uchar code table_H[]={
```

```
0x00, 0x00, 0x00, 0x00, 0x00, 0x00, 0x00, 0x00, 0x00, 0x00, 0x00, 0x00, 0x00, 0x00,
0x00,0x00,
0x00, 0x00, 0x00, 0x00, 0x00, 0x00, 0x00, 0x00, 0x00, 0x00, 0x00, 0x00, 0x00, 0x00,
0x00,0x00,
0x20, 0x40, 0x20, 0xC0, 0x24, 0x7E, 0x24, 0x40, 0x24, 0x40, 0xA4, 0x3F, 0x24, 0x22,
0x24,0x22,
0x20, 0x20, 0xFF, 0x03, 0x20, 0x0C, 0x22, 0x10, 0x2C, 0x20, 0x20, 0x40, 0x20, 0xF8,
0x00,0x00,
                                                                    /* "武",0* /
0x04, 0x80, 0x04, 0x80, 0x94, 0x47, 0x94, 0x44, 0x94, 0x24, 0x94, 0x14, 0x94, 0x0C,
0xFF,0x07,
0x94, 0x0C, 0x94, 0x14, 0x94, 0x24, 0x94, 0x44, 0xF4, 0x54, 0x04, 0x9C, 0x04, 0x80,
0x00,0x00,
                                                                    /* "夷",1* /
0x40, 0x04, 0x30, 0x04, 0x11, 0x04, 0x96, 0x04, 0x90, 0x04, 0x90, 0x44, 0x91, 0x84,
0x96,0x7E,
0x90, 0x06, 0x90, 0x05, 0x98, 0x04, 0x14, 0x04, 0x13, 0x04, 0x50, 0x04, 0x30, 0x04,
0x00,0x00,
                                                                    /"学"",2* /
0x00, 0x00, 0xFE, 0xFF, 0x22, 0x04, 0x5A, 0x08, 0x86, 0x07, 0x10, 0x80, 0x0C, 0x41,
0x24,0x31,
0x24, 0x0F, 0x25, 0x01, 0x26, 0x01, 0x24, 0x3F, 0x24, 0x41, 0x14, 0x41, 0x0C, 0x71,
0x00,0x00,
                                                                    /* "院",3* /
0x04, 0x10, 0x24, 0x08, 0x44, 0x06, 0x84, 0x01, 0x64, 0x82, 0x9C, 0x4C, 0x40, 0x20,
0x30,0x18,
0x0F, 0x06, 0xC8, 0x01, 0x08, 0x06, 0x08, 0x18, 0x28, 0x20, 0x18, 0x40, 0x00, 0x80,
0x00,0x00,
                                                                    /* "欢",4* /
0x40, 0x00, 0x40, 0x40, 0x42, 0x20, 0xCC, 0x1F, 0x00, 0x20, 0x00, 0x40, 0xFC, 0x4F,
0x04,0x44,
0x02, 0x42, 0x00, 0x40, 0xFC, 0x7F, 0x04, 0x42, 0x04, 0x44, 0xFC, 0x43, 0x00, 0x40,
0x00,0x00,
                                                                    /* "迎",5* /
0x20, 0x40, 0x10, 0x30, 0x08, 0x00, 0xFC, 0x77, 0x23, 0x80, 0x10, 0x81, 0x88, 0x88,
0x67,0xB2,
0x04, 0x84, 0xF4, 0x83, 0x04, 0x80, 0x24, 0xE0, 0x54, 0x00, 0x8C, 0x11, 0x00, 0x60,
0x00,0x00,
                                                                    /* "您",6* /
0x00, 0x00, 0x00, 0x00, 0x00, 0x00, 0xFE, 0x33, 0x00, 0x00, 0x00, 0x00, 0x00, 0x00,
0x00,0x00,
0x00, 0x00, 0x00, 0x00, 0x00, 0x00, 0x00, 0x00, 0x00, 0x00, 0x00, 0x00, 0x00, 0x00,
0x00,0x00,
                                                                    /* "!",7* /
```

```
0x00, 0x00, 0x00, 0x00, 0x00, 0x00, 0x00, 0x00, 0x00, 0x00, 0x00, 0x00, 0x00, 0x00,
0x00,0x00,
0x00, 0x00, 0x00, 0x00, 0x00, 0x00, 0x00, 0x00, 0x00, 0x00, 0x00, 0x00, 0x00, 0x00,
0x00,0x00,
};
uchar L=0,H=0;
uint t=0,x=0;
# define h sizeof(table_H)
void main()
{
    extern uint h;
    EA=1;
    ET0=1;
    TMOD=0x01;
    TH0=(65536-1000)/256;//1ms 进一次中断,刷新显示一列
    TL0=(65536-1000)% 256;
    TR0=1;
    h=sizeof(table_H);
while(1)
{
    if(L==32)
       {
           L=0;
           H=0;
       }
}
}
void T0_time() interrupt 1
{
    TH0=(65536-1000)/256;
    TL0=(65536-1000)% 256;
    Input(table_L[L]);
    Input(table_L[L+1]);
    Input(table_H[H+x]);
    Input(table_H[H+x+1]);
    Output();
    L=L+2;
    H=H+2;
    t++;
    if(t==50)//移动
       {
           t=0;
           x=x+2;
           if(x> =h-32)x=0;
       }
}
```

实验仿真电路(实验图 10-2)

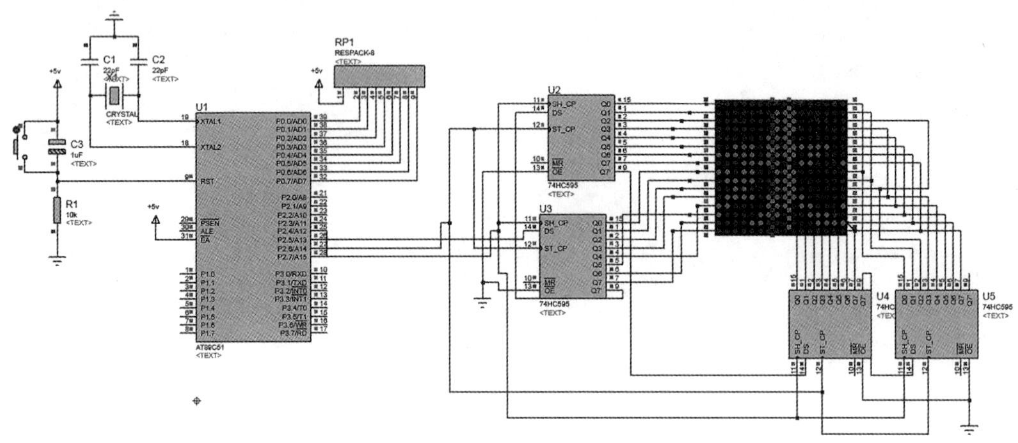

实验图 10-2 16×16 **动态点阵屏设计实验仿真图**

思考题

1. 点阵屏包含哪些驱动芯片?
2. 点阵屏的动态显示基于什么原理?

实验 11　LCD1602 显示器应用

实验目的

(1) 了解液晶显示芯片 LCD1602 的具体管脚及内部结构。

(2) 掌握 LCD1602 的显示命令的书写。

(3) 掌握 LCD1602 的显示程序的设计和编写。

实验仪器

单片机开发试验仪、稳压电源、计算机。

实验原理

1. LCD1602 液晶屏

LCD1602 分为带背光和不带背光两种，基控制器大部分为 HD44780，带背光的比不带背光的厚，是否带背光在应用中并无差别 。

LCD1602 的特性：

① +5V 电压，对比度可调；

② 内含复位电路；

③ 提供各种控制命令，如清屏、字符闪烁、光标闪烁、显示移位等；

④ 有 80 字节显示数据存储器 DDRAM；

⑤ 有 192 个 5×7 点阵字型的字符发生器 CGROM；

⑥ 有 8 个可由用户自定义的 5×7 点阵字型的字符发生器 CGRAM；

⑦ 采用标准的 14 脚(无背光)或 16 脚(带背光)接口，如实验图 11-1 所示。

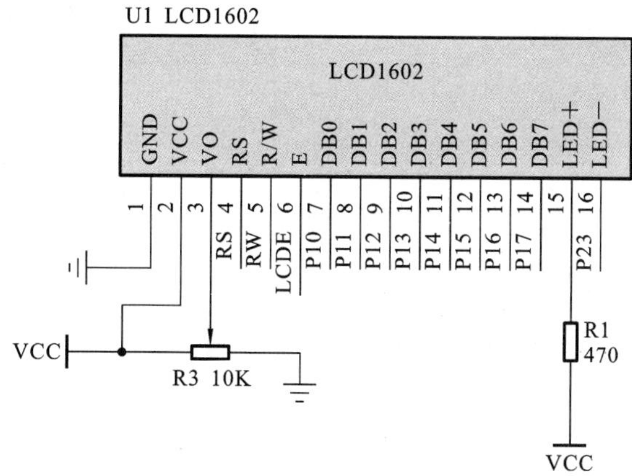

实验图 11-1　16 脚 LCD1602 **管脚分布**

引脚功能说明如下。

第 1 脚：GND，接地。

第 2 脚：VCC，接+5 V 电源。

第 3 脚：VO，液晶显示器对比度调整端，接正电源时对比度最弱，接地时对比度最高，对比度过高时会产生“鬼影”，使用时可以通过一个 10K 的电位器来调整对比度。

第 4 脚：RS，寄存器选择端，高电平时选择数据寄存器、低电平时选择指令寄存器。

第 5 脚：R/W，读写信号线端，高电平时进行读操作，低电平时进行写操作。当 RS 和 R/W 共同为低电平时可以写入指令或者显示地址，当 RS 为低电平、R/W 为高电平时可以读忙信号，当 RS 为高电平、R/W 为低电平时可以写入数据。

第 6 脚：E，此端为使能端，当 E 端由高电平跳变成低电平时，液晶模块执行命令。

第 7～14 脚：DB0～DB7，接 8 位双向数据线。

第 15 脚：LED+，背光源正极。

第 16 脚：LED－，背光源负极。

2. LCD1602 模块控制指令

LCD1602 模块控制指令如实验表 11-1 所示。

实验表 11-1　LCD1602 模块控制指令

指　　令	RS	R/W	DB7	DB6	DB5	DB4	DB3	DB2	DB1	DB0
① 清屏	0	0	0	0	0	0	0	0	0	1
② 光标复位	0	0	0	0	0	0	0	0	1	*
③ 光标和显示模式	0	0	0	0	0	0	0	1	I/D	S
④ 显示和光标控制	0	0	0	0	0	0	1	D	C	B
⑤ 光标或字符移位	0	0	0	0	0	1	S/C	R/L	*	*
⑥ 功能设置	0	0	0	0	1	DL	N	F	*	*
⑦ 设置字符发生器地址	0	0	0	1	字符发生存储器地址					
⑧ 设置数据存储器地址	0	0	1	显示数据存储器地址						
⑨ 读忙信号和光标地址	0	1	BF	计数器地址						
⑩ 写数据到指令⑦、⑧所设地址	1	0	要写的数据							
⑪ 从指令⑦、⑧所设的地址读数据	1	1	读出的数据							

1602 模块的设定、读写与光标控制都是通过指令来完成的，共有 11 条指令如下。

指令①：清屏。光标复位到地址 00H。

指令②：光标复位。光标返回到地址 00H。

指令③：光标和显示模式。I/D：光标移动方向，高电平右移，低电平左移。S：屏幕上所有文字左移或者右移。

指令④：显示和光标控制。D：控制整体显示的开与关，高电平表示开显示，低电平表示关显示。C：控制光标的开与关，高电平表示有光标，低电平表示无光标。B：控制光标是否闪烁，高电平闪烁，低电平不闪烁。

指令⑤：光标或字符移位。S/C：高电平时移动显示的文字，低电平时移动光标。R/L：高电平左移，低电平右移。

指令⑥：功能设置。DL：高电平时为 4 位总线，低电平时为 8 位总线。N：低电平时为单行显示，高电平时为双行显示。F：低电平时显示 5×7 的点阵字符，高电平时显示 5×

10 的点阵字符(有些模块是 DL:高电平时为 8 位总线,低电平时为 4 位总线)。

指令⑦:设置字符发生器地址。地址:字符地址×8+字符行数(将一个字符分成 5×8 点阵,一次写入一行,8 行就组成一个字符)。

指令⑧:设置数据存储器地址。第一行为 00H～0FH,第二行为 40H～4FH。

指令⑨:读忙信号和光标地址。BF:忙标志位,高电平表示忙,此时模块不能接收命令或者数据,低电平表示不忙。

指令⑩:写数据。

指令⑪:读数据。

3. LCD1602 寄存器

LCD1602 绝大多数是基于 HD44780 液晶芯片的,HD44780 内置了 DDRAM(显示数据缓冲区)、CGROM(字符发生存储器)和 CGRAM(自定义字符存储器)。

液晶显示模块是一个慢显示器件,所以在执行每条指令之前一定要确认模块的忙标志为低电平,表示不忙,否则此指令失效。显示字符时要先输入显示字符地址,也就是告诉模块在哪里显示字符,实验图 11-2 所示为 LCD1602 的内部显示地址。

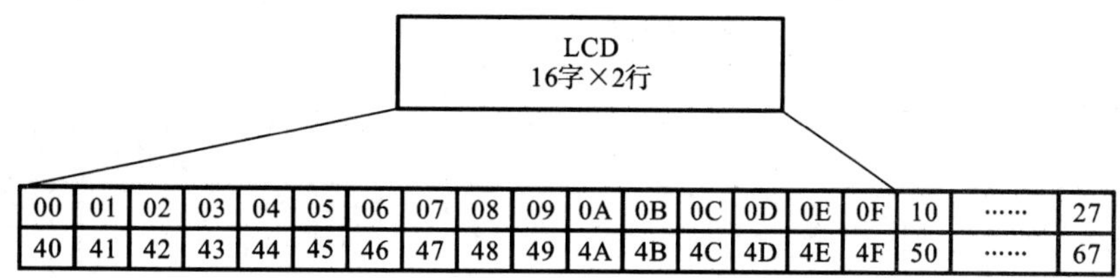

实验图 11-2 LCD1602 DDRAM 内部示意图

例如,第二行第一个字符的地址是 40H,那么是否直接写入 40H 就可以将光标定位在第二行第一个字符的位置呢?这样不行,因为写入显示地址时要求最高位 D7 恒为高电平 1,所以实际写入的数据应该是 01000000B(40H)+10000000B(80H)=11000000B(C0H)。

4. LCD1602 液晶模块内部的字符发生存储器(CGROM)

在对液晶模块的初始化中要先设置其显示模式,在液晶模块显示字符时光标是自动右移的,不用人工干预。每次输入指令前都要判断液晶模块是否处于忙的状态。LCD1602 液晶模块内部的字符发生存储器(CGROM)已经存储了 160 个不同的点阵字符图形,如实验图 11-3 所示。这些字符有:阿拉伯数字、大小写的英文字母、常用的符号和日文假名等,每一个字符都有一个固定的代码,比如大写的英文字母"A"的代码是 01000001B(41H),显示时模块把地址 41H 中的点阵字符图形显示出来,我们就能看到字母"A"了。

实验源程序

```
#include<reg52.h>
#define uchar unsigned char
#define uint unsigned int
uchar code table[]="love mcu!";
uchar code table1[]="www.txmcu.com";
```

Upper 4 Bits / Lower 4 Bits	0000	0001	0010	0011	0100	0101	0110	0111	1000	1001	1010	1011	1100	1101	1110	1111
xxxx0000	CG RAM (1)			0	@	P	`	p				ー	タ	ミ	α	p
xxxx0001	(2)		!	1	A	Q	a	q			。	ア	チ	ム	ä	q
xxxx0010	(3)		"	2	B	R	b	r			「	イ	ツ	メ	β	θ
xxxx0011	(4)		#	3	C	S	c	s			」	ウ	テ	モ	ε	∞
xxxx0100	(5)		$	4	D	T	d	t			、	エ	ト	ヤ	μ	Ω
xxxx0101	(6)		%	5	E	U	e	u			・	オ	ナ	ユ	σ	ü
xxxx0110	(7)		&	6	F	V	f	v			ヲ	カ	ニ	ヨ	ρ	Σ
xxxx0111	(8)		'	7	G	W	g	w			ァ	キ	ヌ	ラ	g	π
xxxx1000	(1)		(	8	H	X	h	x			ィ	ク	ネ	リ	√	x̄
xxxx1001	(2)		)	9	I	Y	i	y			ゥ	ケ	ノ	ル	⁻¹	y
xxxx1010	(3)		*	:	J	Z	j	z			ェ	コ	ハ	レ	j	千
xxxx1011	(4)		+	;	K	[	k	{			ォ	サ	ヒ	ロ	ˣ	万
xxxx1100	(5)		,	<	L	¥	l	|			ャ	シ	フ	ワ	¢	円
xxxx1101	(6)		-	=	M	]	m	}			ュ	ス	ヘ	ン	£	÷
xxxx1110	(7)		.	>	N	^	n	→			ョ	セ	ホ	゛	ñ	
xxxx1111	(8)		/	?	O	_	o	←			ッ	ソ	マ	゜	ö	█

实验图 11-3　字符发生存储器(CGROM)存储的点阵字符图形

```
sbit lcden=P3^4;
sbit lcdrs=P3^5;
uchar num;
void delay(uint z)
{
    uint x,y;
    for(x=z;x>0;x--)
            for(y=110;y>0;y--);
}
void write_com(uchar com)
```

```
{
    lcdrs=0;
    P0=com;
    delay(5);
    lcden=1;
    delay(5);
    lcden=0;
}
void write_data(uchar date)
{
    lcdrs=1;
    P0=date;
    delay(5);
    lcden=1;
    delay(5);
    lcden=0;
}
void init()
{
    lcden=0;
     write_com(0x01);
     write_com(0x38);
     write_com(0x0f);
     write_com(0x06);
}
void main()
{
  init();
  write_com(0x80);
  for(num=0;num< 9;num++)
  {
      write_data(table[num]);
      delay(5);
  }
  write_com(0x80+0x40);
  for(num=0;num< 13;num++)
  {
      write_data(table1[num]);
      delay(5);
  }
  while(1);
}
```

实验仿真电路(实验图 11-4)

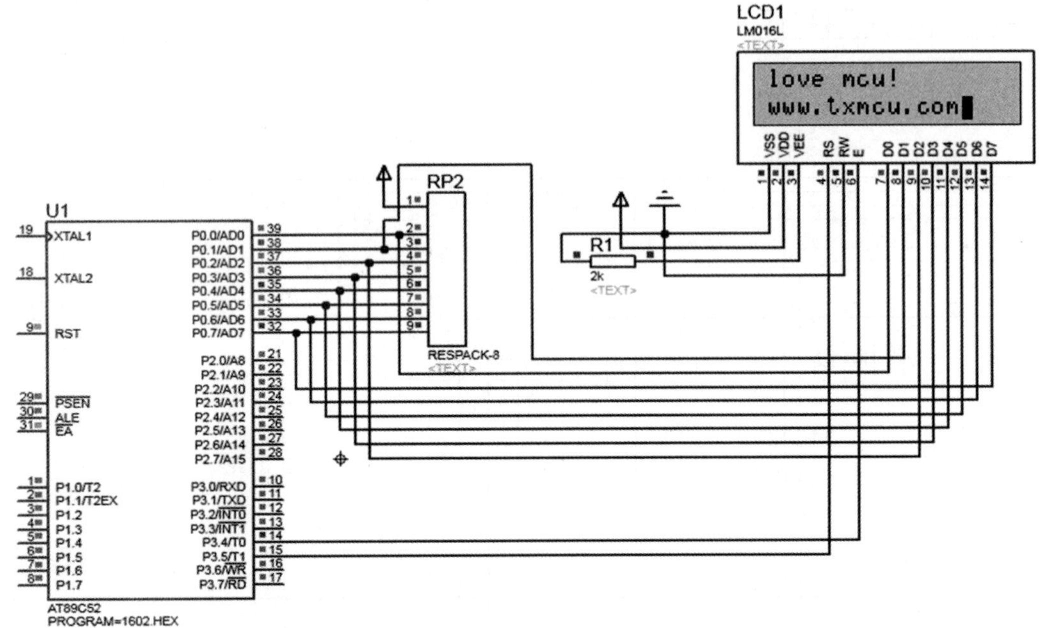

实验图 11-4 LCD1602 **显示器应用实验仿真图**

思考题

1. 液晶屏显示位置如何设置?
2. 为什么本实际应用中没有进行判忙处理?
3. 实际工程设计中如何判忙?

实验 12 串行数据变并行数据

实验目的

(1) 理解单片机串行接口的基本结构。

(2) 了解单片机串行通信 C 语言程序的设计和调试方法。

(3) 掌握串行口通信使用方法。

实验仪器

单片机开发板、稳压电源、计算机。

实验原理

1. 51 单片机串口工作原理

51 单片机串口为一个全双工串行接口,既可接收又可发送数据。串行通信是指数据一位一位地按顺序传送的通信方式,其突出优点是只需一根传输线,可大大降低硬件成本,适合远距离通信;其缺点是传输速度较低。

SBUF 寄存器:两个在物理上独立的接收、发送缓冲器,可同时发送、接收数据,可通过指令对 SBUF 的读写来区别是对接收缓冲器的操作还是对发送缓冲器的操作。从而控制外部两条独立的收发信号线 RXD(P3.0)、TXD(P3.1),同时发送、接收数据,实现全双工。

串行口控制寄存器 SCON 各位:

SM0	SM1	SM2	REN	TB8	RB8	TI	RI

SCON 各位(从左至右为从高位到低位)含义如下。

SM0 和 SM1:串行口工作方式控制位,其定义如实验表 12-1 所示。

实验表 12-1 串行口工作方式控制位

SM0	SM1	工作方式	功能	波特率①
0	0	方式 0	同步移位寄存器输出方式	f_{osc}②/12
0	1	方式 1	10 位异步通信方式	可变,取决于定时器 1 溢出率
1	0	方式 2	11 位异步通信方式	$f_{osc}/32$ 或 $f_{osc}/64$
1	1	方式 3	11 位异步通信方式	可变,取决于定时器 1 溢出率

注:① 波特率指串行口每秒钟发送(或接收)的位数;② f_{osc}为单片机的时钟频率。

SM2:多机通信控制位。该位仅用于方式 2 和方式 3 的多机通信。其中发送机 SM2=1(需要程序控制设置)。接收机的串行口工作于方式 2 或 3,SM2=1 时,只有当接收到第 9 位数据(RB8)为 1,才会将接收到的前 8 位数据送入 SBUF,且置位 RI 发出中断申请引发串行接收中断,否则会将接收到的数据放弃。当 SM2=0 时,就不管第 9 位数据是 0 还是 1,都将数据送入 SBUF,并置位 RI 发出中断申请。工作于方式 0 时,SM2 必须为 0。

REN:串行接收允许位。REN=0 时,禁止接收;REN=1 时,允许接收。

TB8:在方式2、3中,TB8是发送机要发送的第9位数据。在多机通信中它代表传输的地址或数据,TB8=0为数据,TB8=1时为地址。

RB8:在方式2、3中,RB8是接收机接收到的第9位数据,该数据正好来自发送机的TB8,从而识别接收到的数据特征。

TI:串行口发送中断请求标志。当CPU发送完一串行数据后,此时SBUF寄存器为空,硬件使TI置1,请求中断。CPU响应中断后,由软件对TI清零。

RI:串行口接收中断请求标志。当串行口接收完一帧串行数据时,此时SBUF寄存器为满,硬件使RI置1,请求中断。CPU响应中断后,用软件对RI清零。

电源控制寄存器PCON各位:

SMOD				GF1	GF0	PD	IDL

PCON各位(从左至右为从高位到低位)含义如下。

SMOD:波特率加倍位。SMOD=1,当串行口工作于方式1、2、3时,波特率加倍。SMOD=0,波特率不变。

GF1、GF0:通用标志位。

PD(PCON.1):掉电方式位。当PD=1时,进入掉电方式。

IDL(PCON.0):待机方式位。当IDL=1时,进入待机方式。

另外与串行口相关的寄存器有定时器寄存器和中断寄存器。定时器寄存器用来设定波特率。中断允许寄存器IE中的ES位也用来作为串行I/O中断允许位。当ES=1,允许串行I/O中断;当ES=0,禁止串行I/O中断。中断优先级寄存器IP的PS位则用作串行I/O中断优先级控制位。当PS=1,设定为高优先级;当PS=0,设定为低优先级。

波特率计算:在了解了串行口相关的寄存器之后,可得出其通信波特率的一些结论。

① 方式0和方式2的波特率是固定的。

在方式0中,波特率为时钟频率的1/12,即$f_{osc}/12$,固定不变。

在方式2中,波特率取决于PCON中的SMOD值,即

$$波特率=2^{SMOD}\times f_{osc}/64$$

当SMOD=0时,波特率为$f_{osc}/64$;当SMOD=1时,波特率为$f_{osc}/32$。

② 方式1和方式3的波特率可变,由定时器1的溢出率决定。

$$波特率=2^{SMOD}\times(\text{T1的溢出率})/32$$

当定时器T1用作波特率发生器时,通常选用定时初值自动重装的工作方式2(注意:不要把定时器的工作方式与串行口的工作方式搞混淆了)。其计数结构为8位,假定T1初值为Count,单片机的机器周期为T,则定时时间为$(256-\text{Count})\times T$。因此,在1 s内发生溢出的次数(即溢出率)为

$$溢出率=\frac{1}{(256-\text{Count})\times T} \tag{1}$$

波特率的计算公式为

$$波特率=\frac{2^{SMOD}}{32}\times\frac{f_{osc}}{12(256-\text{Count})} \tag{2}$$

在实际应用时,通常是先确定波特率,后根据波特率求T1的定时初值,因此公式(2)

又可写为

$$T1\text{初值}=256-\frac{2^{SMOD}}{32}\times\frac{f_{osc}}{12\times\text{波特率}} \quad (3)$$

2. 74HC164 工作原理与管脚

74HC164 是 8 位边沿触发式移位寄存器，串行输入数据，然后并行输出。74HC164 管脚图如实验图 12-1 所示，各管脚功能见实验表 12-2。数据通过两个输入端（DSA 或 DSB）之一串行输入；任一输入端可以用作高电平使能端，控制另一输入端的数据输入。两个输入端或者连接在一起，或者把不用的输入端接高电平，一定不要悬空。

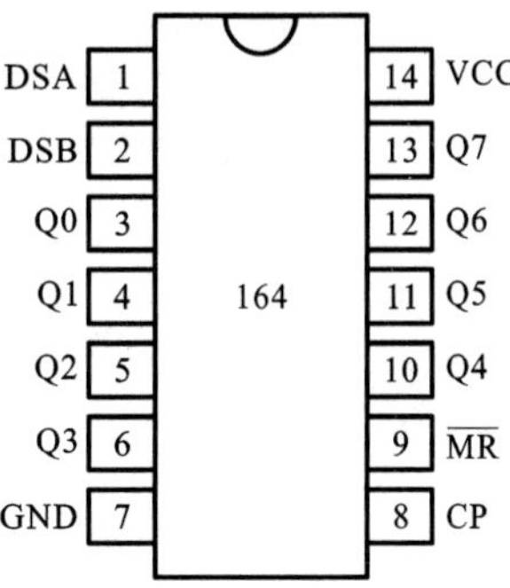

实验图 12-1　74HC164 管脚图

实验表 12-2　74HC164 各管脚功能

符　　号	引　　脚	说　　明
DSA	1	数据输入
DSB	2	数据输入
Q0～Q3	3～6	输出
GND	7	地(0V)
CP	8	时钟输入（低电平到高电平边沿触发）
$\overline{MR}$	9	中央复位输入（低电平有效）
Q4～Q7	10～13	输出
VCC	14	正电源

实验源程序

```
#include <reg52.h>
#include <intrins.h>
#define uint unsigned int
#define uchar unsigned char

void Delay(uint x)
{
    uchar i;
    while(x--)
    {
        for(i=0;i< 120;i++);
    }
}

void main()
{
    uchar c=0x80;
```

```
        SCON=0x00;
        TI=1;
        while(1)
        {
            c=_crol_(c,1);
            SBUF=c;
            while(TI==0);
            TI=0;
            Delay(400);
        }
    }
```

实验仿真电路(实验图 12-2)

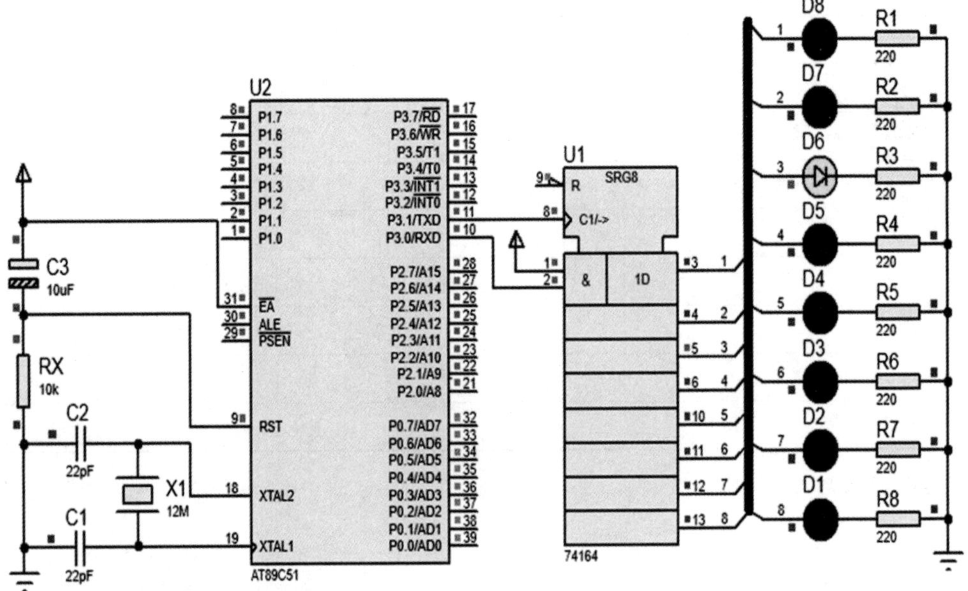

实验图 12-2　串行数据变并行数据实验仿真图

思考题

1. 51 单片机串行变并行的芯片有哪些?
2. 串行接口变并行接口的工程意义是什么?

实验 13 单片机之间的双向通信

实验目的

(1) 理解串行通信 C 语言程序的基本结构。

(2) 了解单片机串行通信的硬件设计和调试方法。

(3) 掌握双机串行通信使用方法。

实验仪器

单片机开发板、稳压电源、计算机。

实验原理

1. 单片机串行通信方式

单片机之间的通信可以分为两大类:并行通信和串行通信。串行通信传输线少,长距离传输时成本低,且数据采集方便灵活,因此在通信领域发挥着越来越重要的作用。

两台机器的通信方式可分为单工通信、半双工通信、双工通信,它们的通信原理及通信方式分述如下。

单工通信:是指消息只能单方向传输的工作方式。单工通信信道是单向信道,发送端和接收端的身份是固定的,发送端只能发送信息,不能接收信息;接收端只能接收信息,不能发送信息,数据信号仅从一端传送到另一端,即信息流是单方向的。通信双发采用单工通信属于点到点的通信。根据收发频率的异同,单工通信可分为同频通信和异频通信。

半双工通信:这种通信方式可以实现双向的通信,但不能在两个方向上同时进行,必须轮流交替地进行。也就是说,通信信道的每一段都可以是发送端,也可以是接收端。但同一时刻里,信息只能有一个传输方向。

双工通信:双工通信是指在同一时刻信息可以进行双向传输,和打电话一样,说的同时也能听,边说边听。这种发射机和接收机分别在两个不同的频率上能同时进行工作的双工机也称为异频双工机。双工机的特点是使用方便,但线路设计较复杂,价格也较高。

2. 常用单片机之间的通信方式

(1) 采用硬件 UART 进行异步串行通信。这是一种占用口线少,有效、可靠的通信方式;但遗憾的是许多小型单片机没有硬件 UART,有些也只有 1 个 UART。如果系统还要与上位机通信的话,硬件资源是不够的。这种方法一般用于单片机有硬件 UART 且不需与外界进行串行通信或采用双 UART 单片机的场合。

(2) 采用片内 SPI 接口或 I2C 总线模块串行通信形式。SPI/I2C 接口具有硬件简单、软件编程容易等特点,但目前大多数单片机不具备硬件 SPI/I2C 模块。

(3) 利用软件模拟 SPI/I2C 模式通信。这种方式很难模拟从机模式,通信双方对每一位要作出响应,通信速率与软件资源的开销会形成一个很大的矛盾,处理不好会导致系统整体性能急剧下降。这种方法只能用于通信量极少的场合。

(4) 口对口并行通信。利用单片机的口线直接相连,加上 1~2 条握手信号线。这种方式的特点是通信速度快,1 次可以传输 4 位或 8 位,甚至更多,但需要占用大量的口线,而且数据传递是准同步的。在一个单片机向另一个单片机传送 1 个字节后，必须等到另一个单片机接收响应信号才能传送下一个数据。一般用于硬件口线比较富裕的场合。

(5) 利用双口 RAM 作为缓冲器通信。这种方式的最大特点就是通信速度快，两边都可以直接用读写存储器的指令直接操作，但这种方式需要大量的口线，而且双口 RAM 的价格很高，一般只用于一些对速度有特殊要求的场合。

(6) 利用铁电存储器作为数据缓冲器的通信方式。铁电存储器是美国 Ramtran 公司推出的一种非易失性存储器，简称 FRAM。与普通 EEPROM、Flash-ROM 相比，它具有不需写入时间、读写次数无限、没有分布结构、可连续写放的优点，具有 RAM 与 EEPROM 的双得特性，且价格相对较低。现在大多数单片机系统配备串行 EEPROM(如 24CXX、93CXX 等)用来存储参数。若用 1 片 FRAM 代替原有 EEPROM，就可得到既能存储参数，又能作为串行数据通信的缓冲器。2 个(或多个)单片机与 1 片 FRAM 接成多主-从 I2C 总线方式，增加几条握手线，即可得到简单高效的通信硬件电路。在软件方面，只要解决好 I2C 多主-从的控制冲突与通信协议问题，即可实现简单、高效、可靠的通信。

3. 两单片机串口直接通信原理

两个单片机都使用串口方式 1 进行通信，并且必须保证两单片机的通信波特率完全一致，否则接受不到正确的数据。在发送数据时，向 SBUF 中写入一个数据后，使用“while(！TI)；”等待是否发送完毕。因为发送完毕后，TI 被硬件置 1，然后才退出“while(！TI)；”接下来再将 TI 手动清零。同理，在接收数据时，在中断服务程序中也需要将接收中断标志位 RI 置零。

实验源程序

甲机源程序：

```
#include <reg52.h>
#define uint unsigned int
#define uchar unsigned char
sbit LED1=P1^0;
sbit LED2=P1^3;
sbit K1=P1^7;
uchar Operation_NO=0;
uchar code DSY_CODE[]=
{
    0x3f,0x06,0x5b,0x4f,0x66,0x6d,0x7d,0x07,0x7f,0x6f
};

void Delay(uint x)
{
    uchar i;
    while(x--)
    {
        for(i=0;i< 120;i++);
    }
}

void putc_to_SerialPort(uchar c)
{
    SBUF=c;
```

```
    while(TI==0);
    TI=0;
}

void main()
{
    LED1=LED2=1;
    P0=0x00;
    SCON=0x50;
    TMOD=0x20;
    PCON=0x00;
    TH1  =0xfd;
    TL1  =0xfd;
    TI  =0;
    RI  =0;
    TR1  =1;
    IE  =0x90;
    while(1)
    {
        Delay(100);
        if(K1==0)
        {
            while(K1==0);
            Operation_NO=(Operation_NO+1)%4;
            switch(Operation_NO)
            {
                case 0:
                        putc_to_SerialPort('X');
                        LED1=LED2=1; break;
                case 1:
                        putc_to_SerialPort('A');
                        LED1=0;LED2=1;break;
                case 2:
                        putc_to_SerialPort('B');
                        LED2=0;LED1=1;break;
                case 3:
                        putc_to_SerialPort('C');
                        LED1=0;LED2=0;break;
            }
        }
    }
}

void Serial_INT() interrupt 4
{
    if(RI)
    {
        RI=0;
        if(SBUF>=0&&SBUF<=9)
            P0=DSY_CODE[SBUF];
        else
            P0=0x00;
    }
```

```
}
```

乙机源程序：

```
#include <reg52.h>
#define uint unsigned int
#define uchar unsigned char
sbit LED1=P1^0;
sbit LED2=P1^3;
sbit K1=P1^7;
uchar NumX=0xff;
void Delay(uint x)
{
    uchar i;
    while(x--)
    {
        for(i=0;i< 120;i++);
    }
}

void main()
{
    LED1=LED2=1;
    SCON=0x50;
    TMOD=0x20;
    PCON=0x00;
    TH1  =0xfd;
    TL1  =0xfd;
    TI  =0;
    RI  =0;
    TR1  =1;
    IE  =0x90;
    while(1)
    {
        Delay(100);
        if(K1==0);
        {
            while(K1==0);
            NumX=(NumX+1)% 11;
            SBUF=NumX;
            while(TI==0);
            TI=0;
        }
    }
}
```

```
void Serial_INT() interrupt 4
{
    if(RI)
    {
        RI=0;
        switch(SBUF)
        {
            case 'X': LED1=1;LED2=1;break;
            case 'A': LED1=0;LED2=1;break;
            case 'B': LED2=0;LED1=1;break;
            case 'C': LED1=0;LED2=0;
        }
    }
}
```

实验仿真电路(实验图 13-1)

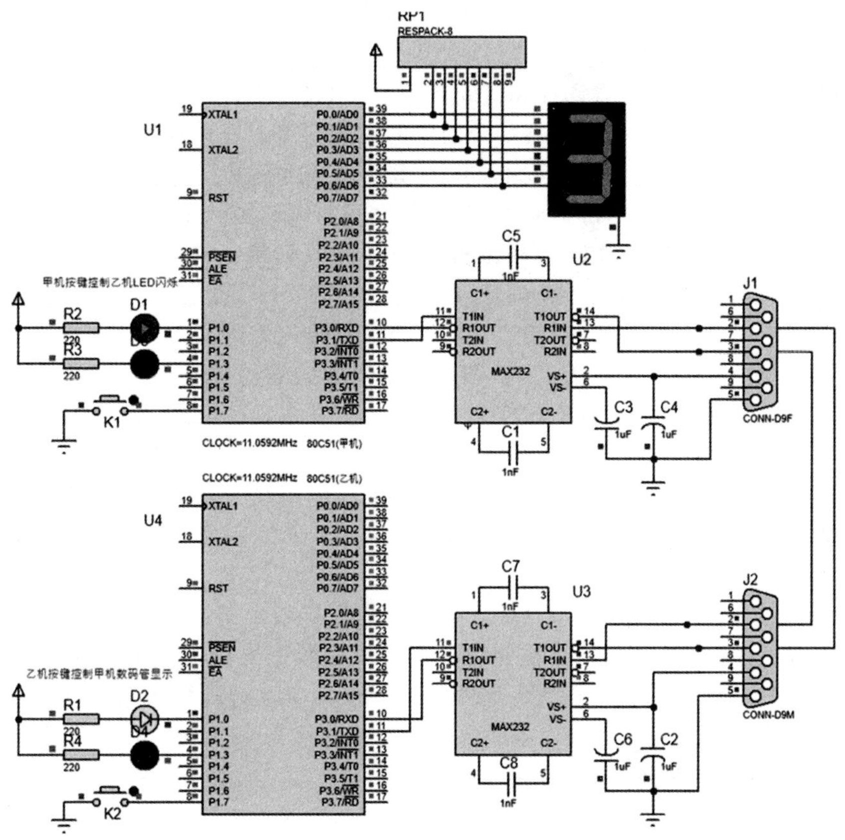

实验图 13-1　单片机之间的双向通信实验仿真图

思考题

1. 两单片机通信的方法有哪些?
2. 两单片机直接通信的距离有多远?

实验 14　单片机与 PC 机串口通信

实验目的

(1) 理解单片机串行接口 C 语言程序的基本结构。

(2) 了解单片机、PC 机串口结构。

(3) 掌握单片机与 PC 机串行通信使用方法。

实验仪器

单片机开发板、稳压电源、计算机。

实验原理

1. 串行通信的原理和使用

随着单片机和微机技术的不断发展，特别是网络技术在测控领域的广泛应用，由 PC 机和多台单片机构成的多机网络测控系统已成为单片机技术发展的一个方向。它结合了单片机在实时数据采集和微机对图形处理、显示的优点。同时，Windows 环境下的后台微机在数据库管理上具有明显的优势。

所谓"串行通信"是指外设和计算机间使用一根数据信号线，数据在一根数据信号线上按位进行传输，每一位数据都占据一个固定的时间长度。这种通信方式使用的数据线少，在远距离通信中可以节约通信成本，当然，其传输速度比并行传输慢。相比之下，由于高速率的要求，处于计算机内部的 CPU 与串口之间的通信仍然采用并行的通信方式，所以串行口的本质就是实现 CPU 与外围数据设备的数据格式转换（或者称为串并转换器），即当数据从外围设备输入计算机时，数据格式由位 (bit)转化为字节数据；反之，当计算机发送下行数据到外围设备时，串口又将字节数据转化为位数据。

串行端口的本质功能是作为 CPU 和串行设备间的编码转换器。当数据从 CPU 经过串行端口发送出去时，字节数据转换为串行的位。在接收数据时，串行的位被转换为字节数据。

在 Windows 环境下，串口是系统资源的一部分。应用程序要使用串口进行通信，必须在使用之前向操作系统提出资源申请要求（打开串口），通信完成后必须释放资源（关闭串口）。

串口通信的概念非常简单，串口按位(bit)发送和接收字节。尽管按位的并行通信比按字节(byte)的慢，但是串口可以在使用一根线发送数据的同时用另一根线接收数据。它很简单并且能够实现远距离通信。比如 IEEE488 定义并行通行状态时，规定设备线总长不得超过 20 m，并且任意两个设备间的长度不得超过 2 m；而对于串口而言，长度可达 1200 m。典型的串口用于 ASCII 码字符的传输。

通信使用 3 根线完成：① 地线，② 发送线，③ 接收线。由于串口通信是异步的，因此端口能够在一根线上发送数据同时在另一根线上接收数据。串口通信最重要的参数是波特率、数据位、停止位和奇偶校验。

对于两个进行通信的端口，这些参数必须匹配。

(1) 波特率　这是一个衡量通信速度的参数。它表示每秒钟传送的位数。例如，300 波特表示每秒钟发送 300 个位。当提到时钟周期时，我们就会想到波特率。例如，如果协议需要 4800 波特率,那么时钟是 4800 Hz。这意味着串口通信在数据线上的采样率为 4800 Hz。通常电话线的波特率为 14400、28800 和 36600。波特率可以远远大于这些值,但是波特率和距离成反比。高波特率常常用于放置得很近的仪器间的通信,典型的例子就是 GPIB 设备的通信。

(2) 数据位　这是衡量通信中实际数据位的参数。当计算机发送一个信息包,实际的数据不会是 8 位的,标准的值是 5、7 和 8 位。如何设置取决于你想传送的信息。比如,标准的 ASCII 码是 0～127(7 位)。扩展的 ASCII 码是 0～255(8 位)。如果数据使用简单的文本(标准 ASCII 码),那么每个数据包使用 7 位数据。每个包是指一个字节,包括开始/停止位、数据位和奇偶校验位。实际数据位取决于选取的通信协议,术语"包"指任何通信的情况。

(3) 停止位　用于表示单个包的最后一位。典型的值为 1、1.5 和 2 位。由于数据是在传输线上定时的,并且每一个设备有其自己的时钟,很可能在通信中两台设备间出现了小小的不同步,因此停止位不仅仅表示传输的结束,而且能提供计算机校正时钟同步的机会。适用于停止位的位数越多,不同时钟同步的容忍程度越大,但是数据传输率同时也越慢。

(4) 奇偶校验位　这是串口通信中一个检错参数。它包含四种检错方式:偶、奇、高和低。对于偶和奇校验的情况,串口会设置校验位(数据位后面的一位),用一个值确保传输的数据有偶数个或者奇数个逻辑高位。例如,如果数据是 011,那么对于偶校验,校验位为 0,保证逻辑高的位数是偶数个。如果是奇校验,校验位为 1,这样就有 3 个逻辑高位。高位和低位并不真正检查数据、简单置位逻辑高或者逻辑低校验。这样使得接收设备能够知道一个位的状态,有机会判断是否有噪声干扰了通信或者传输和接收数据不同步。

单片机和 PC 机的串行通信一般采用 RS-232、RS-422 或 B3-485 总线标准接口,也有采用非标准的 20nnJL 电流环的。为保证通信的可靠,在选择接口时必须注意:① 通信的速率;② 通信距离:③ 抗干扰能力;④ 组网方式。

RS-232 是早期为公用电话网络数据通信而制定的标准,其逻辑电平与 ITL/CMOS 电平完全不同。逻辑"0"规定为＋5～＋15 V 之间,逻辑"1"规定为－5～－15 V 之间。由于 RS-232 在发送和接收之间有公共地,传输采用非平衡模式,因此共模噪声会耦合到信号系统中,其标准建议的最大通信距离为 15 m,但实际应用中我们在 300 bit/s 的速率下可以达到 300 m。

2. RS-232-C 串行通信接口

RS-232-C 串行通信接口是美国电气工业协会(EIA)与 BELL 公司等一起开发的一种 MTD2002 标准通信协议,现在它在开关电源模块终端、外设与计算机中被广泛采用。该标准规定了 21 个信号和 25 个引脚,但在智能仪器与计算机之间的通信中常用 2 个信号及 3 个引脚(2 脚数据输入,3 脚数据输出,7 脚信号地)。它采用双极性的负逻辑信号,0 逻辑信号为＋3 V 至 12 V,1 逻辑信号为－3 V 至－12 V,它的传输速率最大为 20 kbit/s,传输距离仅为 15 m。由于 RS-232 的任务主要是完成电平移位、转换和信号反相等,所以它有自己的电平转换与驱动芯片,如 MC1488(发送)与 MC1489(接收)。IBM-PC 机有两个标准的 RS-232 串行口,其电平采用的是 EIA 电平,而 MCS-51 单片机的串行通信是由 TXD(发送数据)和 RXD(接收数据)来进行全双工通信的,它们的电平是 TTL 电平,为了在 PC 机与 MCS-51 机之间可靠地进行串行通信,需要用电平转换芯片。

由于MC1488和MC1489需要±12 V、+5 V的电源供电，故采用MAXIM公司生产的低功耗、单电源、低价格的MAX232芯片，因为它自身带有电源电压变换器，可以把+5 V的电源变换成RS-232输出电平所需的±10 V电压，实现RS-232的技术指标，并只需要+5 V的电源，就能为串行通信带来了较好的性能。

3. RS-232接口的9针串口

9针串口：一个完整的RS-232接口是一个25针的D型插头座，25针的连接器实际上只有9根连接线，所以就产生了一个简化的9针D型RS-232插头座，这种插头座就是常用的9针D型插头座。

EIA-RS-232C对电气特性、逻辑电平和各种信号线功能都做了规定：

在TXD和RXD上：逻辑1(MARK)=−3 V～−15 V

逻辑0(SPACE)=+3 V～+15 V

在RTS、CTS、DSR、DTR和DCD等控制线上：

信号有效(接通，ON状态，正电压)=+3 V～+15 V

信号无效(断开，OFF状态，负电压)=−3 V～−15 V

介于−3 V～+3 V之间的电压无意义，低于−15 V或高于+15 V的电压也被认为无意义。若要进行通信，还要对信号的电平进行转换，比如使用MAX3232芯片来转换电平。使用串口进行通信时，我们最关心的是以下三个引脚：⑤ GND、② RXD、③ TXD。要完成数据的发送与接收必须用到这三个引脚。而其他引脚是用来控制传输规则的，即握手协议。实验图14-1所示为RS232串口接线引脚功能说明和9针串口(DB9)图。

9针串口（DB9）			25针串口（DB25）		
针号	功能说明	缩写	针号	功能说明	缩写
1	数据载波检测	DCD	8	数据载波检测	DCD
2	接收数据	RXD	3	接收数据	RXD
3	发送数据	TXD	2	发送数据	TXD
4	数据终端准备	DTR	20	数据终端准备	DTR
5	信号地	GND	7	信号地	GND
6	数据设备准备好	DSR	6	数据准备好	DSR
7	请求发送	RTS	4	请求发送	RTS
8	清除发送	CTS	5	清除发送	CTS
9	振铃指示	DELL	22	振铃指示	DELL

实验图14-1 RS232串口接线引脚功能说明和9针串口图

实验源程序

```
#include <reg52.h>
#define uint unsigned int
#define uchar unsigned char
void display(uchar b);
uchar Receive_Buffer[101];
uchar Buf_Index=0;
uchar code DSY_CODE[]=
{
    0x3f,0x06,0x5b,0x4f,0x66,0x6d,0x7d,0x07,0x7f,0x6f,0x00
};

void Delay(uint x)
{
    uchar i;
    while(x--)
     {
        for(i=0;i< 120;i++);
     }
}
void main()
{
    uchar i;
    P0=0x00;
    Receive_Buffer[0]=i;
    SCON=0x50;
    TMOD=0x20;
    PCON=0x00;
    TH1  =0xfd;
    TL1  =0xfd;
    EA  =1;
    EX0  =1;
    IT0  =1;
    ES  =1;
    IP  =0x01;
    TR1  =1;
    while(1)
     {
        for(i=0;i< 100;i++)
         {
```

```
            if(Receive_Buffer[i]==-1)
                break;
            P0=DSY_CODE[Receive_Buffer[i]];
            Delay(200);
        }
        Delay(200);
    }
}

void Serial_INT() interrupt 4
{
    uchar c;
    if(RI==0)
    return;
    ES=0;
    RI=0;
    c  =SBUF;
    if(c> ='0' && c< ='9')
    {
        Receive_Buffer[Buf_Index]=c-'0';
        Receive_Buffer[Buf_Index+1]=-1;
        Buf_Index= (Buf_Index+1)% 100;
    }
    ES=1;
}

    void EX_INT0() interrupt 0
    {
    uchar * s= ("Receiving From 8051...51\r\n");
    uchar i=0;
    while(s[i]! ='\0')
    {
        SBUF=s[i];
        while(TI==0);
        TI=0;
        i++;
    }
}
```

实验仿真电路(实验图 14-2)

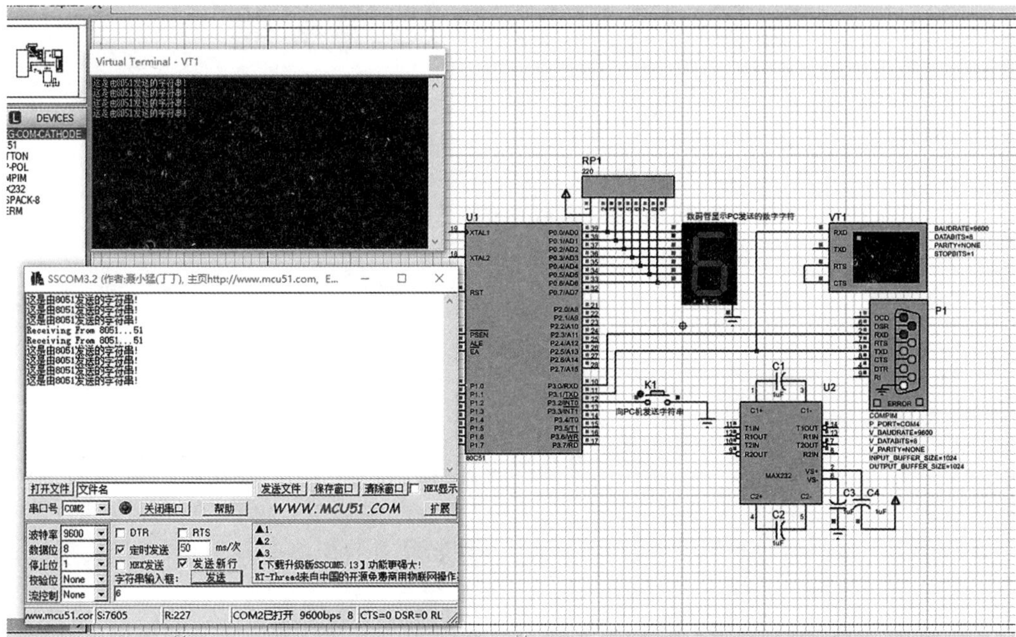

实验图 14-2 单片机与 PC 机串口通信实验仿真图

思考题

1. 单片机与 PC 机串口通信为什么有接口电路而非直连?
2. 单片机与 PC 机的通信数据帧格式是什么?

实验 15 A/D 转换实验

实验目的

(1) 理解 A/D 转换的基本原理。

(2) 了解单片机 A/D 转换的 C 语言程序的设计和调试方法。

(3) 掌握 A/D 转换的硬件设计。

实验仪器

单片机开发板、稳压电源、计算机。

实验原理

1. 转换原理类别

A/D 转换器是用来通过一定的电路将模拟量转变为数字量。模拟量可以是电压、电流等电信号，也可以是压力、温度、湿度、位移、声音等非电信号。但在 A/D 转换前，输入 A/D 转换器的输入信号必须经各种传感器把各种物理量转换成电压信号。经 A/D 转换后，输出的数字信号可以有 8 位、10 位、12 位和 16 位等类别。

实现 A/D 转换的方法很多，根据转换方法的不同，常用的 A/D 转换器类型包括逐次逼近型、积分型、电压频率转换型、并行比较型/串并行型、Σ-Δ 调制型、压频变换型。

2. A/D 转换器类型

1) 逐次逼近型

逐次逼近法的特点是速度快、分辨率高、成本低，在计算机系统得到广泛应用。逐次逼近法的原理类同天平称重。在节拍时钟控制下，逐次比较，最后留下的数字砝码，即转换结果。

采用逐次逼近法的 A/D 转换器由一个比较器、D/A 转换器、缓冲寄存器及控制逻辑电路组成，如实验图 15-1 所示。它的基本原理是从高位到低位逐位试探比较，好像用天平称物体，从重到轻逐级减少砝码进行试探。

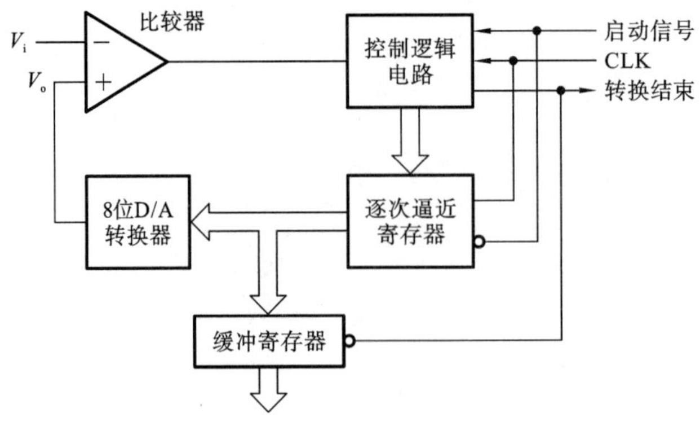

实验图 15-1 逐次逼近型 A/D 转换器

逐次逼近法的转换过程是：初始化时将逐次逼近寄存器各位清零；转换开始时，先将逐次逼近寄存器最高位置 1，送入 D/A 转换器，经 D/A 转换后将生成的模拟量 V_o 送入比较器，与送入比较器的待转换的模拟量 V_i 进行比较，若 $V_o<V_i$，该位 1 被保留，否则被清除。然后再置逐次逼近寄存器次高位为 1，将寄存器中新的数字量送入 D/A 转换器，输出的 V_o 再与 V_i 比较，若 $V_o<V_i$，该位 1 被保留，否则被清除。重复此过程，直至逼近寄存器最低位。转换结束后，将逐次逼近寄存器中的数字量送入缓冲寄存器，得到数字量的输出。逐次逼近的操作过程是在一个控制电路的控制下进行的。

2）积分型

积分型 A/D 转换器是一种通过使用积分器将未知的输入电压转换成数字表示的一种模-数转换器。在它最基本的功能中，这个未知的输入电压被施加在积分器的输入端，并且持续一个固定的时间段(所谓的上升阶段)，然后用一个已知的反向电压施加到积分器，这样持续到积分器输出归零(所谓的下降阶段)。这样，输入电压的计算结果实际是参考电压的一个函数，即定时上升阶段时间和测得的下降阶段时间。下降阶段时间的测量通常是以转换器的时钟为单位，所以积分时间越长，分辨率越高。同样的，转换器的速度可以靠牺牲分辨率来获得提升。这种类型的 A/D 转换器可以获得高分辨率，但是通常这样做会牺牲速度。因此，这些转换器不适用于音频或信号处理的场合。它们的典型应用通常是数字电压计和其他需要高精度测量的仪表。

如实验图 15-2 与实验图 15-3 所示，转换过程分两个阶段：上升阶段和下降阶段。在上升阶段，积分器的输入是被测电压，在下降阶段，积分器的输入是已知的参考电压。在上升阶段中，开关选择被测电压进入积分器，积分器持续一个固定的时间段进行积分，在积分电容上面积累电荷。在下降阶段，开关选择参考电压进入积分器，在这阶段测量积分器输入归零的时间。

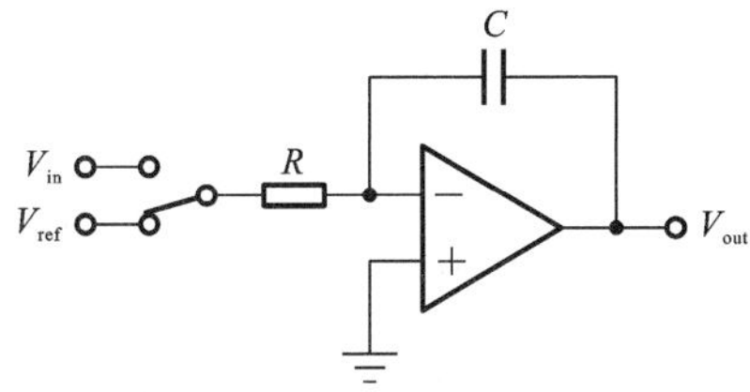

实验图 15-2 积分型 A/D 转换器的转换过程原理图

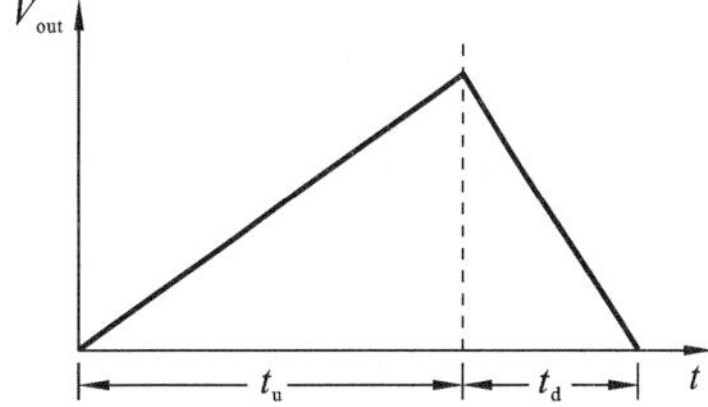

实验图 15-3 采样电路充放电过程电压变化图

3）并行比较型

一种典型的 3 位并行比较型 A/D 转换器原理电路如实验图 15-4 所示。它由电阻分压器、电压比较器、寄存器及编码器组成。

实验图 15-4 中的 8 个电阻将参考电压 V_{REF} 分成 8 个等级，其中 7 个等级的电压分别作为 7 个比较器 $C_1 \sim C_7$ 的参考电压，其数值分别为 $V_{REF}/15$，$3V_{REF}/15$，…，$13V_{REF}/15$。输入电压为 V_1，它的大小决定各比较器的输出状态，当 $0 \leqslant V_1 < V_{REF}/15$ 时，$C_7 \sim C_1$ 的输出状态都为 0；当 $3V_{REF}/15 \leqslant V_1 < 5V_{REF}/15$ 时，比较器 C_6 和 C_7 的输出均为 1，其余各比较器的状态均为 0。根据各比较器的参考电压值，可以确定输入模拟电压值与各比较器输出状态的关系。比较器的输出状态由 D 触发器存储，经优先编码器编码，得到数字量输出。优先编码器优先级别最高的是 I_7，最低的是 I_1。设 V_1 的变化范围是 $0 \sim V_{REF}$，输出 3 位数字

量为 $D_2D_1D_0$，3 位并行比较型 A/D 转换器的输入、输出关系如实验表 15-1 所示。

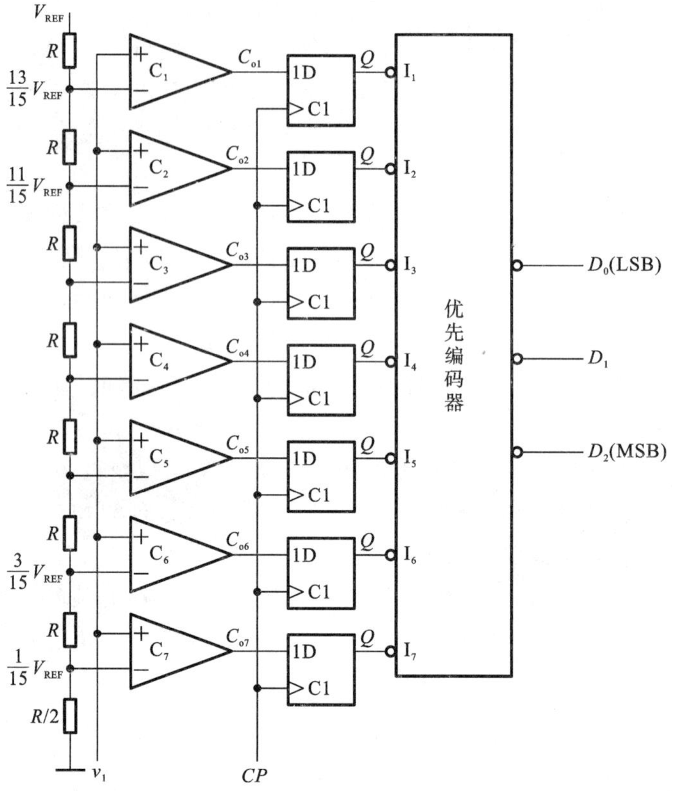

实验图 15-4　三位并行比较型 A/D 转换器示意图

实验表 15-1　三位并行比较型 A/D 转换器的输入、输出关系

模拟输入	比较器输出状态							数字输出		
	C_{o1}	C_{o2}	C_{o3}	C_{o4}	C_{o5}	C_{o6}	C_{o7}	D_2	D_1	D_0
$8 \leqslant V_1 < V_{REF}/15$	0	0	0	0	0	0	0	0	0	0
$V_{REF}/15 \leqslant V_1 < 3V_{REF}/15$	0	0	0	0	0	0	1	0	0	1
$3V_{REF} \leqslant V_1 < 5V_{REF}/15$	0	0	0	0	0	1	1	0	1	0
$5V_{REF} \leqslant V_1 < 7V_{REF}$	0	0	0	0	1	1	1	0	1	1
$7V_{REF}/15 \leqslant V_1 < 9V_{REF}/15$	0	0	0	1	1	1	1	1	0	0
$9V_{REF}/15 \leqslant V_1 < 11V_{REF}/15$	0	0	1	1	1	1	1	1	0	1
$11V_{REF}/15 \leqslant V_1 < 13V_{REF}/15$	0	1	1	1	1	1	1	1	1	0
$13V_{REF} \leqslant V_1 < V_{REF}$	1	1	1	1	1	1	1	1	1	1

这类型芯片具有以下特点：

(1) 由于转换是并行的，其转换时间只受比较器、触发器和编码电路延迟时间的限制，因此转换速度最快。

(2) 随着分辨率的提高，元件数目要按几何级数增加。一个 n 位转换器，所用比较器

的个数为 2^n-1，如 8 位的并行 A/D 转换器就需要 $2^8-1=255$ 个比较器。由于位数越多，电路越复杂，因此制成分辨率较高的集成并行 A/D 转换器是比较困难的。

(3) 精度取决于分压网络和比较电路，动态范围取决于 V_{REF}。

4) Σ-Δ 调制型

我们要解释Σ-Δ 调制型 A/D 转换器的原理，就要涉及几个基本概念：过采样(over sampling)，量化噪声整形(quantization)，数字滤波(digital filtering)，抽取(decimation)。Σ-Δ 调制型 A/D 转换器中的模拟部分非常简单(类似于一个 1 位 A/D 转换器)，而数字部分要复杂得多，按照功能可划分为数字滤波和抽取单元。由于更接近于一个数字器件，Σ-Δ 调制型 A/D 转换器的制造成本非常低廉。

过采样：首先，考虑一个传统 A/D 转换器的频域传输特性。输入一个正弦信号，然后以频率 f_s 采样，按照 Nyquist 定理，采样频率至少两倍于输入信号。从 FFT 分析结果可以看到，一个单音和一系列频率分布于 DC 到 $f_s/2$ 间的随机噪声，就是所谓的量化噪声，主要是由有限的 A/D 转换器分辨率造成的。单音信号的幅度和所有频率噪声的 RMS 幅度之和的比值就是信号噪声比(SNR)。对于一个 N 位 A/D 转换器，SNR 可由公式 $\mathrm{SNR}=6.02N+1.76$ dB 得到。为了改善 SNR 并更为精确地再现输入信号，对于传统的 A/D 转换器来讲，必须增加位数。实验图 15-5 所示为 N 位 A/D 转换器以 f_s 采样的单频点信号频谱图。

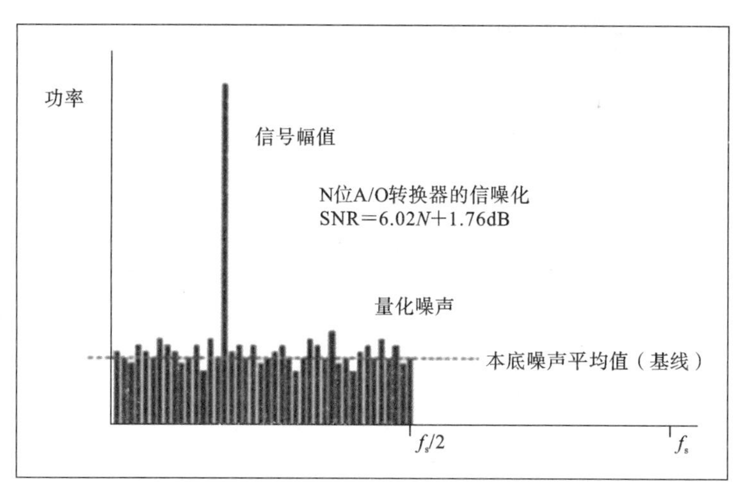

实验图 15-5 N 位 A/D 转换器以 f_s 采样的单频点信号频谱图

如果将采样频率提高一个过采样系数 k，即采样频率为 kf_s，再来讨论同样的问题。FFT 分析显示噪声基线降低了，SNR 值未变，但噪声能量分散到一个更宽的频率范围。Σ-Δ 调制型 A/D 转换器正是利用了这一原理，具体方法是紧接着 1 位 A/D 转换器之后进行数字滤波。大部分噪声被数字滤波器滤掉，这样，RMS 噪声就降低了，从而一个低分辨率的 Σ-Δ 调制型 A/D 转换器也可获得宽动态范围。实验图 15-6 所示为 N 位 A/D 转换器以 $K\times f_s$ 采样的单频点信号频谱图。

那么，简单的过采样和滤波是如何改善 SNR 的呢？一个 1 位 A/D 转换器的 SNR 为 7.78 dB(6.02 dB+1.76 dB)，每 4 倍过采样将使 SNR 增加 6 dB，SNR 每增加 6 dB 等效

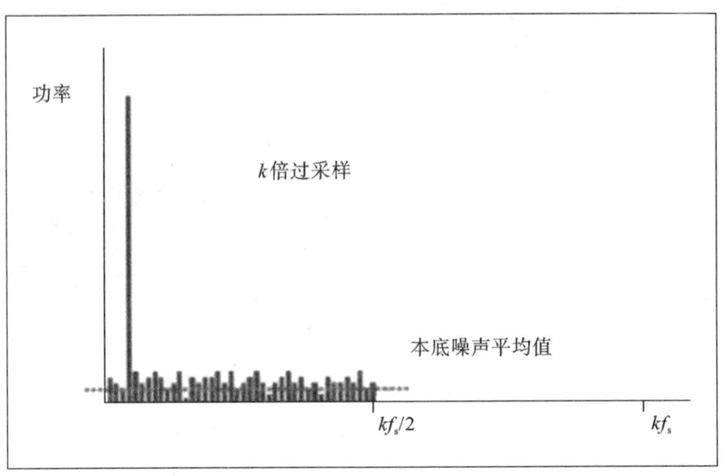

实验图 15-6　N 位 A/D 转换器以 $K\times f_s$ 采样的单频点信号频谱图

于分辨率增加 1 位。这样，采用 1 位 A/D 转换器进行 64 倍过采样就能获得 4 位分辨率；而要获得 16 位分辨率就必须进行 415 倍过采样，这是不切实际的。Σ-Δ 调制型 A/D 转换器采用噪声成形技术消除了这种局限，每 4 倍过采样系数可增加高于 6 dB 的信噪比。实验图 15-7 所示为数字滤波器对噪声信号的减弱效果。

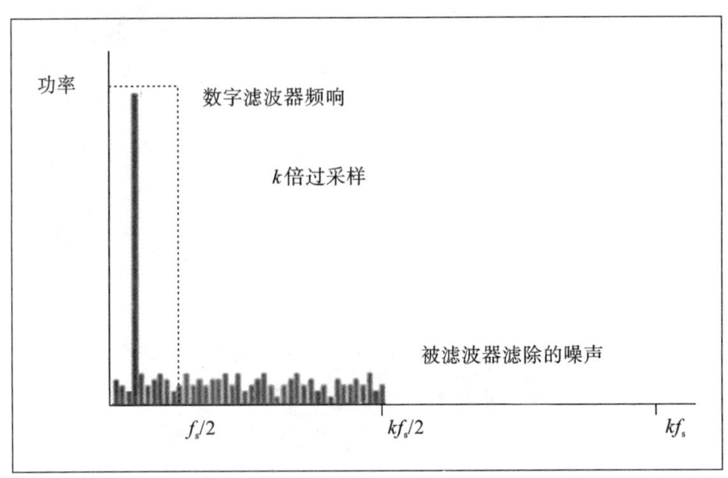

实验图 15-7　数字滤波器对噪声信号的减弱效果

量化噪声整形：Σ-Δ 调制器（见实验图 15-8）包含 1 个差分放大器、1 个积分器、1 个比较器以及 1 个由 1 位 D/A 转换器（1 个简单的开关，可以将差分放大器的反相输入接到正或负参考电压）构成的反馈环。反馈 D/A 转换器的作用是使积分器的平均输出电压接近于比较器的参考电平。调制器输出中，“1”的密度将正比于输入信号，如果输入电压上升，比较器必须产生更多数量的“1”，反之亦然。积分器用来对误差电压求和，对于输入信号表现为一个低通滤波器，而对于量化噪声则表现为高通滤波。这样，大部分量化噪声就被推向更高的频段。和前面的简单过采样相比，总的噪声功率没有改变，但噪声的分布发生了变化。实验图 15-9 所示为量化噪声整形示意图。

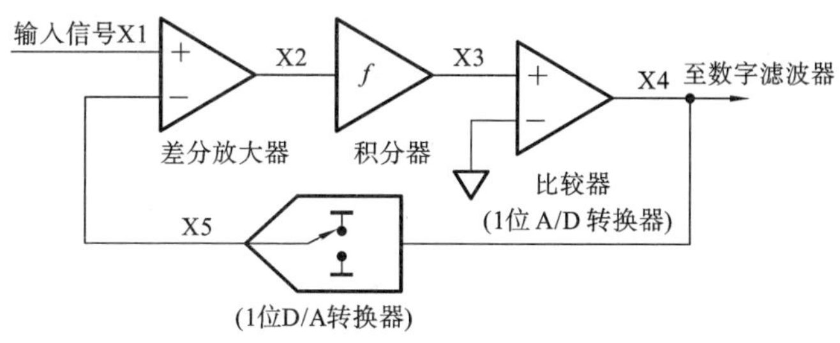

实验图 15-8 Σ-Δ 调制器

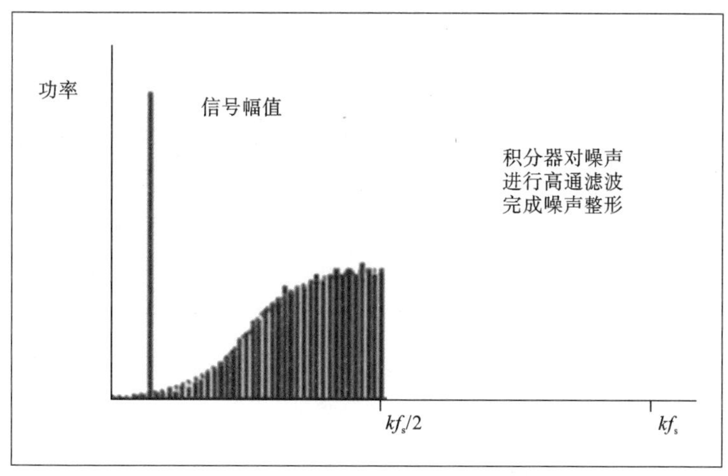

实验图 15-9 量化噪声整形示意图

现在，如果对噪声整形后的 Σ-Δ 调制器输出进行数字滤波，将有可能滤除比简单过采样中产生的噪声更多的噪声。这种调制器(一阶)在每两倍的过采样率下可提供 9 dB 的 SNR 改善。

在 Σ-Δ 调制器中采用更多的积分与求和环节，可以提供更高阶数的量化噪声整形。例如，一个二阶 Σ-Δ 调制器在每两倍的过采样率下可提供 15 dB 的 SNR 改善。实验图 15-10 显示了 Σ-Δ 调制器的阶数、过采样率和能够获得的 SNR 三者之间的关系。

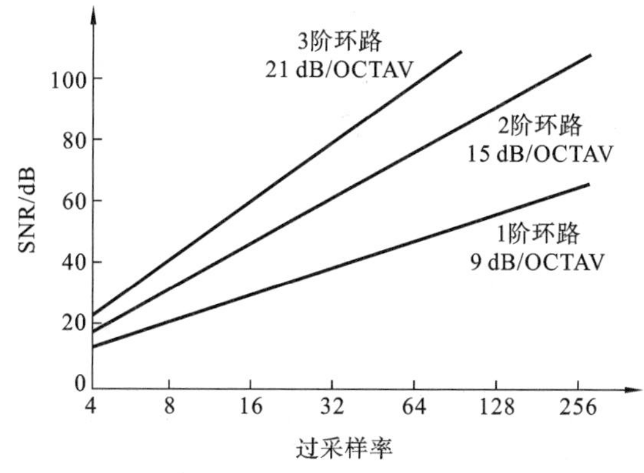

实验图 15-10 SNR 与过采样率的关系

数字滤波：Σ-Δ 调制器以采样速率输出 1 位数据流，频率可高达兆赫量级。数字滤波和抽取的目的是从该数据流中提取出有用的信息，并将数据速率降低到可用的水平。Σ-Δ 调制型 A/D 转换器中的数字滤波器对 1 位数据流求平均，移去带外量化噪声并改善 A/D 转换器的分辨率。数字滤波器决定了信号带宽、建立时间和阻带抑制。

抽取：由于带宽被输出数字滤波器降低，输出数据速率可低于原始采样速率，但仍满足 Nyquist 定律。这可通过保留某些采样而丢弃其余采样来实现，这个过程就是所谓的按 M 因子“抽取”。M 因子为抽取比例，可以是任何整数值。在选择抽取因子时应该使输出数据速率高于两倍的信号带宽。这样，如果以 f_s 的频率对输入信号采样，滤波后的输出数据速率可降低至 f_s/M，而不会丢失任何信息。

3. 关键技术参数

1) 分辨率

简单来说，“精度”是用来描述物理量的准确程度的量，而“分辨率”是用来描述刻度划分的量。从定义上看，这两个量应该是风马牛不相及的。简单做个比喻：有这么一把常见的塑料尺(中学生用的那种)，它的量程是 10 cm，上面有 100 个刻度，最小能读出 1 mm 的有效值。那么我们就说这把尺子的分辨率是 1 mm，或者量程的 1%；而它的实际精度就不得而知了(算是 0.1 mm 吧)。当我们用火烤一下它，并且将它拉长，我们不难发现，它还有 100 个刻度，它的“分辨率”还是 1 mm，跟原来一样！然而，您还会认为它的精度还是原来的 0.1 mm 吗？

2) 转换速率

转换速率(conversion rate)是指完成一次从模拟转换到数字的 A/D 转换所需的时间的倒数。积分型 A/D 的转换时间是毫秒级，属低速 A/D，逐次比较型 A/D 是微秒级，属中速 A/D，全并行/串并行型 A/D 可达到纳秒级。采样时间则是另外一个概念，是指两次转换的间隔。为了保证转换的正确完成，采样速率(sample rate)必须小于或等于转换速率。因此有人习惯上将转换速率在数值上等同于采样速率也是可以接受的。

3) 精度与误差

常用的 A/D 转换器主要存在基准误差、量化误差、失调误差与增益误差、线性误差。

(1) 基准误差。

采用内部或外部基准的 A/D 转换器的一个最大潜在误差源是参考电压。很多情况下，内置于芯片内部的基准通常都没有足够严格的规格。为了理解基准所带来的误差，有必要特别关注一下三项指标：温漂、电压噪声和负载调整。

(2) 量化误差。

量化误差(quantizing error)是由于 A/D 的有限分辨率而引起的误差，即有限分辨率 A/D 的阶梯状转移特性曲线与无限分辨率 A/D(理想 A/D)的转移特性曲线(直线)之间的最大偏差。通常是 1 个或半个最小数字量的模拟变化量，分别表示为 1LSB、1/2LSB。

(3) 失调误差与增益误差。

失调误差与增益误差用数学公式可表达为：$y=ax+b$。其中：a 为增益误差；b 为失调误差。失调误差(offset error)是输入信号为零时输出信号不为零的值，可外接电位器调至最小。

(4) 线性误差。

线性度的指标有两个：INL，翻译过来叫“积分非线性”，指的是 A/D 转换器整体的非线性程度；DNL，翻译过来叫“微分非线性”，指的是 A/D 转换器局部（细节）的非线性程度。

模数器件的精度指标是用积分非线性度（interger nonLiner），即 INL 值来表示的。也有的器件手册用 linearity error 来表示。它表示 A/D 转换器在所有的数值点上对应的模拟值和真实值之间误差最大的那一点的误差值，也就是输出数值偏离线性最大的距离，单位是 LSB（即最低位所表示的量）。比如 12 位 A/D 转换器的 INL 值为 1LSB，那么，如果基准为 4.095 V，测某电压所得的转换结果是 1000，即真实电压值可能分布在 0.999～1.001 V 之间。

从理论上说，模数器件相邻两个数据之间，模拟量的差值都是一样的，就像一把疏密均匀的尺子，但实际情况并非如此。一把分辨率 1 mm 的尺子，相邻两刻度之间也不可能都是精确的 1 mm。那么，A/D 转换器相邻两刻度之间最大的差异就叫差分非线性值（differencial nonLiner）。DNL 值如果大于 1，那么这个 A/D 转换器甚至不能保证是单调的。输入电压增大，DNL 在某个点的数值反而会减小。这种现象在 SAR（逐位比较）型 A/D 转换器中很常见。举个例子，某 12 位 A/D 转换器，INL＝8LSB，DNL＝3LSB（性能比较差），基准为 4.095 V，测 A 电压读数为 1000，测 B 点电压读数为 1200。那么，可判断 B 点电压比 A 点高 197～203 mV，而不是准确的 200 mV。

总结：

(1) INL 可理解为单值数据误差，对应该点模拟数据由于元器件及结构造成的不能精确测量产生的误差。

(2) DNL 可理解为刻度间的差值，即对每个模拟数据按点量化，由量化产生的误差。

实验源程序

```
#include <reg52.h>                    //头文件
#define uchar unsigned char           //宏定义无符号字符型
#define uint  unsigned  int           //宏定义无符号整型
code uchar seg7code[10]={ 0xc0,0xf9,0xa4,0xb0,0x99,0x92,0x82,0xf8,0x80,0x90};
                                      //显示段码 数码管字根
uchar wei[4]={0XEf,0XDf,0XBf,0X7f};//位的控制端
sbit ST=P3^0;                         //A/D启动转换信号
sbit OE=P3^1;                         //数据输出允许信号
sbit EOC=P3^2;                        //A/D转换结束信号
sbit CLK=P3^3;                        //时钟脉冲 (ADC0809 典型时钟为 500 kHz)
uint z,x,c,v,AD0809, date;            //定义数据类型

void delay(uchar t)
{
  uchar i,j;
    for(i=0;i< t;i++)
      {
          for(j=13;j> 0;j--);
      }
```

```
}

void xianshi()                          //显示函数
{
  uint z,x,c,v;
  z=date/1000;                          //求千位
  x=date% 1000/100;                     //求百位
  c=date% 100/10;                       //求十位
  v=date% 10;                           //求个位
      P2=0XFF;
          P0=seg7code[z]&0x7f;
          P2=wei[0];
          delay(800);
          P2=0XFF;
      P0=seg7code[x];
          P2=wei[1];
          delay(800);
          P2=0XFF;
    P0=seg7code[c];
         P2=wei[2];
          delay(800);
          P2=0XFF;
      P0=seg7code[v];
          P2=wei[3];
          delay(800);
          P2=0XFF;
  }

void timer0() interrupt 1               //定时器 0 工作方式 1
{

    TH0=(65536-2)/256;                  //重装计数初值(ADC0809 典型时钟为 500 kHz)
    TL0=(65536-2)% 256;                 //重装计数初值
    CLK=! CLK;                          //取反
}

void main()
{
        TMOD=0X01;                      //定时器中断 0
        TH0=(65536-2)/256;              //定时时间高 8 位初值
        TL0=(65536-2)% 256;
        CLK=0;                          //脉冲信号初始值为 0
        EA=1;                           //开 CPU 中断
        ET0=1;                          //开 T/C0 中断
        TR0=1;                          //定时时间低 8 位初值
        ST=0;                           //使采集信号为低
        ST=1;                           //清除内部寄存器
        ST=0;                           //开启数据转换
```

```
        while(! EOC);                      //等待数据转换完毕
        OE=1;                              //允许数据输出信号
        AD0809=P1;                         //读取数据
        OE=0;                              //关闭允许数据输出信号
        if(AD0809> =251)                   //电压显示不能超过 5 V
        AD0809=250;
        date=AD0809* 20;                   //数码管显示的电压数据值，其中 20 mv 为每一位
                                             数据的电压值 5/256=0.0195 V

    while(1)                               //无限循环
        {
            xianshi();                     //数码管显示函数
        }
}
```

实验仿真电路(实验图 15-11)

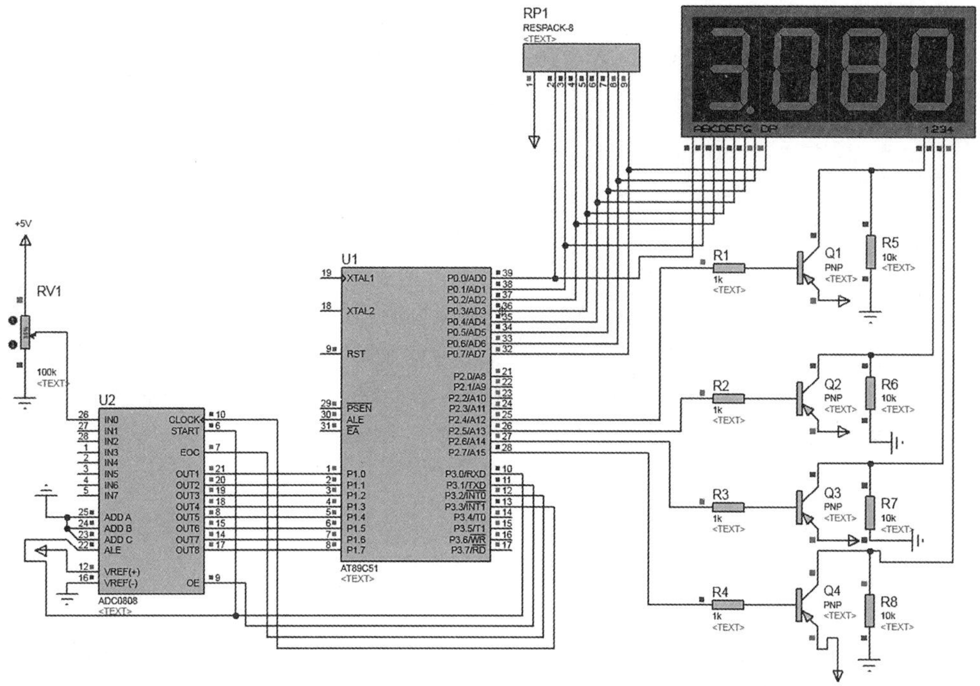

实验图 15-11　A/D 转换实验仿真图

思考题

1. A/D 转换的精度、速度、通道数的选择原则是什么？
2. 简述 A/D 转换的注意事项。

实验16 继电器控制照明设备

实验目的

(1) 理解继电器的基本结构和基本工作原理。

(2) 了解单片机驱动继电器的方法。

(3) 掌握单片机控制继电器的技巧。

实验仪器

单片机开发板、稳压电源、计算机。

实验原理

继电器有很多种,不同的继电器控制原理也不一样。

(1) 功率方向继电器。

功率方向继电器是当输入量(如电压、电流、温度等)达到规定值时,使被控制的输出电路导通或断开的电器,可分为电气量(如电流、电压、频率、功率等)继电器及非电气量(如温度、压力、速度等)继电器两大类,具有动作快、工作稳定、使用寿命长、体积小等优点。广泛应用于电力保护、自动化、运动、遥控、测量和通信等装置中。

(2) 电磁继电器。

电磁继电器一般由铁芯、线圈、衔铁、触点簧片等组成。只要在线圈两端加上一定的电压,线圈中就会流过一定的电流,从而产生电磁效应,衔铁就会在电磁力吸引的作用下克服返回弹簧的拉力而吸向铁芯,从而带动衔铁的动触点与静触点(常开触点)吸合。当线圈断电后,电磁的吸力也随之消失,衔铁就会在弹簧的反作用力下返回原来的位置,使动触点与原来的静触点(常闭触点)释放。这样吸合、释放,从而达到了在电路中的导通、切断的目的。对于继电器的"常开、常闭"触点,可以这样来区分:继电器线圈未通电时处于断开状态的静触点称为"常开触点";处于接通状态的静触点称为"常闭触点"。继电器一般有两股电路,分别为低压控制电路和高压工作电路。

(3) 固态继电器(SSR)。

固态继电器是一种两个接线端为输入端,另两个接线端为输出端的四端器件,中间采用隔离器件实现输入/输出的电隔离。

固态继电器按负载电源类型可分为交流型和直流型。按开关类型可分为常开型和常闭型。按隔离类型可分为混合型、变压器隔离型和光电隔离型,以光电隔离型为最多。专用的固态继电器可以具有短路保护、过载保护和过热保护功能,与组合逻辑固化封装就可以实现用户需要的智能模块,直接用于控制系统中。固态继电器目前已广泛应用于计算机外围接口设备、恒温系统、调温、电炉加温控制、电机控制、数控机械、遥控系统、工业自动化装置;信号灯、调光设备、闪烁器、照明舞台灯光控制系统;仪器仪表、医疗器械、复印机、自动洗衣机;自动消防系统、保安系统,以及作为电网功率因素补偿的电力电容的切换开关等。另外,在化工、煤矿等需防爆、防潮、防腐蚀场合也有大量使用。

（4）热敏干簧继电器。

热敏干簧继电器是一种利用热敏磁性材料检测和控制温度的新型热敏开关。它由感温磁环、恒磁环、干簧管、导热安装片、塑料衬底及其他一些附件组成。热敏干簧继电器不用线圈励磁，而由恒磁环产生的磁力驱动开关动作。恒磁环能否向干簧管提供磁力是由感温磁环的温控特性决定的。

（5）磁簧继电器。

磁簧继电器具有尺寸小、质量轻、反应速度快、跳动时间短等特性。当整块铁磁金属或者其他导磁物质与之靠近的时候，发生动作，从而开通或者闭合电路。磁簧继电器由永久磁铁和干簧管组成。永久磁铁、干簧管固定在一个不导磁也不带有磁性的支架上。以永久磁铁的南北极的连线为轴线，这个轴线应该与干簧管的轴线重合或者基本重合。由远及近地调整永久磁铁与干簧管之间的距离，当干簧管刚好发生动作（对于常开的干簧管，变为闭合；对于常闭的干簧管，变为断开）时，将磁铁的位置固定下来，当有铁板同时靠近磁铁和干簧管时，干簧管会再次发生动作，恢复到没有磁场作用时的状态；当该铁板离开时，干簧管即发生相反方向的动作。磁簧继电器结构坚固，触点为密封状态，耐用性高，可以作为机械设备的位置限制开关，也可以用来探测铁制门、窗等是否在指定位置。

（6）光继电器。

光继电器为 AC/DC 并用的半导体继电器，指发光器件和受光器件一体化的器件。输入侧和输出侧电气性绝缘，但信号可以通过光信号传输。光继电器的特点为半永久性、微小电流驱动信号、高阻抗绝缘耐压、超小型、光传输、无接点等，主要应用于测量设备、通信设备、保全设备、医疗设备等。

（7）时间继电器。

时间继电器是一种利用电磁原理或机械原理实现延时控制的控制电器。它的种类很多，有空气阻尼型、电动型和电子型等。在交流电路中常采用空气阻尼型时间继电器，它是利用空气通过小孔节流的原理来获得延时动作的，由电磁系统、延时机构和触点三部分组成。

实验源程序

```
#include <reg52.h>
#define uchar unsigned char
#define uint unsigned int
sbit K1=P1^0;
sbit RELAY=P2^4;

void DelayMS(uint ms)
{
    uchar t;
    while(ms--)
    {
        for(t=0;t<120;t++);
    }
}
```

```
void main()
{
    P1=0xff;
    RELAY=1;
    while(1)
    {
        if(K1==0)
        {
            while(K1==0);
            RELAY=~RELAY;
            DelayMS(20);
        }
    }
}
```

实验仿真电路(实验图 16-1)

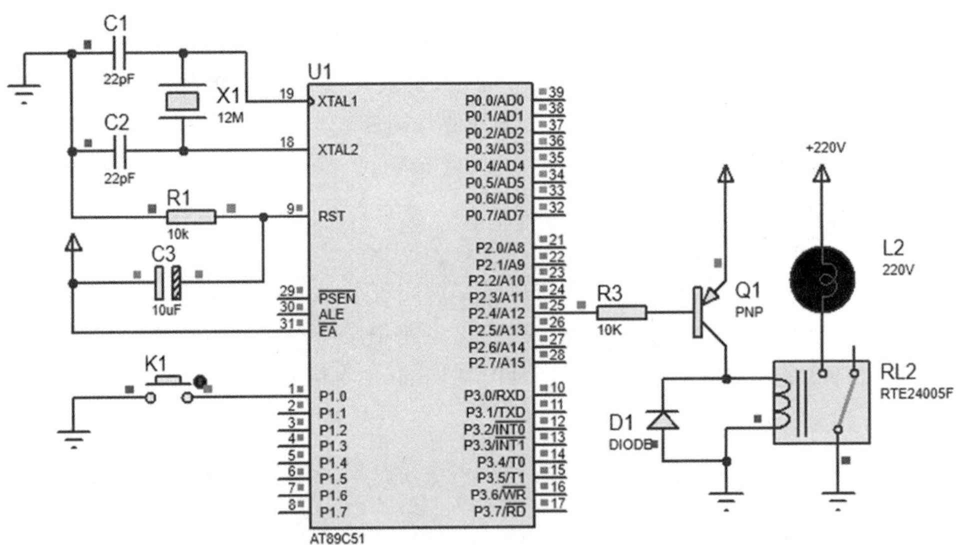

实验图 16-1　继电器控制照明设备实验仿真图

思考题

1. 本实验选用的电磁继电器旁路为什么要加反向二极管？
2. 继电器控制为什么需要驱动电路？

实验 17　单片机利用 RS-485 与 PC 通信

实验目的

(1) 理解 RS-485 接口的基本结构。

(2) 了解单片机串行通信 C 语言程序的设计和调试方法。

(3) 掌握 RS-485 接口的使用方法和使用技术。

实验仪器

单片机开发板、稳压电源、计算机。

实验原理

1. MAX485 简介

MAX485 是一个有 8 个引脚(见实验图 17-1)的芯片,它是一个标准的 RS-485 收发器,只能进行半双工的通信,内含一个输出驱动器和一个信号接收器。MAX485 具有低功耗设计,静态电流仅为 300 μA。MAX485 具有三态输出特性,在使用 MAX485 时,总线最多可以同时连接 32 个 MAX485 芯片。通信波特率可以达到 2.5 M。

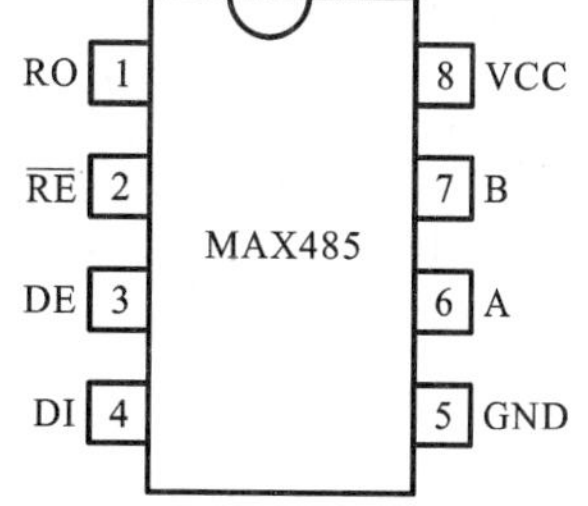

实验图 17-1　MAX485 **管脚图**

MAX485 的引脚定义如下。

RO(引脚 1):接收信号的输出引脚。可以把来自 A 和 B 引脚的总线信号,输出给单片机。此引脚为 CMOS 电平,可以直接连接到单片机。

$\overline{RE}$(引脚 2):接收信号的控制引脚。当这个引脚为低电平时,RO 引脚有效,MAX485 通过 RO 将来自总线的信号输出到单片机;当这个引脚为高电平时,RO 引脚处于高阻状态。

DE(引脚 3):输出信号的控制引脚。当这个引脚为低电平时,输出驱动器无效;当这个引脚为高电平时,输出驱动器有效,来自 DI 引脚的输出信号通过 A 和 B 引脚被加载到总线上。此引脚为 CMOS 电平,可以直接连接到单片机。

DI(引脚 4):输出驱动器的输入引脚。此引脚为 CMOS 电平,可以直接连接到单片机。当 DE 是高电平时,这个引脚的信号通过 A 和 B 引脚被加载给总线。

GND(引脚 5):电源地线。

A(引脚 6):连接到 RS-485 总线的 A 端。

B(引脚 7):连接到 RS-485 总线的 B 端。

Vcc(引脚 8):电源线引脚。电源电压为 4.25 V～5.75 V。

2. RS-232-C 接口与 RS-485 接口的特点

由于 RS-232-C 接口标准出现较早,不足之处主要包括以下四点。

(1) 接口的信号电平值较高,易损坏接口电路的芯片,又因为 RS-232-C 接口与 TTL 电平不兼容故需使用电平转换电路方能与 TTL 电路连接。

(2) 传输速率较低,在异步传输时,波特率为 20 Kb/s。

(3) 接口使用一根信号线和一根信号返回线而构成共地的传输形式，这种共地传输容易产生共模干扰，所以抗噪声干扰性弱。

(4) 传输距离有限，最大传输距离标准值为 50 ft(英尺)，实际上最多也是 50 m 左右。

针对 RS-232-C 的不足，于是就不断出现了一些新的接口标准，RS-485 就是其中之一，它具有以下特点。

(1) RS-485 的电气特性：逻辑“1”以两线间的电压差为+(2～6) V 表示；逻辑“0”以两线间的电压差为－(2～6) V 表示。接口信号电平比 RS-232-C 降低了，就不易损坏接口电路的芯片，且该电平与 TTL 电平兼容，可方便与 TTL 电路连接。

(2) RS-485 接口的数据最高传输速率为 10 Mb/s。

(3) RS-485 接口是采用平衡驱动器和差分接收器的组合，抗共模干扰能力增强，即抗噪声干扰性好。

(4) RS-485 接口的最大传输距离标准值为 4000 ft，实际上可达 3000 m，另外 RS-232-C 接口在总线上只允许连接 1 个收发器，即单站能力。而 RS-485 接口在总线上允许连接多达 128 个收发器，即具有多站能力，这样用户可以利用单一的 RS-485 接口方便地建立起设备网络。

(5) 因 RS-485 接口具有良好的抗噪声干扰性，长的传输距离和多站能力等优点就使其成为首选的串行接口。因为 RS-485 接口组成的半双工网络，一般只需两根连线，所以 RS-485 接口均采用屏蔽双绞线传输。RS-485 接口连接器采用 DB-9 的 9 芯插头座，与智能终端连接时 RS-485 接口采用 DB-9(孔)，与键盘连接时 RS-485 接口采用 DB-9(针)。

3. RS-485 串行接口标准

1) 平衡传输

RS-485 与 RS-232 不一样，数据信号采用差分传输方式，也称为作平衡传输，它使用一对双绞线，将其中一线定义为 A，另一线定义为 B。

通常情况下，发送驱动器 A、B 之间的正电平为+2 V～+6 V，是一个逻辑状态，负电平在－2 V～6 V，是另一个逻辑状态。另有一个信号地 C，在 RS-485 中还有一“使能”端，而在 RS-422 中这是可用可不用的。“使能”端用于控制发送驱动器与传输线的切断与连接。当“使能”端起作用时，发送驱动器处于高阻状态，称为“第三态”，即它是有别于逻辑“1”与“0”的第三态。

接收器也作与发送端相对的规定，收、发端通过平衡双绞线将 AA 与 BB 对应相连。当在收端 AB 之间有大于+200 mV 的电平时，输出正逻辑电平；电平小于－200 mV 时，输出负逻辑电平。接收器接收平衡线上的电平范围通常在 200 mV 至 6 V 之间。

2) RS-485 电气规定

由于 RS-485 是从 RS-422 的基础上发展而来的，所以 RS-485 的许多电气规定与 RS-422 相仿。如：都采用平衡传输方式，都需要在传输线上接终接电阻等。RS-485 可以采用二线与四线方式，二线制可实现真正的多点双向通信。

采用四线连接时，与 RS-422 一样只能实现点对多的通信，即只能有一个主(Master)设备，其余为从设备，但它比 RS-422 有改进，无论四线还是二线连接方式总线上连接的设备可多达 32 个。

RS-485 与 RS-422 的不同还在于其共模输出电压是不同的，RS-485 的共模输出电压在−7 V 至+12 V 之间，而 RS-422 的在−7 V 至+7 V 之间，RS-485 接收器的最小输入阻抗为 12 kΩ，而 RS-422 的为 4 kΩ；RS-485 的驱动器可以在 RS-422 的网络中应用。

RS-485 与 RS-422 一样，其最大传输距离约为 1219 m，最大传输速率为 10 Mb/s。平衡双绞线的长度与传输速率成反比，在 100 Kb/s 速率以下，才可能使用规定的最长电缆长度。只有在很短的距离下才能获得最高速率传输。一般长度为 100 m 的双绞线最大传输速率仅为 1 Mb/s。

RS-485 需要 2 个终接电阻，其阻值要求等于传输电缆的特性阻抗。传输距离在 300 m 以下时可不需要终接电阻。终接电阻接在传输总线的两端。

实验源程序

```
#include <reg51.h>
#include <intrins.h>
#define uchar unsigned char
#define uint unsigned int
sbit P12=P1^2;
char code str[]="xiehui you are the best! \n\r";

void main()
{
    uint j;
    TMOD=0x20;
    TL1=0xfd;
    TH1=0xfd;
    SCON=0x50;
    PCON &=0xef;
    TR1=1;
    IE=0x00;
    P12=1;
    while(1)
      {

       uchar i=0;
       while(str[i]! ='\0')
       {
         SBUF=str[i];
         while(! TI);
         TI=0;
         i++;
       }

    for(j=0;j< 50000;j++);
    }
}
```

实验仿真电路(实验图 17-2)

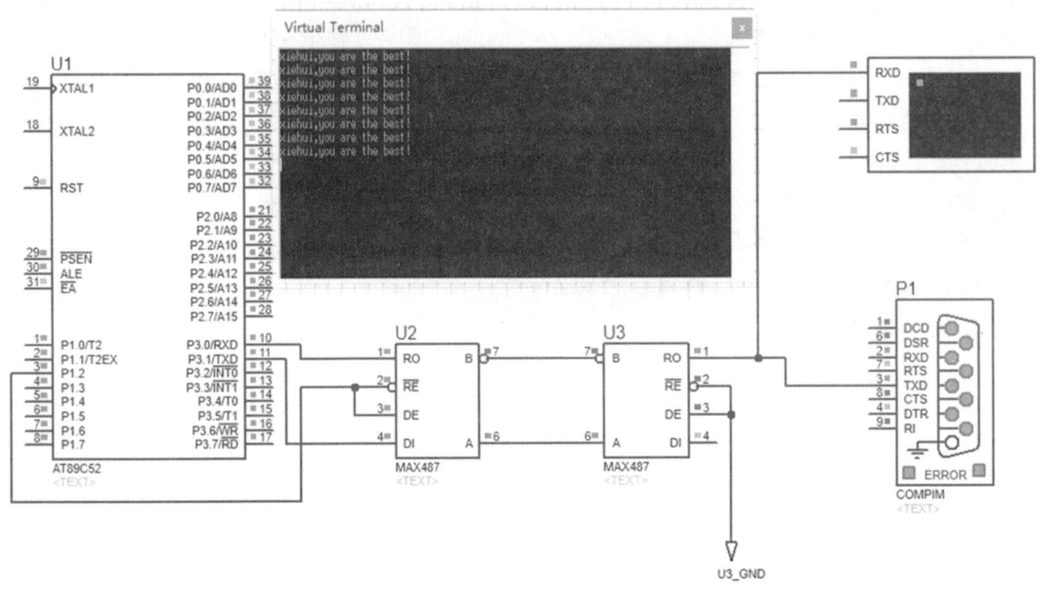

实验图 17-2　单片机利用 RS-485 与 PC 通信实验仿真图

思考题

1. RS-485 应用中最多可以连接多少个设备?
2. RS-485 在通信中的纯负载加装位置在哪里?具体阻值为多少?

实验 18 PWM 直流电机调速

实验目的

(1) 理解 PWM 的含义及产生方法。

(2) 了解单片机脉冲宽度调制 C 语言程序的设计和调试方法。

(3) 掌握 PWM 的生成方法及使用。

实验仪器

单片机开发板、稳压电源、计算机。

实验原理

直流电机的 PWM 调速原理与交流电机的调速原理不同，它不是通过调频方式去调节电机的转速，而是通过调节驱动电压脉冲宽度的方式，并与电路中一些相应的储能元件配合，改变输送到电枢电压的幅值，从而达到改变直流电机转速的目的。它的调制方式是调幅。

脉冲宽度调制是一种模拟控制方式，其根据相应载荷的变化来调制晶体管基极或 MOS 管栅极的偏置，实现晶体管或 MOS 管导通时间的改变，从而实现开关稳压电源输出的改变。这种方式能使电源的输出电压在工作条件变化时保持恒定，是利用微处理器的数字信号对模拟电路进行控制的一种非常有效的技术。

PWM 控制技术以其控制简单，灵活和动态响应好的优点而成为电力电子技术最广泛应用的控制方式，也是人们研究的热点。

1. 脉冲宽度调制

脉冲宽度调制(PWM)是利用数字输出对模拟电路进行控制的一种有效技术，尤其是在对电机的转速控制方面，可大大节省能量。PWM 具有很强的抗噪性，且有节约空间、比较经济等特点。模拟控制电路有以下缺陷：模拟电路容易随时间漂移，会产生一些不必要的热损耗，对噪声敏感等。而在用了 PWM 技术后，避免了以上的缺陷，实现了用数字方式来控制模拟信号，可以大幅度降低成本和功耗。

2. 直流无刷电机

直流无刷电机由电机、转子位置传感器和电子开关线路三部分组成。直流电源通过开关线路向电机定子绕组供电，电机转子位置由位置传感器检测并提供信号去触发开关线路中的功率开关元件使之导通或截止，从而控制电机的转动。在应用实例中，磁极旋转、电枢静止、电枢绕组里的电流换向都要借助于位置传感器和电子开关电路来实现。电机的电枢绕组作成三相，转子由永磁材料制成，与转子轴相连的位置传感器采用霍尔传感器。360°范围内，两两相差 120°安装，共安装三个。为了提高电机的特性，电机采用二相导通星形三相六状态的工作方式。开关电路采用三相桥式接线方式。

3. PWM 应用详解

PWM 是一种对模拟信号电平进行数字编码的方法。通过高分辨率计数器的使用，方波的占空比被调制用来对一个具体模拟信号的电平进行编码。PWM 信号仍然是数字的，因为在给定的任何时刻，满幅值的直流供电要么完全有(ON)，要么完全无(OFF)。电压或电流源是以一种通(ON)或断(OFF)的重复脉冲序列被加到模拟负载上去的。通的时候即直流供电被加到负载上的时候，断的时候即供电被断开的时候。只要带宽足够，任何模拟值都可以使用PWM进行编码。

实验图18-1显示了三种不同的PWM信号。图(a)是一个占空比为10%的PWM输出，即在信号周期中，10%的时间通，90%的时间断。图(b)和图(c)显示的分别是占空比为50%和90%的PWM输出。这三种PWM输出编码分别是强度为满度值的10%、50%和90%的三种不同模拟信号值。例如，假设供电电源为9V，占空比为10%，则对应的是一个幅度为0.9V的模拟信号。

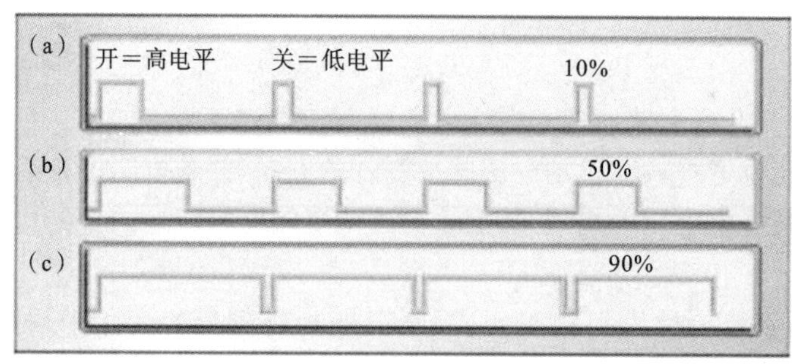

实验图18-1　PWM信号图

4. 特点

PWM的一个优点是从处理器到被控系统信号都是数字形式的，无须进行数模转换，让信号保持为数字形式可将噪声影响降到最小。噪声只有在强到足以将逻辑1改变为逻辑0或将逻辑0改变为逻辑1时，才能对数字信号产生影响。对噪声抵抗能力的增强是PWM相对于模拟控制的另外一个优点，而且这也是在某些时候将PWM用于通信的主要原因。从模拟信号转向PWM可以极大地延长通信距离。在接收端，通过适当的RC或LC网络可以滤除调制高频方波并将信号还原为模拟形式。

5. PWM控制直流电机

直流调速器就是调节直流电机速度的设备，上端和交流电源连接，下端和直流电机连接，直流调速器将交流电转化成两路输出直流电源，一路输入给直流电机励磁(定子)，一路输入给直流电机电枢(转子)，直流调速器通过控制电枢直流电压来调节直流电机转速。同时直流电机给调速器一个反馈电流，调速器根据反馈电流来判断直流电机的转速情况，必要时修正电枢电压输出，以此再次调节电机的转速。

直流电机的调速方案一般有下列3种方式：

(1) 改变电枢电压；

(2) 改变励激磁绕组电压；

(3) 改变电枢回路电阻。

使用单片机来控制直流电机的转速，一般采用调节电枢电压的方式，通过单片机控制PWM1、PWM2，产生可变的脉冲，这样电机上的电压也为宽度可变的脉冲电压。根据公式

$$U=aV_{CC}$$

其中：U 为电枢电压；a 为脉冲的占空比（$0<a<1$）；V_{cc} 直流电压源，这里为 5 V。

电动机的电枢电压受单片机输出脉冲控制，实现了利用脉冲宽度调制（PWM）技术进行直流电机的变速。

因为在 H 桥电路中，只有 PWM1 与 PWM2 电平互为相反时电机才能被驱动，也就是 PWM1 与 PWM2 同为高电平或同为低电平时，电机都不能工作。

我们把 PWM 波的周期定为 1 ms，占空比分 100 级可调（每级的级差为 10%），这样定时器 T_0 每 0.01 ms 产生一次定时中断，每 100 次后进入下一个 PWM 波的周期。

实验源程序

```
#include <reg52.h>
sbit PWM=P1^0;                          //定义使用的 IO 口
unsigned char timer1;                   //定义一个全局变量
void Time1Config();
void main(void)
{
    Time1Config();
    while(1)
    {
        if(timer1> 100)                 //PWM 周期为 100×0.5 ms
        {
            timer1=0;
        }
        if(timer1 <  30)                //改变 30 这个值可以改变直流电机的速度
        {
            PWM=1;
        }
        else
        {
            PWM=0;
        }
    }

}

void Time1Config()
{
    TMOD|=0x10;                         //设置定时计数器工作方式 1 为定时器
    //--给定时器赋初始值，12 MHz 下定时 0.5 ms--//
    TH1=0xFE;
    TL1=0x0C;

    ET1=1;                              //开启定时器 1 中断
    EA=1;
```

```
    TR1=1;                          //开启定时器
}

void Time1(void) interrupt 3        //3 为定时器 1 的中断号
  {
    TH1=0xFE;                       //重新赋初值
    TL1=0x0C;
    timer1++;
  }
```

实验仿真电路(实验图 18-2)

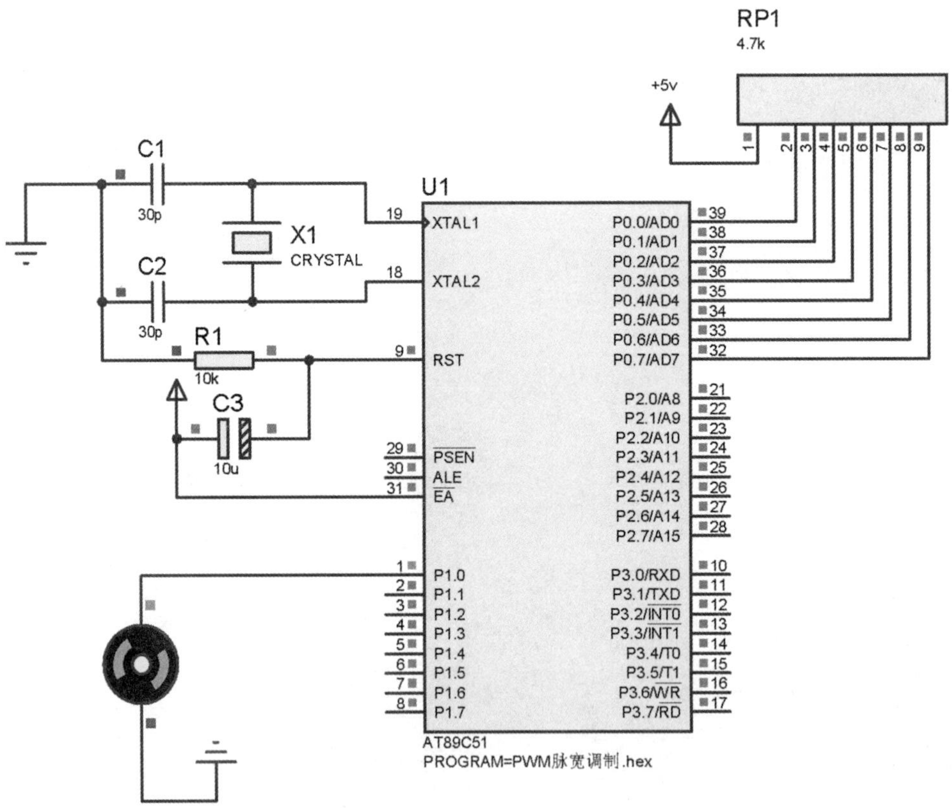

实验图 18-2　PWM 直流电机调速实验仿真图

思考题

1. PWM 生成除了利用定时计数器完成外还有其他什么方法?
2. 直流电机的驱动模块有哪些?

实验19 直流电机正反转控制

实验目的

(1) 理解直流电机驱动基本结构。

(2) 了解单片机C语言程序的设计和调试方法。

(3) 掌握直流电机正反转的使用方法。

实验仪器

单片机开发板、稳压电源、计算机。

实验原理

直流电机只有两根电源线,直流电机的两根电源线是不分正负极的,假设两根电源线代号分别为A、B。当A线接正极,B线接负极时,电机正转(反转);那么当B线接正极,A线接负极时,电机反转(正转)。也就是说只要将两根电源线的正负极调换,即可实现直流电机的正反转。

实现直流电机正反转的方法有很多,下面介绍几种方法。

(1) 若手动控制,可采用机械开关实现电机的正反转,常用一个双刀双掷开关来实现。这种方法接线简单,接线图如实验图19-1所示。

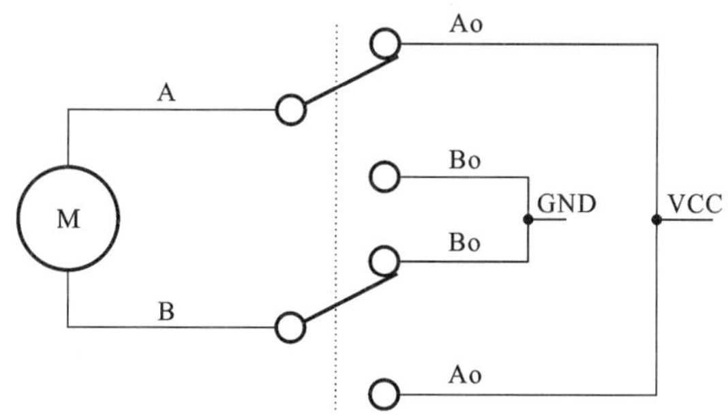

实验图19-1 机械开关实现直流电机正反转接线图

当开关往上拨时,直流电机A极接VCC,B极接GND,电机正转(反转);

当开关往下拨时,直流电机B极接VCC,A极接GND,电机反转(正转)。

(2) 使用一个双路的继电器实现直流电机的正反转,其原理和方法与方法(1)类似,其不同的是采用继电器作为开关,可以实现编程自动控制,接线图如实验图19-2所示。

当继电器不工作时,直流电机A极接VCC,B极接GND,电机正转(反转);

当继电器接通时,直流电机B极接VCC,A极接GND,电机反转(正转)。

(3) 使用晶体管实现直流电机的正反转,其接线图如实验图19-3所示。通过控制输入口P00的高低电平来实现电机的正反转:当P00为低电平时,Q4截止,Q3导通,Q1和Q6导通,Q2和Q5截止,直流电机左端为正极,右端为负极,电机正转(反转);当P00为高电平时,Q4导通,Q3截止,Q2和Q5导通,Q1和Q6截止,直流电机左端为负极,右端为正极,电机反转(正转)。

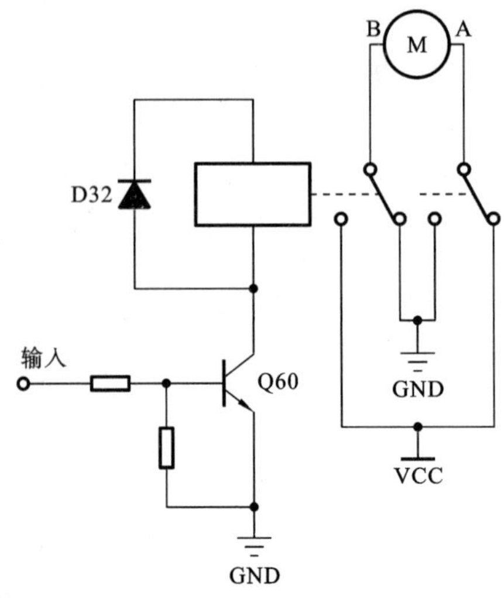

实验图 19-2　继电器实现直流电机正反转接线图

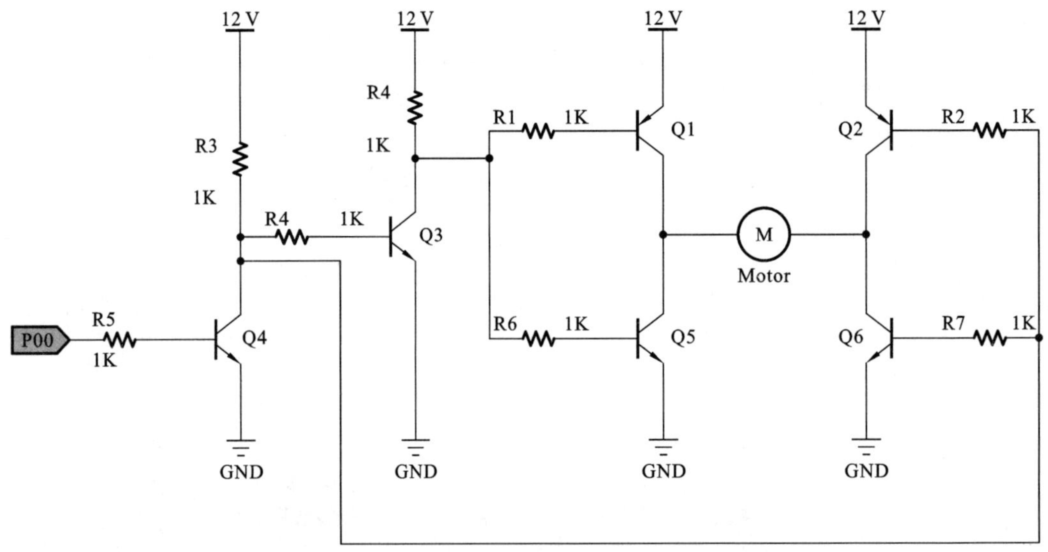

实验图 19-3　晶体管驱动直流电机正反转原理图

实验源程序

```
#include <reg52.h>
#include <intrins.h>
#define uint unsigned int
#define uchar unsigned char
sbit K1  =P3^0;
sbit K2  =P3^1;
sbit K3  =P3^2;
sbit LED1=P0^0;
sbit LED2=P0^1;
```

```
sbit LED3=P0^2;
sbit MA  =P1^0;
sbit MB  =P1^1;

void main(void)
{
    LED1=1;
    LED2=1;
    LED3=0;
    while(1)
    {
        if(K1==0)
        {
            while(K1==0);
            LED1=0;
            LED2=1;
            LED3=1;
            MA  =0;
            MB  =1;
        }
        if(K2==0)
        {
            while(K2==0);
            LED1=1;
            LED2=0;
            LED3=1;
            MA  =1;
            MB  =0;
        }
        if(K3==0)
        {
            while(K3==0);
            LED1=1;
            LED2=1;
            LED3=0;
            MA  =0;
            MB  =0;
        }
    }
}
```

实验仿真电路(实验图 19-4)

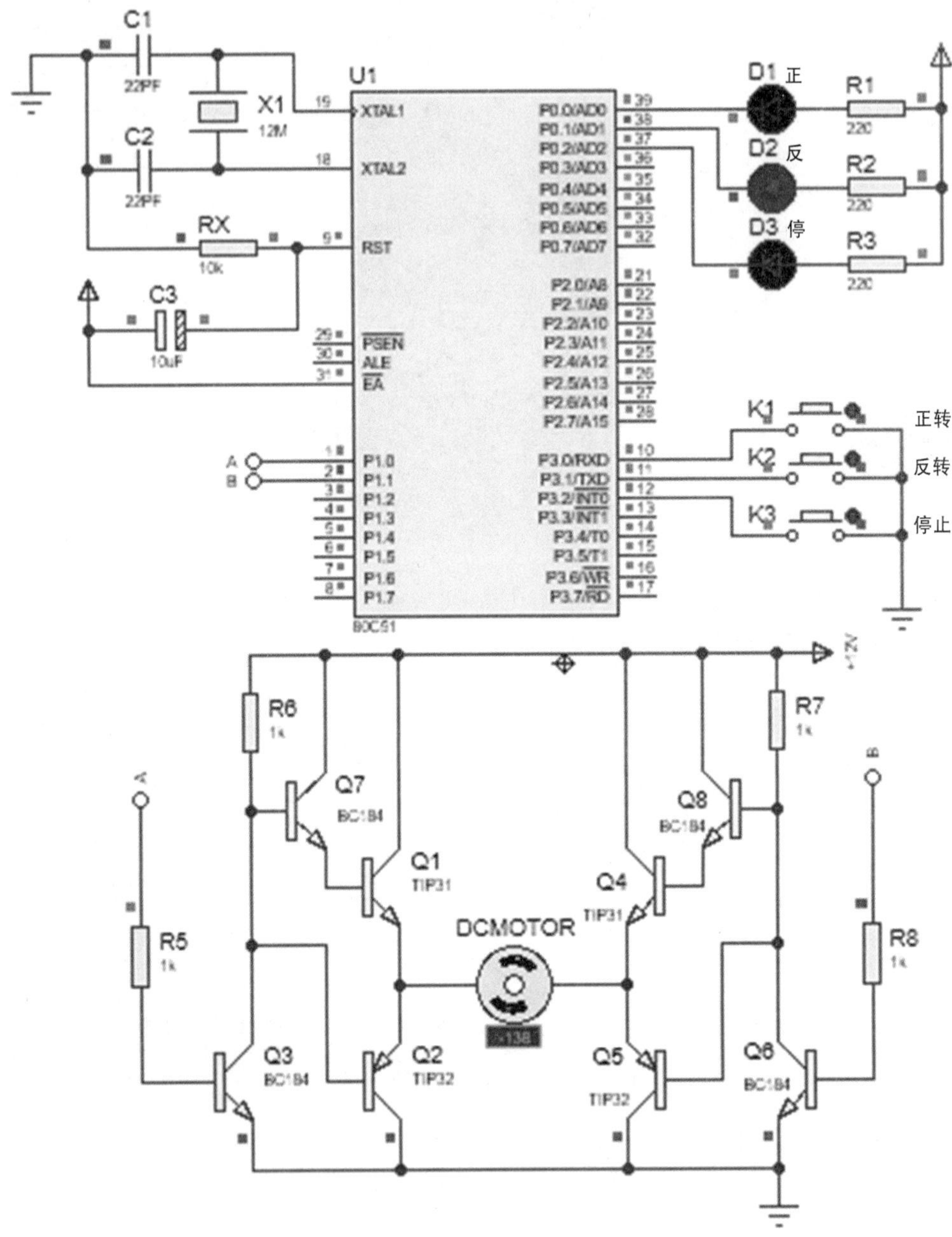

实验图 19-4　直流电机正反转控制实验仿真图

思考题

1. 单片机能否直接控制直流电机工作？为什么？
2. 直流电机的驱动方式有哪些？

实验 20 直流电机调速系统

实验目的

(1) 理解直流电机的调速原理。

(2) 了解单片机 C 语言程序的设计和调试方法。

(3) 掌握直流电机的调速技术与方法。

实验仪器

单片机开发板、稳压电源、计算机。

实验原理

1. 电机驱动芯片 L293D

L293D 是一种直流电动驱动芯片，在一些机器人项目中可用来驱动直流电机或步进电机。它共有 16 个引脚。输入电压为 4.5 V～36 V；每通道最大输出电流为 600 mA。该驱动板功能强大：

(1) 可以支持 2 个 5 V 舵机，可以连接到 arduino 的高分辨率专用计时器；最多支持 4 个直流电机，使用独立的 8 位速度选择(大约 0.5%的解析度)。

(2) 最多支持 2 个步进电机(无极或者双极)，步进电机可以是单线圈的，双线圈的，interleaved 或者 micro-stepping。

(3) 2 路 H 桥：L293D 芯片给每路桥提供 0.6 A 电流(峰值电流 1.2 A)，并带有热保护，输入电压为 4.5 V 到 25 V。

(4) 当电压过高时，下拉电阻保证电机保持停止状态。

(5) 大终端接线端子(10～22AWG)，方便连接电线，带有 Arduino 复位按钮。

(6) 提供 2 个外接电源接线端子，保证数字和逻辑电源分离。

(7) 适配 Mega，Uno。

2. L293D 与 L298N 电机驱动模块的区别

1) 芯片不同

(1) L293D 电机驱动模块的芯片是步进电机驱动芯片。

(2) L298N 电机驱动模块的芯片是 H 桥驱动集成电路芯片。

2) 输出电流不同

(1) L293D 电机驱动模块相较于 L298N 电机驱动模块的输出电流更小，功率更弱。

(2) L298N 电机驱动模块相较于 L293D 电机驱动模块的输出电流更大，功率更强。

3) 光耦不同

(1) L293D 电机驱动模块没有加入光耦，会对单片机产生干扰，从而使系统工作更不稳定。

(2) L298N 电机驱动模块加入了光耦，可进行光电隔离，从而使系统能够稳定可靠的工作。

实验源程序

```
#include<reg51.h>
#define Tpwm 0xfc18          //PWM周期对应的计数值为1 ms,基于12 MHz晶振
unsigned int duty[]={0,/* 0* /
0xff9c/* 100us* /,0xff38/* 200us* /,0xfed4/* 300us* /,\
0xfe70/* 400us* /,0xfe0c/* 500us* /,0xfda8/* 600us* /,\
0xfd44/* 700us* /,0xfce0/* 800us* /,0xfc7c/* 900us* /,\
0xfc18/* 1000us* /};         //PWM高电平时间
unsigned char i=0;
sbit P32=P3^2;
sbit P33=P3^3;
sbit PWMOUT=P2^0;
sbit PWMIN1=P2^1;
sbit PWMIN2=P2^2;
bit flag=1;                  //PWM输出电平状态,1为输出高电平时间,0为输出低电平
                               时间
void delay10ms(int n);

void  main(void)
{
  PWMOUT=0;                  //初始化L293D,停止电机
  PWMIN1=0;
  PWMIN2=1;
  EA=1;                      //开中断
  IT0=1;                     //中断方式为跳变
  IT1=1;
  EX0=1;                     //打开外部中断0
  EX1=1;                     //打开外部中断1
  ET0=1;                     //开定时器0中断允许
  TMOD=0x01;                 //设置定时方式
  while(1)                   //等待中断
  {
  /*在此可以实现其他任务*/
  }
}

void delay10ms(int n)        //10 ms延时函数
{
    int i=0,j;
    while(n--)
      {
            for(i=0;i<10;i++)
              {
                    for(j=0; j<125; j++);
```

```
                }
        }
}

void keySpeeddownISR() interrupt 0    //按键中断服务程序
{
  EA=0;                               //关中断
  delay10ms(2);                       //延时消抖
  if(!P32)                            //确认按键按下,滤除键盘抖动干扰
     {                                //减少 PWM 高电平时间
        if(i>0)
          i--;
        if((TR0=1) && (i==0))
            {
              TR0=0;
              PWMOUT=0;
              }
     }
  EA=1;
}

void keySpeedupISR() interrupt 2      //按键中断服务程序
{
  EA=0;                               //关中断
  delay10ms(2);                       //延时消抖
  if(!P33)                            //确认按键按下,滤除键盘抖动干扰
  {                                   //增加 PWM 高电平时间
      if(i< =10)
       i++;
       if((TR0==0)&&(i>0))
          {                           //启动 PWM,电机顺时针旋转
                 PWMIN1=0;
                 PWMIN2=1;
                 PWMOUT=1;
                    TH0=duty[i]>>8;
                    TL0=duty[i]&0xff;
                    TR0=1;
                    flag=1;
          }
      }
  EA=1;
}

void T0ISR() interrupt 1              //定时器 0 中断服务程序
{
```

```
  EA=0;                                         //关中断
  if(flag)
   {                                            //高电平时间结束,输出低电平补齐 PWM 周期
       PWMOUT=0;
       TH0=(65535-(duty[i]-Tpwm))>>8;
       TL0=(65535-(duty[i]-Tpwm))&0xff;
       flag=0;
  }
else
  {                                             //周期结束
     PWMOUT=1;
     TH0=duty[i]>>8;
     TL0=duty[i]&0xff;
     flag=1;
  }
  EA=1;
}
```

实验仿真电路(实验图 20-1)

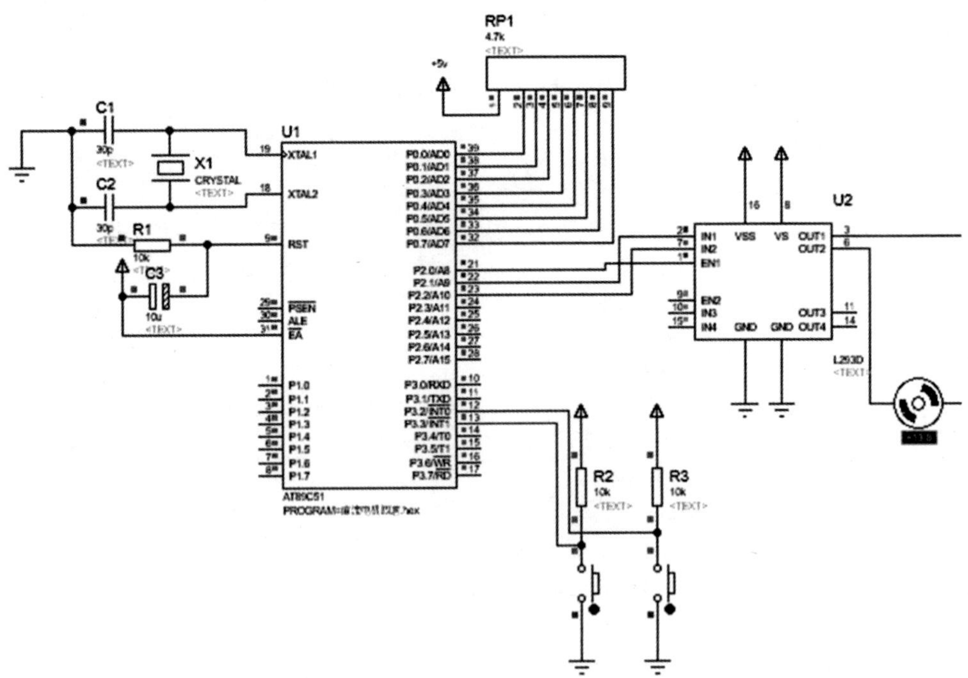

实验图 20-1　直流电机调速系统实验仿真图

思考题

1. 如何选择直流电机驱动模块？
2. 简述不同驱动芯片的优缺点。

第 3 篇

提　高　篇

实验 1　可调跑马灯

实验要求

利用外置按键改变 16 只 LED 灯的变化样式，利用按键 K2 与 K3 调节 LED 灯的切换速度。

实验源程序

```
#include<reg51.h>
#define uchar unsigned char
#define uint unsigned int
uchar ModeNo;
uint Speed;
uchar tCount=0;
uchar Idx;
uchar mb_Count=0;
bit Dirtect=1;
uchar code
DSY_CODE[]={0xC0,0xF9,0xA4,0xB0,0x99,0x92,0x82,0xF8,0x80,0x90};
uint code sTable[]={0,1,3,5,7,9,15,30,50,100,200,230,280,300,350};

void Delay(uint x)
  {
    uchar i;
    while (x--) for(i=0; i< 120; i++);
  }

uchar GetKey()
  {
    uchar K;
    if(P2==0xFF) return 0;
    Delay(10);
    switch(P2)
      {
          case 0xFE:
              K=1;
              break;
          case 0xFD:
              K=2;
              break;
          case 0xFB:
              K=3;
              break;
```

```
            default:
                  K=0;
        }
        while (P2!=0xFF);
        return K;
    }

    void Led_Demo(uint Led16)
        {
            P1=(uchar)(Led16 & 0x00FF);
            P0=(uchar)(Led16>>8);
        }

    void T0_TNT() interrupt 1
        {
            if(++tCount<Speed) return;
            tCount=0;
            switch (ModeNo)
                {
                    case 0:
                          Led_Demo(0x0001<<mb_Count);
                          break;
                    case 1:
                          Led_Demo(0x8000>>mb_Count);
                          break;
                    case 2:
                          if(Dirtect) Led_Demo(0x000F<<mb_Count);
                          else Led_Demo(0xF000>>mb_Count);
                          if(mb_Count==15) Dirtect=! Dirtect;
                          break;
                    case 3:
                          if(Dirtect) Led_Demo(~(0x000F<<mb_Count));
                          else Led_Demo(~(0xF000>>mb_Count));
                          if(mb_Count==15) Dirtect=!Dirtect;
                          break;
                    case 4:
                          if(Dirtect) Led_Demo(0x003F<<mb_Count);
                          else Led_Demo(0xFC00>>mb_Count);
                          if(mb_Count==15) Dirtect=!Dirtect;
                          break;
                    case 5:
                          if(Dirtect) Led_Demo(0x0001<<mb_Count);
                          else Led_Demo(0x8000>>mb_Count);
                          if(mb_Count==15) Dirtect=!Dirtect;
                          break;
```

```
                case 6:
                      if(Dirtect) Led_Demo(~(0x0001<<mb_Count));
                      else Led_Demo(~(0x8000>>mb_Count));
                      if(mb_Count==15) Dirtect=!Dirtect;
                      break;
                case 7:
                      if(Dirtect) Led_Demo(0xFFFE<<mb_Count);
                      else Led_Demo(0x7FFF>>mb_Count);
                      if(mb_Count==15) Dirtect=!Dirtect;
                      break;
        }
        mb_Count=(mb_Count+1)% 16;
    }

void KeyProcess(uchar Key)
{
    switch(Key)
    {
    case 1:
          Dirtect=1;
          mb_Count=0;
          ModeNo=(ModeNo+1)% 8;
          P3=DSY_CODE[ModeNo];
          break;
    case 2:
          if(Idx>1) Speed=sTable[--Idx];
          break;
    case 3:
          if(Idx<15) Speed=sTable[++Idx];
    }
}

Void main()
{
    uchar Key;
    P0=P1=P2=P3=0xFF;
    ModeNo=0;
    Idx=4;
    Speed=sTable[Idx];
    P3=DSY_CODE[ModeNo];
    IE=0x82;
    TMOD=0x00;
    TR0=1;
    while(1)
    {
```

```
            Key=GetKey();
            if(Key! =0) KeyProcess(Key);
        }
    }
```

实验仿真电路

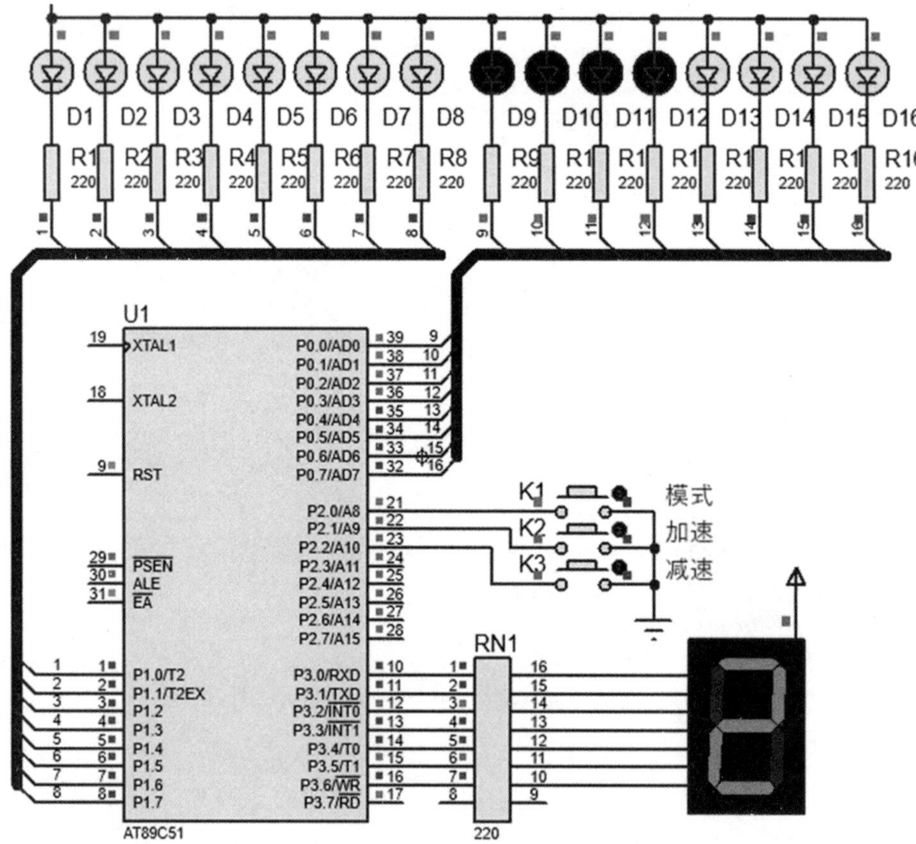

实验 2　LCD1602 显示电话拨号号码

实验要求

利用 LCD1602 显示模拟的电话拨号号码，同时每完成一个按键拨号伴随蜂鸣器发出实际的拨号音。

实验源程序

```
#include<reg51.h>
#include<intrins.h>
#define uchar unsigned char
#define uint unsigned int
#define DelayNOP(){_nop_();_nop_();_nop_();_nop_();}
sbit BEEP=P1^0;
sbit LCD_RS=P2^0;
sbit LCD_RW=P2^1;
sbit LCD_EN=P2^2;
viod DelasyMS(uint ms);
bit LCD_Busy_Check();
void LCD_Set_Position(uchar Position);
void Write_LCD_command(uchar cmd);
void Write_LCD_data(uchar dat);
char code Title_Text[]={"--phone Code--"};
uchar code key_Tabe[]={'1','2','3','4','5','6','7','8','9','* ','0','# '};
uchar Dial_Code_Str[]={"  "};
uchar keyNo=0xff;
int tCount=0;

void DelayMs(uint x)
{
    uchar i;
    while(x--)
     for(i=0;i< 120;i++);
}

void Display_String(uchar * str,uchar LineNo)
{
uchar k;
LCD_Set_Position(LineNo);
for(k=0;k< 16;k++)
Write_LCD_data(str[k]);
}

bit LCD_Busy_Check()
{
```

```
bit LCD_Status;
LCD_RS=0;
LCD_RW=1;
LCD_EN=1;
DelayMS(1);
LCD_Status= (bit)(P0&0X80);
LCD_EN=0;
return LCD_Status;
}

void Write_LCD_Command(uchar cmd)
{
while(LCD_Busy_Check()&0x80)==0x80);
LCD_RS=0;
LCD_RW=0;
LCD_EN=0;
_nop_();
  _nop_();
  P0=cmd;
  DelayNOP();
  LCD_EN=1;
  DelayNOP();
  LCD_EN=0;
}

void Write_LCD_Data(uchar Str)
{
while(LCD_Busy_Check()&0x80)==0x80);
LCD_RS=1;
LCD_RW=0;
LCD_EN=0;
  P0=Str;
  DelayNOP();
  LCD_EN=1;
  DelayMS(1);
  LCD_EN=0;
}

void Init_LCD (  )
{
  Write_LCD_Command(0X38);
Write_LCD_Command(0X0C);
Write_LCD_Command(0X06);
Write_LCD_Command(0X01);
}

void LCD_Set_Position(uchar Position)
{
```

```
  Write_LCD_Command(Position|0x80);
}

void T0_INT( ) interrupt 1
{
  TH0=-600/256;
  TL0=-600%256;
  BEEP=~BEEP;
  if(++tCount==200)
  {
  tCount=0;
  TR0=0;
  }
}

uchar Getkey( )
{
uchar i,j,k=0;
uchar keyScanCode[ ]={0xef,0xdf,0xbf,0x7f};
uchar keyCodeTable[ ]={0xee,0xed,0xeb,0xde,0xdd,0xdb,0xbe,0xbd,0xbb,0x7e,
0x7d,0x7b};
P3=0x0f;
if(P3!=0x0f)
{
      for(i=0;i<4;i++)
            {
                  P3=keyScanCode[i];
                  for(j=0;j<3;j++)
                        {
                          k=i*3+j;
                         if(P3==keyCodeTable[k]
                         return k;
                        }
            }
}
else return 0xff;
}

void main()
{
    uchar i=0,j;
    P0=P2=P1=0XFF;
    IE=0X82;
    TMOD=0X01;
    Init_LCD( );
    Display_String(Title_Text,0x00);
        {
            keyNo=Getkey();
```

```
            if(keyNo==0ff)
            continue;
            if(++i==12)
                  {
                      for(j=0;j<16;j++)
                      Dial_Code_Str[j]=' ';
                       i=0;
                  }
      Dial_Code_Str[i]=key_Table[keyNo];
      Display_String(Dial_Code_Str,0x40);
      while(Getkey()!=0xff);
    }

  }
```

实验仿真电路

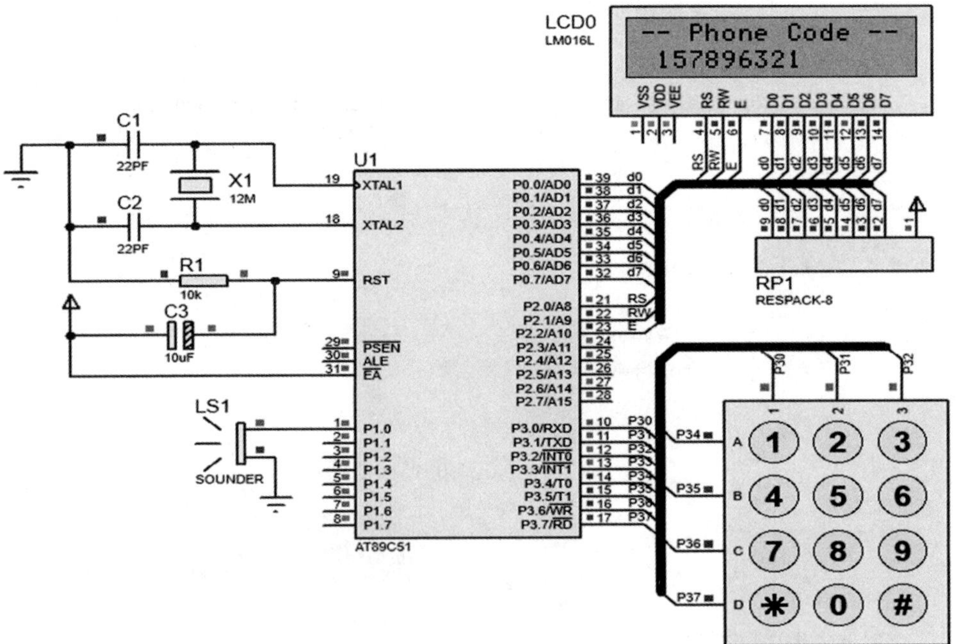

实验 3 LCD12864 模拟计算器键盘

实验要求

利用矩阵键盘加 LED12864 完成基本计算器的计算功能，并利用蜂鸣器完成计算器按键音的模拟。

实验源程序

```
#include <reg51.h>
#include <intrins.h>
#define uchar unsigned char
#define uint unsigned int

// 定义 DotMatri.c 中的点阵、数字、符号等编码
extern uchar code Word_String[ ][32];
extern uchar code Keyboard_Chars[ ][16];
extern uchar code KeyPosTable[];
extern uchar KeyScan();// keypad.c 中的键盘扫描函数

// 定义在 LCP_12864.c 中的相关液晶显示函数
extern LCD_Initialize(  );
void Display_A_Char(uchar,uchar,uchar* );
void Display_A_WORD(uchar,uchar,uchar* );
void Display_A_WORD_String(uchar,uchar,uchar,uchar* );

// 键盘扫描开启标志,其值由外部中断 0 控制
bit KeyPressDown=0;
uchar T_Count=0;
sbit SPK=P3^7;
//Keybord_Chars 中数字与符号编码与键盘按键对照表
uchar code KeyPosTable[ ]=
{
  7,8,9,10,
  4,5,6,11,
  1,2,3,12,
  15,0,14,13
};

// 蜂鸣器发声
void Beep(  )
{
    uchar i,x=20;
    while (x--)
```

```
  {
    for(i=0;i< 120;i++); SPK=~ SPK;
  }
}

// 主程序
void main( )
  {
    uchar i;
    LCD_Initialize( );                  // 初始化 LCD
    for(i=0;i<7;i++)                    //从第一页开始,左边距 16 点,显示 7 个
                                          16*16 点阵的中文提示信息 13
    Display_A_WORD_String (1,16* (i+ 1),1,Word_String[i]);
    P1=0x0f;
    IE=0x83;
    // 允许外部 0 和定时器 0 中断
    IT0=1;
    // 设为下降沿中断方式,外部中断 0 用于启停键盘扫描处理
    TH0=(65536-5000)/256;               //50 ms 定时
    TL0=(65536-5000)% 256;
while(1)
    {
        // 如果有按键按下则处理按键
    if(KeyPressDown==1)
        {
            Beep( );
            KeyPressDown=0;
            Display_A_Char(4,55,Keyboard_Chars[KeyPosTable[KeyScan()]]);
            TR0=0;
        }
      }
    }
// 外部中断 0 控制消抖延时
void EX0_INT() interrupt 0
{
    TR0=1;                              // 开启定时器 0,延时 300 ms 消抖
}
// 定时器用于消抖并确认有键按下,启动主程序中的按键扫描
void T0_INT( ) interrupt 1
{
    if(++T_Count==6)                    //50 ms×6=300 ms 延时抖动
        {
            T_Count=0;
        KeyPressDown=1;                 // 确定有键按下
    }
```

```
TH0=(65526-50000)/256;                  //50ms定时
TL0=(65526-50000)%256;
}

//-------------------LCD_12864.C----------
名称:12864LCD显示驱动程序(不带字库)
//----------------------------------------
#include <reg51.h>
#include <intrins.h>  14
#define uchar unsigned char
#define uint unsigned int
#define LCD_DB_PORT P0                 //液晶DB0~DB7
#define LCD_START_ROW 0xC0             //起始行
#define LCD_PAGE 0xB8                  //页指令
#define LCD_COL 0x40                   //列指令
//液晶引脚定义
sbit DI=P2^0;
sbit RW=P2^1;
sbit E=P2^2;
sbit CS1=P2^3;
sbit CS2=P2^4;
sbit RST=P2^5;

//检查LCD是否忙
bit LCD_Check_Busy()
  {
    LCD_DB_PORT=0xFF;
    RW=1;_nop_();DI=0;
    E=1;_nop_();E=0;
    return (bit)(P0 & 0X80);
  }

//向LCD发送命令
void LCD_Write_Command(uchar c)
  {
    while (LCD_Check_Busy());
    LCD_DB_PORT=0xFF;RW=0;_nop_();DI=0;
    LCD_DB_PORT=c;E=1;_nop_();E=0;
  }
//向LCD发送数据
void LCD_Write_Data(uchar d)
  {
    while (LCD_Check_Busy());
    LCD_DB_PORT=0xFF;RW=0;_nop_();DI=1;
    LCD_DB_PORT=d; E=1;_nop_();E=0;
```

```
  }

// 初始化 LCD
void LCD_Initialize()
  {
    CS1=1; CS2=1;
    LCD_Write_Command(0x38);           //8 位形式，2 行字符
    LCD_Write_Command(0x0F);           //开显示
    LCD_Write_Command(0x01);           //清屏 15
    LCD_Write_Command(0x06);           // 画面不动光标右移
    LCD_Write_Command(LCD_START_ROW);  // 设置起始行
  }

// 通用显示函数从第 P 页第 L 列开始显示 W 字节数据,数据在 r 所指向的缓冲每字节 8 位是垂直显示的,高位在下,低位在上,每个 8×128 的矩形区域为一页(每页分左半页与右半页)
// 整个 LCD 又由 64×64 的左半屏和 64×64 的右半屏构成
void Common_Show(uchar P,uchar L,uchar W,uchar * r)
  {
        uchar i;
        if(L<64)                       // 显示在左半屏或右半屏
            {
                CS1=1;CS2=0;
                LCD_Write_Command(LCD_PAGE+P);
                LCD_Write_Command(LCD_COL+L);
                if(L+W<64)             // 全部显示在左半屏
                    {
                        for(i=0;i<W;i++) LCD_Write_Data(r[i]);
                    }
                else                   // 如果越界则跨越左右半屏显示
                    {
                        for(i=0;i<64-L;i++) LCD_Write_Data(r[i]);
                                       // 左半屏显示
                        CS1=0; CS2=1;  // 右半屏显示
                        LCD_Write_Command(LCD_PAGE+P);
                        LCD_Write_Command(LCD_COL);
                        for(i=64-L;i<W;i++) LCD_Write_Data(r[i]);
                    }
            }
else                                   // 全部显示在右半屏
    {
        CS1=0;CS2=1;
        LCD_Write_Command(LCD_PAGE+P);
        LCD_Write_Command(LCD_COL+L-64);
        for(i=0;i<W;i++) LCD_Write_Data(r[i]);
```

```
    }
}

// 显示一个 8×16 点阵字符 (字符上半部分与下半部分分别处在相邻两页中)
void Display_A_Uchar(uchar P,uchar L,uchar * M)
  {
    Common_Show(P,L,8,M);
    Common_Show(P+1,L,8,M+8);
  }

// 显示一个 16×16 点阵汉字 (汉字上半部分与下半部分分别处在相邻两页中)
void Display_A_WORD(uchar P,uchar L,uchar * M)
  {
    Common_Show(P,L,16,M);              // 显示汉字上半部分
    Common_Show(P+1,L,16,M+16);         // 显示汉字下半部分
  }

// 显示一串 16×16 点阵汉字
void Display_A_WORD_String(uchar P,uchar L,uchar C,uchar * M)
  {
    uchar i;
    for(i=0;i<C;i++)
    Display_A_WORD(P,L+i*16,M+i* 32);
  }

//-------------------------------------------------------
本例中相关汉字与数字的点阵编码
//-------------------------------------------------------------
-#define uchar unsigned char
#define uint unsigned int
// 中文提示(16×16 点阵)
uchar code Word_String[][32]=
{
  {
    0x10,0x28,0xE7,0x24,0x24,0xC2,0xB2,0x8E,0x10,0x54,0x54,0xFF,0x54,
    0x7C,0x10,0x00,
    0x01,0x01,0x7F,0x21,0x51,0x24,0x18,0x27,0x48,0x89,0x89,0xFF,0x89,
    0xCD,0x48,0x00
  };
  {
    0x20,0x20,0x20,0xFE,0x22,0x22,0xAB,0x32,0x22,0x22,0x22,0xFF,0x22,
    0x30,0x20,0x00,
    0x40,0x42,0x7D,0x44,0x44,0x7C,0x44,0x45,0x44,0x7D,0x46,0x45,0x7C,
    0x40,0x40,0x00
  };
```

```
};

// 键盘数字与符号点阵(8×16 点阵)
uchar code Keyboard_Char[][16]=
  {
    {0x00,0xE0,0x10,0x08,0x08,0x10,0xE0,0x00,0x00,0x0F,0x10,0x20,0x20,
      0x10,0x0f,0x00},
    {0x00,0x00,0x00,0x00,0x80,0x60,0x18,0x04,0x00,0x60,0x18,0x60,0x01,
      0x00,0x00,0x00},
    {0x40,0x40,0x80,0xF0,0x80,0x40,0x40,0x00,0x02,0x02,0x01,0x0f,0x01,
      0x01,0x01,0x01},
    {0x00,0x00,0x00,0x00,0x00,0x00,0x00,0x00,0x00,0x01,0x01,0x01,0x01,
      0x01,0x01,0x01},
    {0x00,0x00,0x00,0xF0,0x00,0x00,0x00,0x00,0x01,0x01,0x01,0X1F,0x01,
      0x01,0x01,0x00},
    {0x40,0x40,0x40,0x40,0x40,0x40,0x40,0x40,0x00,0x04,0x04,0x04,0x04,
      0x04,0x04,0x00},
    {0x00,0x00,0x00,0x00,0x00,0x00,0x00,0x00,0x00,0x00,0x00,0x00,0x00,
      0x00,0x00,0x00},
  };

//-----------------------------------------------
// 键盘扫描程序
#include <reg51.h>
#define uchar unsigned char
#define uint unsigned int
// 扫描键盘时发送到 0～3 列上的扫描
uchar KeyboardScanCode[4]={0xEF,0xDF,0xBF,0x7F};
// 扫描键盘并返回按键在键盘上的位置序号
uchar KeyScan ()
{
    uchar Row=0,Col=0,Temp;
    EX0=0;
    // 防抖关闭
    for(Col=0;Col<4;Col++)
    // 扫描各列
        {
            P1=KeyboardScanCode[Col];
        // 输出扫描位
        Temp=P1&0x0F;
        // 读取扫描位
        if(Temp!=0x0F)
          {
            switch(Temp)
    // 判断第 i 列是否有按键按下
```

```
            {
                case 0x0E: Row=0;break;      //得到对应的行号
                case 0x0D: Row=1;break;
                case 0x0B: Row=2;break;
                case 0x07: Row=3;break;
            }
      break;
      }
  }
  P1=0x0F;
  EX0=1;
  // 重新许可按键中断
  return Row* 4+Col;
  // 返回按键位置序号 0～15
  }
```

实验仿真电路

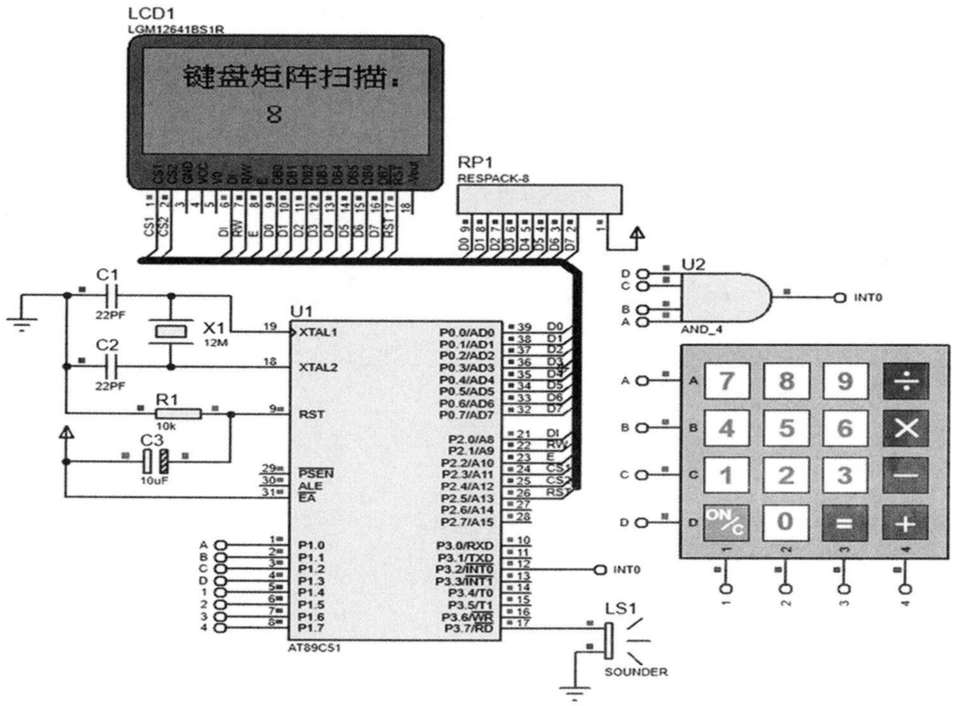

实验4 DS1302与LCD12864设计可调式中文电子日历

实验要求

利用时钟芯片完成日历的设计，利用 LCD12864 完成所有电子日历的显示，同时配合四个按键，完成时间的校准设置。

实验源程序

```
#include <reg52.h>
#include <intrins.h>
#define uchar unsigned char
#define uint unsigned int
#define LCD_DB_PORT P0                    // 液晶数据线端口 DB0～DB7
#define LCD_START_ROW 0xc0                // 起始行命令
#define LCD_PAGE 0xB8                     // 页指令
#define LCD_COL 0x40                      // 列指令
bit Reverse_Display=0;                    // 是否反相显示(白底黑字黑底白字)
// 液晶引脚定义
sbit DI=P2^0;
sbit RW=P2^1;
sbit E=P2^2;
sbit CS1=P2^3;
sbit CS2=P2^4;
sbit RST=P2^5;
/**-----------------------------------------------------------
检查 LCD 是否忙
-----------------------------------------------------------**/
bit LCD_IS_BUSY()
{
    LCD_DB_PORT=0xFF;
    RW=1;
    _nop_();
    DI=0;
    E=1;
    _nop_();
    E=0;
    return (bit)(P0&0x80);
}
/*-----------------------------------------------------------
向 LCD 写入一个字节(一般用于发送命令)
-----------------------------------------------------------*/
void Write_Byte_To_LCD(uchar command)
```

```
{
    while(LCD_IS_BUSY());
    LCD_DB_PORT=0xFF;
    RW=0;
    _nop_();
    DI=0;
    LCD_DB_PORT=command;
    E=1;
    _nop_();
    E=0;
}
/*----------------------------------------------------------
向 LCD 写入数据
----------------------------------------------------------*/
void Write_Data_To_LCD(uchar dat)
{
    while(LCD_IS_BUSY());
    LCD_DB_PORT=0xFF;
    RW=0;
    _nop_();
    DI=1;
    if(! Reverse_Display)          //根据 Reverse_Display 决定是否反显示
        LCD_DB_PORT=dat;
    else
        LCD_DB_PORT=~dat;
    E=1;
    _nop_();
    E=0;
}
/*----------------------------------------------------------
初始化 LCD
----------------------------------------------------------*/
void LCD12864_Initialization()
{
    CS1=1;
    CS2=1;
    Write_Byte_To_LCD(0x38);
    Write_Byte_To_LCD(0x0F);
    Write_Byte_To_LCD(0x01);
    Write_Byte_To_LCD(0x06);
    Write_Byte_To_LCD(LCD_START_ROW);
}
/*----------------------------------------------------------
通用显示函数从第 P 页第 L 列显示 W 个字节数据,具体显示的数据在 r 所指的数组中
----------------------------------------------------------*/
```

```
void LCD_Show(uchar P,uchar L,uchar W,uchar * r) reentrant
{
    uchar i;
    if(L<64)
    {
        CS1=1;
        CS2=0;
        Write_Byte_To_LCD(LCD_PAGE+P);
        Write_Byte_To_LCD(LCD_COL+L);
        if(L+W< 64)
        {
            for(i=0; i<W; i++)
                Write_Data_To_LCD(r[i]);
        }
        else
        {
            for(i=0; i<64-L; i++)
                Write_Data_To_LCD(r[i]);
            CS1=0;
            CS2=1;
            Write_Byte_To_LCD(LCD_PAGE+P);
            Write_Byte_To_LCD(LCD_COL);
            for(i=64-L; i<W; i++)
                Write_Data_To_LCD(r[i]);
        }
    }
    else
    {
        CS1=0;
        CS2=1;
        Write_Byte_To_LCD(LCD_PAGE+P);
        Write_Byte_To_LCD(LCD_COL+L-64);
        for(i=0; i< W; i++)
            Write_Data_To_LCD(r[i]);
    }
}
/*-----------------------------------------------------------
显示一个 8×16 点阵字符
---------------------------------------------------------*/
void Display_char(uchar P1,uchar L1,uchar * M) reentrant
{
    LCD_Show(P1,L1,8,M);
    LCD_Show(P1+1,L1,8,M+8);
}
/*-------------------------------------------------------------
```

```
显示一个 16× 16 点阵字符 (汉字上半部分与下半部分分别处在相邻两页中)
-------------------------------------------------------------------- */
void Display_Word(uchar P2,uchar L2,uchar * M) reentrant
{
    LCD_Show(P2,L2,16,M);
    LCD_Show(P2+1,L2,16,M+16);
}
```

2. DS1302 时钟程序

```
#include <reg51.h>
#include < string.h>
#include <intrins.h>
#define uchar unsigned char
#define uint unsigned int
sbit SDA=P1^0;                              //DS1302 数据线
sbit CLK=P1^1;                              //DS1302 时钟线
sbit RST=P1^2;                              //DS1302 复位线
char Adjust_Index=-1;
// 当前调节的时间对象:秒,分,时,日,月,年(0,1,2,3,4,6)
uchar MonthsDays[]={0,31,0,31,30,31,30,31,31,30,31,30,31};
// 一年中每个月的天数,二月的天数由年份决定
uchar DateTime[7];                          // 所读取的日期时间
// 函数声明
void Write_Byte_TO_DS1302(uchar X);         // 向 DS1302 写入一个字节
uchar Read_Byte_FROM_DS1302();              // 从 DS1302 中读取一个字节
uchar Read_Data_FROM_DS1302(uchar addr);    // 从 DS1302 指定位置读取数据
void Write_Data_TO_DS1302(uchar addr,uchar dat);
// 向 DS1302 指定位置写入数据
void SET_DS1302();                          // 设置时间
void GetTime();                             // 读取当前时间
uchar Is_Leapyear(uint year);               // 判断是否为闰年
//*-------- 写字节函数,向 DS1302 写入一个字节 --------*//
void Write_Byte_TO_DS1302(uchar X)          // 向 DS1302 写入一个字节
{
    uchar i;
    for(i=0; i<8; i++)
    {
        SDA=X&1;
        CLK=1;
        CLK=0;
        X>>=1;
    }
}
//*-------- 读字节函数,从 DS1302 读取一个字节 --------*//
uchar Read_Byte_FROM_DS1302()               // 从 DS1302 中读取一个字节
```

```
{
    uchar i,byte,t;
    for(i=0; i<8; i++)
    {
        byte>>=1;
        t=SDA;
        byte|=t<<7;
        CLK=1;
        CLK=0;
    }
//BCD码转换
    return byte/16*10+byte%16;
}
//-------------------------------------------------------
// 从 DS1302 指定位置读取数据
//-------------------------------------------------------
uchar Read_Data_FROM_DS1302(uchar addr)    // 从 DS1302 指定位置读取数据
{
    uchar dat;
    RST=0;
    CLK=0;
    RST=1;
    Write_Byte_TO_DS1302(addr);            // 向 DS1302 写入一个地址
    dat=Read_Byte_FROM_DS1302();           // 在上面写入的地址中读取数据
    CLK=1;
    RST=0;
    return dat;
}
//-------------------------------------------------------
向 DS1302 指定位置写入数据
//-------------------------------------------------------
void Write_Data_TO_DS1302(uchar addr,uchar dat)
// 向 DS1302 指定位置写入数据
{
    CLK=0;
    RST=1;
    Write_Byte_TO_DS1302(addr);
    Write_Byte_TO_DS1302(dat);
    CLK=1;
    RST=0;
}
//-------------------------------------------------------
设置时间
//-------------------------------------------------------
void SET_DS1302() // 设置时间
```

```
{
    uchar i;
    Write_Data_TO_DS1302(0x8E,0x00);        // 写控制字,取消写保护
// 分,时,日,月,年依次写入
    for(i=1; i<7; i++)
    {
//
        分的起始地址是 0000010(0x82),后面依次是时,日,月,周,年,写入地址每次递增 2
        Write_Data_TO_DS1302(0x80+2*i,(DateTime[i]/10<<4)|(DateTime[i]% 10));
    }
    Write_Data_TO_DS1302(0x8E,0x80);        // 写控制字,加写保护
}
//------------------------------------------------------
读取当前时间
//------------------------------------------------------
void GetTime() // 读取当前时间
{
    uchar i;
    for(i=0; i< 7; i++)
    {
        DateTime[i]=Read_Data_FROM_DS1302(0x81+2*i);
    }
}
//--------------------------------------------------------------
判断是否为闰年
//--------------------------------------------------------------
uchar Is_Leapyear(uint year)
{
    return (year%4==0&&year%100!=0)||(year%400==0);
}
//--------------------------------------------------------------
求自 2000 年 1 月 1 日开始的任何一天是星期几?
//-----------------------------------------------------------------
void Refresh_Week_Day()
{
    uint i,d,w=5;                            // 已知 1999 年 12 月 31 日是星期五
    for(i=2000; i<2000+DateTime[6]; i++)
    {
        d=Is_Leapyear(i)? 366:365;
        w=(w+d)%7;
    }
    d=0;
    for (i=1; i<DateTime[4]; i++)
    {
        d+=MonthsDays[i];
```

```
    }
    d+=DateTime[3];
// 保存星期,0~6表示星期日,星期一至星期六,为了与 DS1302 的星期格式匹配,返回值需要加 1
    DateTime[5]=(w+d)%7+1;
}
//---------------------------------------------
// 年,月,日和时,分++/--
//---------------------------------------------
void Datetime_Adjust(char X)
{
    switch(Adjust_Index)
    {
    case 6:                                    // 年调整,00~99
        if(X==1&&DateTime[6]<99)
        {
            DateTime[6]++;
        }
        if(X==-1&&DateTime[6]>0)
        {
            DateTime[6]--;
        }
//获取 2 月天数
        MonthsDays[2]=Is_Leapyear(2000+DateTime[6])? 29:28;
// 如果年份变化后当前月份的天数大于上限则设为上限
        if(DateTime[3]>MonthsDays[DateTime[4]])
        {
            DateTime[3]=MonthsDays[DateTime[4]];
        }
        Refresh_Week_Day();                    // 刷新星期
        break;
    case 4:                                    // 月调整 01~12
        if(X==1&&DateTime[4]<12)
        {
            DateTime[4]++;
        }
        if(X==-1&&DateTime[4]>1)
        {
            DateTime[4]--;
        }
// 获取 2 月天数
        MonthsDays[2]=Is_Leapyear(2000+DateTime[6])? 29:28;
// 如果年份变化后当前月份的天数大于上限则设为上限
        if(DateTime[3]> MonthsDays[DateTime[4]])
        {
```

```
            DateTime[3]=MonthsDays[DateTime[4]];
        }
        Refresh_Week_Day();                 // 刷新星期
        break;
    case 3: // 日调整 00～28 或 00～29 或 00～30 或 00～31
// 调节之前首先根据当前年份得出该年中 2 月的天数
        MonthsDays[2]=Is_Leapyear(2000+DateTime[6])? 29:28;
// 根据当前月份决定调节日期的上限
        if(X==1&&DateTime[3]< MonthsDays[DateTime[4]])
        {
            DateTime[3]++;
        }
        if(X==-1&&DateTime[3]> 0)
        {
            DateTime[3]--;
        }
        Refresh_Week_Day();                 // 刷新星期
        break;
    case 2:                                 // 时调整
        if(X==1&&DateTime[2]<23)
        {
            DateTime[2]++;
        }
        if(X==-1&&DateTime[4]> 0)
        {
            DateTime[2]--;
        }
        break;
    case 1:                                 // 分调整
        if(X==1&&DateTime[1]<59)
        {
            DateTime[1]++;
        }
        if(X==-1&&DateTime[4]>0)
        {
            DateTime[1]--;
        }
        break;
    case 0:                                 // 秒调整
        if(X==1&&DateTime[1]<59)
        {
            DateTime[0]++;
        }
        if(X==-1&&DateTime[4]>0)
        {
```

```
            DateTime[0]--;
        }
        break;
    }
}
```

//--

字符汉字显示程序　与本程序有关的数字和汉字的点阵编码

//--

```
#include <reg51.h>
#include <string.h>
#include <intrins.h>
#define uchar unsigned char
#define uint unsigned int
// 年、月、日、星期、时、分、秒等汉字点阵 (16×16)
uchar code DATE_TIME_WORDS[]={
    0x40,0x20,0x10,0x0C,0xE3,0x22,0x22,0x22,0xFE,0x22,0x22,0x22,0x22,0x02,
0x00,0x00, // 年
    0x04,0x04,0x04,0x04,0x07,0x04,0x04,0x04,0xFF,0x04,0x04,0x04,0x04,0x04,
0x04,0x00,
    0x00,0x00,0x00,0x00,0x00,0xFF,0x11,0x11,0x11,0x11,0x11,0xFF,0x00,0x00,
0x00,0x00,// 月
    0x00,0x40,0x20,0x10,0x0C,0x03,0x01,0x01,0x01,0x21,0x41,0x3F,0x00,0x00,
0x00,0x00,
    0x00,0x00,0x00,0xFE,0x42,0x42,0x42,0x42,0x42,0x42,0x42,0xFE,0x00,0x00,
0x00,0x00,// 日
    0x00,0x00,0x00,0x3F,0x10,0x10,0x10,0x10,0x10,0x10,0x10,0x3F,0x00,0x00,
0x00,0x00,
    0x00,0x00,0x00,0xBE,0x2A,0x2A,0x2A,0xEA,0x2A,0x2A,0x2A,0x2A,0x3E,0x00,
0x00,0x00,// 星
    0x00,0x48,0x46,0x41,0x49,0x49,0x49,0x7F,0x49,0x49,0x49,0x49,0x49,0x41,
0x40,0x00,
    0x00,0x04,0xFF,0x54,0x54,0x54,0xFF,0x04,0x00,0xFE,0x22,0x22,0x22,0xFE,
0x00,0x00,// 期
    0x42,0x22,0x1B,0x02,0x02,0x0A,0x33,0x62,0x18,0x07,0x02,0x22,0x42,0x3F,
0x00,0x00,
    0x00,0xFC,0x44,0x44,0x44,0xFC,0x10,0x90,0x10,0x10,0x10,0xFF,0x10,0x10,
0x10,0x00,// 时
    0x00,0x07,0x04,0x04,0x04,0x07,0x00,0x00,0x03,0x40,0x80,0x7F,0x00,0x00,
0x00,0x00,
    0x80,0x40,0x20,0x98,0x87,0x82,0x80,0x80,0x83,0x84,0x98,0x30,0x60,0xC0,
0x40,0x00,// 分
    0x00,0x80,0x40,0x20,0x10,0x0F,0x00,0x00,0x20,0x40,0x3F,0x00,0x00,0x00,
0x00,0x00,
    0x12,0x12,0xD2,0xFE,0x91,0x11,0xC0,0x38,0x10,0x00,0xFF,0x00,0x08,0x10,
```

```
0x60,0x00,// 秒
    0x04, 0x03, 0x00, 0xFF, 0x00, 0x83, 0x80, 0x40, 0x40, 0x20, 0x23, 0x10, 0x08, 0x04,
0x03,0x00
};
// 一、二、三、四、五、六和天等汉字点阵 (16 ×16)
uchar code WEEK_WORDS[]={
    0x00, 0x40, 0x42, 0x42, 0x42, 0x42, 0x42, 0xFE, 0x42, 0x42, 0x42, 0x42, 0x42, 0x42,
0x40,0x00,// 天
    0x00, 0x80, 0x40, 0x20, 0x10, 0x08, 0x06, 0x01, 0x02, 0x04, 0x08, 0x10, 0x30, 0x60,
0x20,0x00,
    0x00, 0xC0, 0xC0, 0xC0, 0xC0, 0xC0, 0xC0, 0xC0, 0xC0, 0xC0, 0xC0, 0xC0, 0xC0, 0xC0,
0xC0,0x00,// 一
    0x00, 0x00, 0x00, 0x00, 0x00, 0x00, 0x00, 0x00, 0x00, 0x00, 0x00, 0x00, 0x00, 0x00,
0x00,0x00,
    0x00, 0x00, 0x04, 0x04, 0x04, 0x04, 0x04, 0x04, 0x04, 0x04, 0x04, 0x06, 0x04, 0x00,
0x00,0x00,// 二
    0x00, 0x10, 0x10, 0x10, 0x10, 0x10, 0x10, 0x10, 0x10, 0x10, 0x10, 0x10, 0x10, 0x18,
0x10,0x00,
    0x00, 0x04, 0x84, 0x84, 0x84, 0x84, 0x84, 0x84, 0x84, 0x84, 0x84, 0x84, 0x84, 0x04,
0x00,0x00,// 三
    0x00, 0x20, 0x20, 0x20, 0x20, 0x20, 0x20, 0x20, 0x20, 0x20, 0x20, 0x20, 0x20, 0x20,
0x20,0x00,
    0x00, 0xFE, 0x02, 0x02, 0x02, 0xFE, 0x02, 0x02, 0xFE, 0x02, 0x02, 0x02, 0x02, 0xFE,
0x00,0x00,// 四
    0x00, 0x7F, 0x28, 0x24, 0x23, 0x20, 0x20, 0x20, 0x21, 0x22, 0x22, 0x22, 0x22, 0x7F,
0x00,0x00,
    0x00, 0x02, 0x82, 0x82, 0x82, 0x82, 0xFE, 0x82, 0x82, 0x82, 0xC2, 0x82, 0x02, 0x00,
0x00,0x00,// 五
    0x20, 0x20, 0x20, 0x20, 0x20, 0x3F, 0x20, 0x20, 0x20, 0x20, 0x3F, 0x20, 0x20, 0x30,
0x20,0x00,
    0x10, 0x10, 0x10, 0x10, 0x10, 0x91, 0x12, 0x1E, 0x94, 0x10, 0x10, 0x10, 0x10, 0x10,
0x10,0x00,// 六
    0x00, 0x40, 0x20, 0x10, 0x0C, 0x03, 0x01, 0x00, 0x00, 0x01, 0x02, 0x0C, 0x78, 0x30,
0x00,0x00,
};
// 0～9 等数字点阵 (8×16)
uchar code Digits[]={
    0x00, 0x00, 0xF0, 0xF8, 0x08, 0x68, 0xF8, 0xF0, 0x00, 0x00, 0x07, 0x0F, 0x0B, 0x08,
0x0F,0x07, //0
    0x00, 0x20, 0x20, 0x30, 0xF8, 0xF8, 0x00, 0x00, 0x00, 0x00, 0x00, 0x00, 0x0F, 0x0F,
0x00,0x00, //1
    0x00, 0x30, 0x38, 0x08, 0x88, 0xF8, 0x70, 0x00, 0x00, 0x0C, 0x0E, 0x0B, 0x09, 0x08,
0x08,0x00, // 2
    0x00, 0x30, 0x38, 0x88, 0x88, 0xF8, 0x70, 0x00, 0x00, 0x06, 0x0E, 0x08, 0x08, 0x0F,
0x07,0x00, //3
```

```
    0x00,0x00,0xF8,0xF8,0x00,0xE0,0xE0,0x00,0x00,0x03,0x03,0x02,0x02,0x0F,
0x0F,0x02,//4
    0x00,0xF8,0xF8,0x88,0x88,0x88,0x08,0x00,0x00,0x08,0x08,0x08,0x0C,0x07,
0x03,0x00,//5
    0x00,0xC0,0xE0,0x78,0x58,0xC8,0x80,0x00,0x00,0x07,0x0F,0x08,0x08,0x0F,
0x07,0x00,//6
    0x00,0x08,0x08,0x88,0xE8,0x78,0x18,0x00,0x00,0x00,0x0E,0x0F,0x01,0x00,
0x00,0x00,//7
    0x00,0x70,0xF8,0xC8,0x88,0xF8,0x70,0x00,0x00,0x07,0x0F,0x08,0x09,0x0F,
0x07,0x00,//8
    0x00,0xF0,0xF8,0x08,0x08,0xF8,0xF0,0x00,0x00,0x00,0x09,0x0D,0x0F,0x03,
0x01,0x00,//9
};

//主程序
#include <reg51.h>
#include < string.h>
#include <intrins.h>
#define uchar unsigned char
#define uint unsigned int
extern void LCD12864_Initialization();
extern void Display_char(uchar P1,uchar L1,uchar* M) reentrant;
extern void Display_Word(uchar P2,uchar L2,uchar* M) reentrant;
extern void Datetime_Adjust(char X);
extern void SET_DS1302();                        // 设置时间
extern GetTime();
// 函数声明
void Initialization();                           // 初始化函数
extern bit Reverse_Display;                      // 是否反相显示(白底黑字/黑底白字)
extern uchar code Digits[];
extern uchar code WEEK_WORDS[];
extern uchar code Digits[];
extern uchar code DATE_TIME_WORDS[];
extern char Adjust_Index;
// 当前调节的时间对象:秒,分,时,日,月,年(0,1,2,3,4,5,6)
extern uchar MonthsDays[];                       // 一年中每个月的天数,二月的天数由年
份决定
extern uchar DateTime[7];                        // 所读取的日期时间
sbit k1=P3^4;                                    // 选择按键
sbit k2=P3^5;                                    // 加
sbit k3=P3^6;                                    // 减
sbit k4=P3^7;                                    // 确定
uchar tcount=0;
// 水平与垂直偏移
uchar H_Offset=10;
```

```
//
uchar V_page_Offset=0;
/*---------------------------------------------------
主程序
---------------------------------------------------*/
void main()
{
    Initialization();
    while(1)
    {
        if(Adjust_Index==-1) GetTime();
    }
}
void Initialization()                          //初始化函数
{
    IE=0x83;
    IP=0x01;
    IT0=0X01;
    TH0=-50000/256;                            //写入初值
    TL0=-50000% 256;                           //写入初值
    TR0=1;
    LCD12864_Initialization();                 //液晶初始化函数
//显示年的前面固定的两位作者
    Display_char(V_page_Offset,0+H_Offset,Digits+2*16);
    Display_char(V_page_Offset,8+H_Offset,Digits);
/*----------------------------------------------
    在 12864 屏幕上固定显示汉字:年月日,星期,时分秒
----------------------------------------------*/
    Display_Word(V_page_Offset,32+H_Offset,DATE_TIME_WORDS+0*32);
    Display_Word(V_page_Offset,64+H_Offset,DATE_TIME_WORDS+1*32);
    Display_Word(V_page_Offset,96+H_Offset,DATE_TIME_WORDS+2*32);
    Display_Word(V_page_Offset+3,56+H_Offset,DATE_TIME_WORDS+3*32);
    Display_Word(V_page_Offset+3,72+H_Offset,DATE_TIME_WORDS+4*32);
    Display_Word(V_page_Offset+6,32+H_Offset,DATE_TIME_WORDS+5*32);
    Display_Word(V_page_Offset+6,64+H_Offset,DATE_TIME_WORDS+6*32);
    Display_Word(V_page_Offset+6,96+H_Offset,DATE_TIME_WORDS+7*32);
}
/*------------------------------------------------------------
定时器 0 刷新 LCD 显示函数
------------------------------------------------------------*/
void T0_INT()interrupt 1
{
    TH0=-50000/256;                            //写入初值
    TL0=-50000%256;                            //写入初值
    if(++tcount!=2) return;
```

```
        tcount=0;                                    // 年(后两位)
        Reverse_Display=Adjust_Index==6;
        Display_char(V_page_Offset,16+H_Offset,Digits+DateTime[6]/10*16);
        Display_char(V_page_Offset,24+H_Offset,Digits+DateTime[6]%10*16);
    // 星期
        Reverse_Display=Adjust_Index==5;
        Display_Word(V_page_Offset+3,96+H_Offset,WEEK_WORDS+(DateTime[5]% 10-1)*32);
    // 月
        Reverse_Display=Adjust_Index==4;
        Display_char(V_page_Offset,48+H_Offset,Digits+DateTime[4]/10*16);
        Display_char(V_page_Offset,56+H_Offset,Digits+DateTime[4]%10*16);
    // 日
        Reverse_Display=Adjust_Index==3;
        Display_char(V_page_Offset,80+H_Offset,Digits+DateTime[3]/10*16);
        Display_char(V_page_Offset,88+H_Offset,Digits+DateTime[3]%10*16);
    // 时
        Reverse_Display=Adjust_Index==2;
        Display_char(V_page_Offset+6,16+H_Offset,Digits+DateTime[2]/10*16);
        Display_char(V_page_Offset+6,24+H_Offset,Digits+DateTime[2]%10*16);
    // 分
        Reverse_Display=Adjust_Index==1;
        Display_char(V_page_Offset+6,48+H_Offset,Digits+DateTime[1]/10*16);
        Display_char(V_page_Offset+6,56+H_Offset,Digits+DateTime[1]%10*16);
    // 秒
        Reverse_Display=Adjust_Index==0;
        Display_char(V_page_Offset+6,80+H_Offset,Digits+DateTime[0]/10*16);
        Display_char(V_page_Offset+6,88+H_Offset,Digits+DateTime[0]%10*16);
    }
    /*--------------------------------------------------------
    键盘中断处理函数
    --------------------------------------------------------*/
    void EX_INT0()interrupt 0
    {
        if(k1==0)
        {
            if(Adjust_Index==-1||Adjust_Index==-1)
            {
                Adjust_Index=7;
            }
            Adjust_Index--;
            if(Adjust_Index==5)
            {
                Adjust_Index=4;                      // 跳过对星期的调节
            }
        }
```

```
        else if(k2==0)                          // 加
        {
            Datetime_Adjust(1);
        }
        else if(k3==0)                          // 减
        {
            Datetime_Adjust(-1);
        }
        else if(k4==0)
        {
            SET_DS1302();
            Adjust_Index=-1;                    // 操作索引重设为-1,时间继续正常显示
        }
    }
```

实验仿真电路

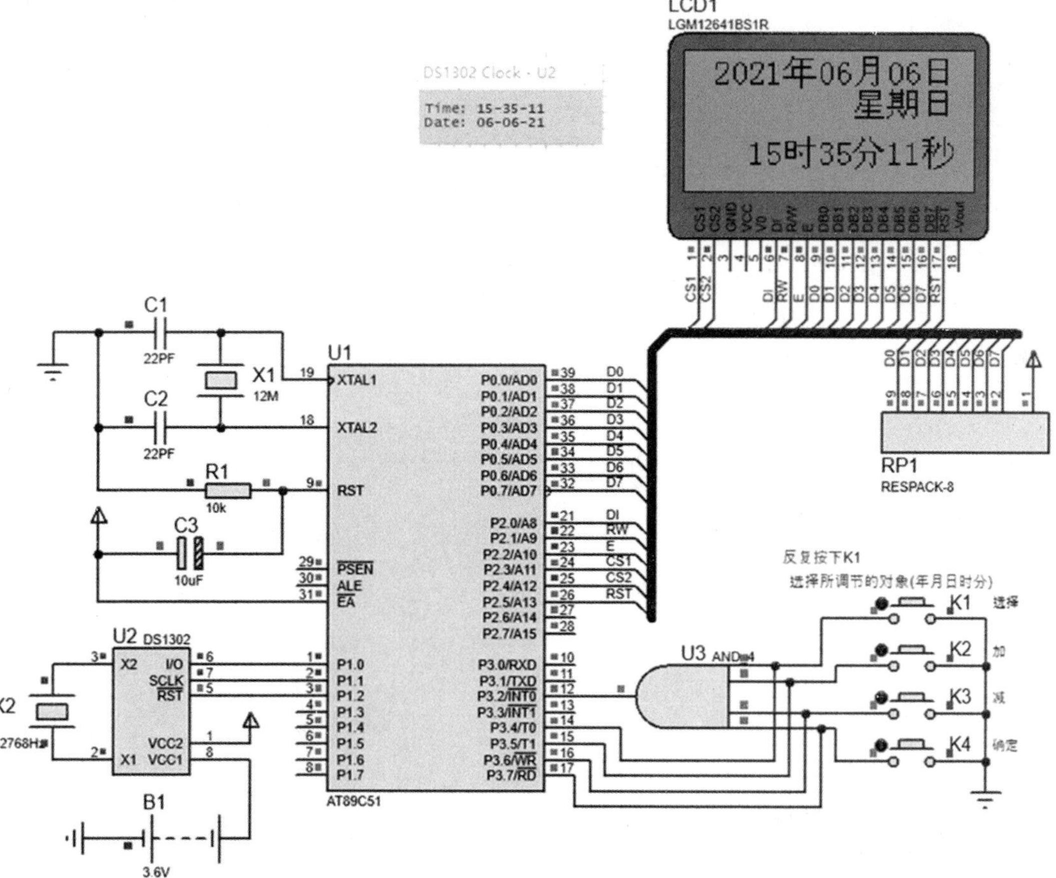

实验5　基于ADC0832双路电压表设计

实验要求

利用ADC0832完成现场采集电压的转换,并利用LCD1602完成双路的显示。

实验源程序

```
#include<reg52.h>
#include<intrins.h>
#include"define.h"
#include"delay.h"
#include"LCD1602.h"
#include"ADC0832.h"

void main()
{
    LCD_init();
    whlie(1)
    {
        for(j=0; j<2; j++)
        {
            if(j==0)
                add=0x00;
            else
                add=0x40;
            ADC_change(j);
            LCD_buffer[j][8]=dat/100+'0';
            LCD_buffer[j][10]=dat/10%10+'0';
            LCD_buffer[j][11]=dat%10+'0';
            LCD_display(add,LCD_buffer[j];
            delay(1);

        }
    }
}


#ifdef_DEFINE_H_
#define_DEFINE_H_

#define uchar unsigned char
#define uint unsigned int
sbit cs=P3^0;
```

```
sbit clk=P3^1;
sbit dio=P3^2;
sbit rs=P2^0;
sbit rw=P2^1;
sbit en=P2^2;
uint j,add,dat;
uchar LCD_buffer[][16]=
  {
    {"CH1= . V "},{"CH2= .  V "}
  };

#endif

#ifndef_LCD1602_H_
#define_LCD1602_H_

uchar LCD_check_busy()
{
    uchar state;
    rs=0;
    rw=1;
    delay(2);
    en-1;
    state=P0;
    delay(2);
    en=0;
    delay(2);
    return state;
}

void LCD_write_cmd(uchar cmd)
{
    whlie((LCD_check_busy()&0x80)==0x80);
    rs=0;
    rw=0;
    delay(2);
    en=1:
    P0=cmd;
    delay(2);
    en=0;
    delay(2);
}

void LCD_write_data(uchar data)
{
```

```
    whlie((LCD_check_busy()&0x80)==0x80);
    rs=1;
    rw=0;
    delay(2);
    en=1:
    P0=data;
    delay(2);
    en=0;
    delay(2);
}

void LCD_display(uchar add,uchar s[ ])
{
    uchar i;
    LCD_write_cmd(0x80+add);
    for(i=0; i<16; i++)
        LCD_write_data(s[j]);
}

void LCD_init( )
{
    LCD_write_cmd(0x38);
    delay(1);
    LCD_write_cmd(0x0c);
    delay(1);
    LCD_write_cmd(0x06);
    delay(1);
    LCD_write_cmd(0x01);
    delay(1);
}

#endif

#ifndef_ADC0832_H_
#define _ADC0832_H_

uchar ADC_read_data(uchar ch)
{
    uchar i,dat0=0,dat1=0;
    cs=0;
    clk=0;
    dio=1;
    delay__us();
    clk=1;
    delay_us();
```

```
    clk=0;
    dio=1;
    delay_us( );
    clk=1;
    delay_us( );
    clk=0;
    dio=ch;
    delay_us( );
    clk=1;
    delay_us( );

    clk=0;
    dio=1;
    delay_us( );

    for(i=0; i< 8; i++)
    {
        clk=1;
        delay_us();
        clk=0;
        delay_us();
        dat0=dat0< < 1|dio;
    }

    for(i=0; i<8; i++)
    {
        dat1=dat1|((uchar)(dio)< < i);
        clk=1;
        delay_us();
        clk=0;
        dealy_us();
    }
    cs=1;
    return(dat0==dat1)? dat0:0;

}

void ADC_change(uchar ch)
{
    dat= ADC_read_data(ch)*500.0/255;
    LCD_buffer[j][8]=dat/100+'0';
    LCD_buffer[j][10]=dat/10%10+'0';
    LCD_buffer[j][11]=dat%10+'0';
}
#endif
```

实验仿真电路

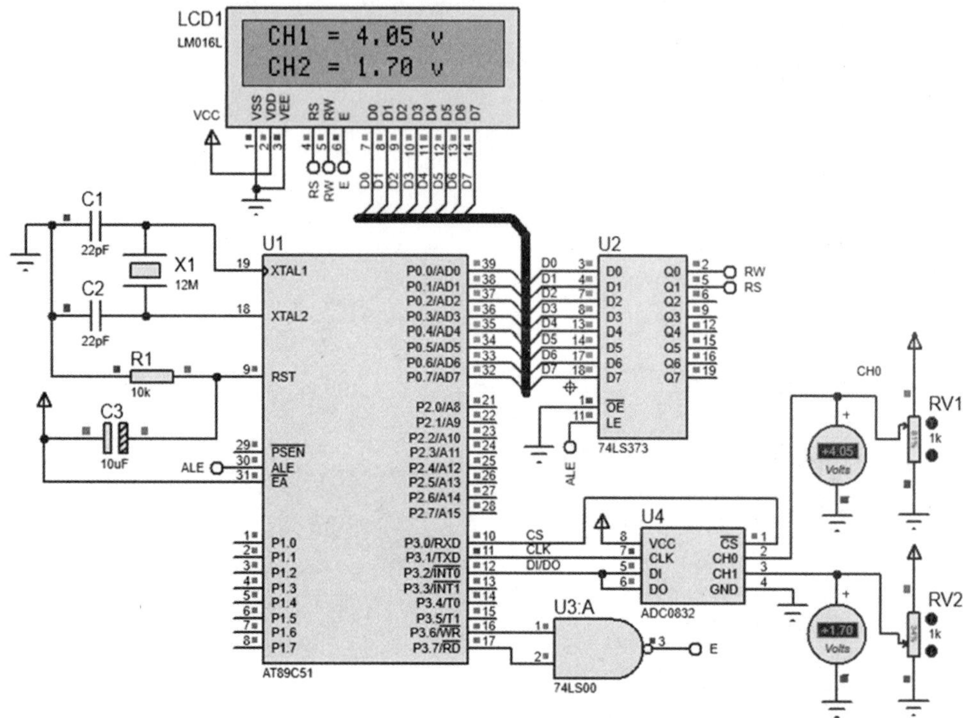
LCD1
LM016L
CH1 = 4.05 v
CH2 = 1.70 v
VCC
VSS VDD VEE RS RW E D0 D1 D2 D3 D4 D5 D6 D7
C1
22pF
X1
12M
C2
22pF
R1
10k
C3
10uF
U1
XTAL1
XTAL2
RST
PSEN
ALE
EA
P1.0 P1.1 P1.2 P1.3 P1.4 P1.5 P1.6 P1.7
P0.0/AD0 P0.1/AD1 P0.2/AD2 P0.3/AD3 P0.4/AD4 P0.5/AD5 P0.6/AD6 P0.7/AD7
P2.0/A8 P2.1/A9 P2.2/A10 P2.3/A11 P2.4/A12 P2.5/A13 P2.6/A14 P2.7/A15
P3.0/RXD P3.1/TXD P3.2/INT0 P3.3/INT1 P3.4/T0 P3.5/T1 P3.6/WR P3.7/RD
AT89C51
U2
D0 D1 D2 D3 D4 D5 D6 D7
Q0 Q1 Q2 Q3 Q4 Q5 Q6 Q7
OE
LE
74LS373
RW
RS
ALE
CS
CLK
DI/DO
U4
VCC CLK DI DO
CS CH0 CH1 GND
ADC0832
U3:A
74LS00
E
CH0
RV1
1k
+4.05
Volts
RV2
1k
+1.70
Volts

实验6 基于DS18B20与LCD1602的温度报警器设计

实验要求

利用DS18B20完成现场温度测量，利用三个按键完成显示器显示模式的选择。利用LCD1602时时显示。并利用两个LED灯完成极限温度的报警指示，同时伴随蜂鸣器报警。

实验源程序

```
#include <reg52.h>
#include<intrins.h>
#include <math.h>
#define uchar unsigned char
#define uint unsigned int
sbit RW=P2^1;                          //定义LCD的读、写选择端
sbit RS=P2^0;                          //定义LCD的数据、命令选择端
sbit EN=P2^2;                          //定义LCD的使能信号端
sbit DS=P3^3;                          //定义DS18B20的IO口
sbit L=P2^3;                           //绿灯
sbit H=P2^6;                           //红灯
sbit LS=P3^7;                          //蜂鸣器
sbit k1=P1^1;                          //显示64位的ROM
sbit k2=P1^7;                          //显示当前温度
sbit k3=P1^4;                          //显示温度上限及下线,并支持调节
uchar k=2;                             //当前温度显示标志位
uchar table0[ ]=" Current Temp : ";    //当前温度
uchar table1[ ]=" --ROM CODE-- ";      //显示DS18B20的ROM
uchar table2[ ]="ALARM TEMP Hi Lo";    //显示上下限温度
uchar table3[ ]="Hi:     Lo:      ";
uchar table4[ ]={0,0,0,0,0,0,0,0};
uchar tempHL[ ]={ 20, 1};              //上下限温度的初始值

void delayms(uint a)                   //延时函数
{
    uint i,j;
    for(i=a; i>0; i--) for(j=100; j>0; j--);
}
void writecom(uchar com)               //写地址,也就是显示的数据的位置
{
        RS=0;
        P0=com;
        EN=1;
        delayms(1);
```

```
        EN=0;
}

void writedata(uchar dat)                    //写数据,也就是显示的数据
{
        RS=1;
        P0=dat;
        EN=1;
        delayms(1);
        EN=0;
}

void init()                                  //LCD初始化
{
        RW=0;
        writecom(0x38);                      //16×2显示,5×7点阵
        writecom(0x0c);
        writecom(0x06);
        writecom(0x01);                      //清除LCD的显示内容
}

void writestring(uchar* str, uchar length)   //写数据的过度函数,length:长度
{
    uchar i;
    for(i=0; i<length; i++)
    {
      writedata(str[i]);
    }
}

void delay(uint num)                         //延时函数
{
  while(--num);
}

DS init (void)                               //初始化DS1820
{
    DS=1;                                    //DS复位
    delay(8);                                //稍做延时
    DS=0;                                    //将DS拉低
    delay(90);                               //精确延时大于480 μs
    DS=1;                                    //拉高总线
    delay(110);
    DS=1;
}

uchar read_bit(void)                         //读一位(bit)
{
```

```
    uchar i;
    DS=0;                            //将 DS 拉低开始读时间隙
    DS=1;                            // then return high
    for(i=0; i<3; i++);              // 延时 15 μs
    return(DS);                      // 返回 DS 线上的电平值
}

uchar readbyte()                     // 读取一个字节
{
    uchar i=0;
    uchar dat=0;
    for (i=0;i<8;i++)
    {                                // 读取字节,每次读取一个字节
      if(read_bit()) dat|=0x01<<i;   // 然后将其左移
      delay(4);
    }
     return (dat);
}

void write_bit(char bitval)          //写一位
{
   DS=0;                             // 将 DS 拉低开始写时间隙
   if(bitval==1)DS=1;                // 如果写 1,DS 返回高电平
   delay(5);                         // 在时间隙内保持电平值,
   DS=1;                             // delay 函数每次循环延时 16μs,因此 delay
                                        (5)=104 μs
}

void writebyte(uchar dat)            //写一个字节
{
  uchar i=0;
  uchar temp;
   for (i=0; i<8; i++)               // 写入字节, 每次写入一位
  {
     temp=dat>>i;
     temp &=0x01;
     write_bit(temp);
    }
  delay(5);
}

void sendchangecmd( )                //DS18B20? 开始获取温度并转换
{
    DSinit();                        //DS18B20 复位
    delayms(1);
    writebyte(0xcc);                 //写跳过读 ROM 指令
    writebyte(0x44);                 //写温度转换指令
}
```

```
void sendreadcmd( )                     //读取寄存器中存储的温度数据
{
    DSinit();                           //DS18B20 复位
    delayms(1);
    writebyte(0xcc);                    //写跳过读 ROM 指令
    writebyte(0xbe);                    //读取暂存器的内容
}

int gettmpvalue( )
{
    uint tmpvalue;
    float t;
    uchar low, high;
    sendreadcmd( );                     //读取寄存器中存储的温度数据
    low=readbyte( );                    //读取低八位
    high=readbyte( );                   //读取高八位
    tmpvalue=high;
    tmpvalue <<=8;                      //高八位左移八位
    tmpvalue |=low;                     //两个字节组合为 1 个字
    t=tmpvalue* 0.0625* 100;            //分辨率为 0.0625,在此将值扩大 100 倍
    return t;
}

void display(int v)                     //显示子函数
{
    uchar i;
    uchar datas[]={0, 0, 0, 0, 0, 0, 0, 0};     //定义缓存数组 datas
    uint tmp=abs(v);                    //abs 是求绝对值函数
    datas[0]=tmp%10000/1000;
    datas[1]=tmp%1000/100;
    datas[2]=tmp%100/10;
    datas[3]=tmp%10;
    datas[4]=80;                        //空格的前 30 的 ASCII 码
    datas[5]=175;                       //温度符号的前 30 的 ASCII 码
    datas[6]=19;                        //C 的前 30 的 ASCII 码
    writecom(0xc0+3);
    if(v<0)                             //当 V 小于 0 则输出负号
      {
          writestring("- ", 2);
      }
    else
      {
        writestring("+", 2);            //当 V 大于 0 则输出正号
      }
    for(i=0; i!=7; i++)
      {
        writedata('0'+ datas[i]);       //显示温度
```

```
        if(i==1)
          {
              writedata('.');          //显示温度的小数点
          }
      }
}

void Read_RomCord()                    //读取 64 位序列码
{
    unsigned char j;
    DSinit();
    writebyte(0x33);                   // 读序列码的操作
    for(j=0; j<8; j++)
       {
            table4[j]=readbyte();
       }
}

void Disp_RomCode()                    //数据转换与显示
{
   uchar j,i;
   writecom(0xc0);                     //LCD 第二行初始位置
   for(j=0;j<8;j++)
    {
      i=((table4[j]&0xf0)>>4);
      if(i>9)
          {i=i+0x37;}
    else{i=i+0x30;}
      writedata(i);                    //高位数显示
      i=(table4[j]&0x0f);
     if(i>9)
      {i=i+0x37;}
    else {i=i+0x30;}
    writedata(i);                      //低位数显示
  }
}

void lcd_display()                     //按键扫描
{
    uchar i,m;
    uchar hl[]={0, 0, 0, 0, 0};
      if(k1==0) k=1;
      if(k2==0)k=2;
      if(k3==0) k=3;
      if(tempHL[0]< =gettmpvalue()/100)
      delayms(100),LS=!LS,H=~H;
    else
      LS=1,H=1;
```

```
        if(m==1)
          {
             if(tempHL[1]>=gettmpvalue()/100)
             delayms(100),LS=!LS,L=~L;
             else
             LS=1,L=1;
        }
      switch(k)
          {
            case 1:                         //显示 64 位的 ROM
                writecom(0x01);
                writecom(0x80);
                writestring(table1, 16);
                Read_RomCord();             //读取 64 位序列码
                Disp_RomCode();             //显示 64 位序列
                delayms(750);               //温度转换时间需要 750 ms 以上
                break;
            case 2:                         //显示当前温度
                delayms(750);               //温度转换时间需要 750 ms 以上
                sendchangecmd();
                writecom(0x01);
                writecom(0x80);
                writestring(table0, 16);
                display(gettmpvalue());
                break;
            case 3:                         //显示温度上限及下限,并支持调节
                writecom(0x80);
                writestring(table2, 16);
                writecom(0xC0);
                writestring(table3, 16);
                hl[0]=tempHL[0]/10;
                hl[1]=tempHL[0]%10;
                if(m==1) hl[2]=80;
                if(m==0) hl[2]=128;
                hl[3]=tempHL[1]/10;
                hl[4]=tempHL[1]% 10;
                writecom(0xC0+4);
                for(i=0; i !=2; i++)
                    {
                        writedata('0'+hl[i]);  //显示上限温度
                    }
                        writecom(0xC0+11);
                    for(i=2; i !=5; i++)
                    {
                        writedata('0'+hl[i]);  //显示下限温度
                    }
                break;
         }
```

```
}

void main()
  {
     sendchangecmd();                    //读取寄存器中存储的温度数据
     init();                             //LCD初始化
     writecom(0x80);                     //选择 LCD 的第一行
     writestring(table0, 16);            //显示当前温度的英文字母
   while(1)
      {
        lcd_display();                   //扫描按键
   }
}
```

实验仿真电路

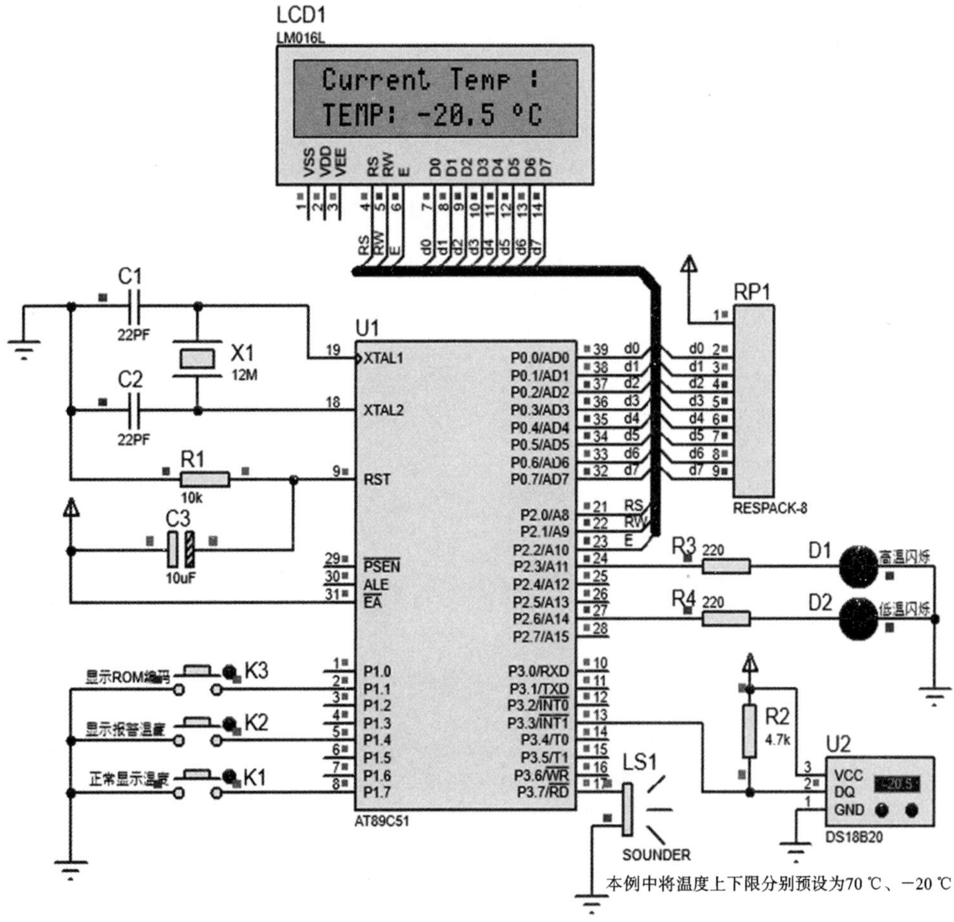

本例中将温度上下限分别预设为70 ℃、−20 ℃

实验 7 基于 IIC 通信的八音盒设计

实验要求

利用 24C04-IIC 通信技术完成简单的单音符演奏。

实验源程序

```
#include <reg52.h>
#include <intrins.h>
#define uchar unsigned char
#define uint unsigned int
#define NOP4() {_nop_();_nop_();_nop_();_nop_();}

sbit SCL=P1^0;
sbit SDA=P1^1;
sbit SPK=P3^0;

uchar code HI_LIST[]=
{
    0,226,229,232,233,236,238,240,241,242,245,246,247,248
};
uchar code LO_LIST[]=
{
    0,4,13,10,20,3,8,6,2,23,5,26,1,4,3
};
uchar code Song_24C04[]=
{
    1,2,3,1,1,2,3,1,3,4,5,3,4,5
};
uchar sidx;

void DelayMS(uint x)
{
    uchar t;
    while(x--)
    {
        for(t=120;t>0;t--);
    }
}

void Start()
{
    SDA=1;SCL=1;NOP4();SDA=0;NOP4();SCL=0;
```

```
}

void Stop()
{
    SDA=0;SCL=0;NOP4();SCL=1;NOP4();SDA=1;
}

void RACK()
{
    SDA=1;NOP4();SCL=1;NOP4();SCL=0;
}

void NO_ACK()
{
    SDA=1;SCL=1;NOP4();SCL=0;SDA=0;
}

void Write_A_Byte(uchar b)
{
    uchar i;
    for(i=0;i<8;i++)
{
        b<<=1;SDA=CY;_nop_();SCL=1;NOP4();SCL=0;
    }
    RACK();
}

void Write_IIC(uchar addr,uchar dat)
{
    Start();
    Write_A_Byte(0xa0);
    Write_A_Byte(addr);
    Write_A_Byte(dat);
    Stop();
    DelayMS(10);
}

uchar Read_A_Byte()
{
    uchar i,b;
    for(i=0;i<8;i++)
{
        SCL=1;b<<=1;B|=SDA;SCL=0;
    }
    return b;
```

```
}

uchar Read_Current()
{
    uchar d;
    Start();
    Write_A_Byte(0xa1);
    d=Read_A_Byte();
    NO_ACK();
    Stop();
    return d;
}

uchar Random_Read(uchar addr)
{
    Start();
    Write_A_Byte(0xa0);
    Write_A_Byte(addr);
    Stop();
    return Read_Current();
}

void T0_INT() interrupt 1
{
    SPK=!SPK;
    TH0=HI_LIST[sidx];
    TL0=LO_LIST[sidx];
}

void main()
{
    uchar i;
    IE=0x82;
    TMOD=0x00;
    for(i=0;i<14;i++)
    {
        Write_IIC(i,Song_24C04[i]);
    }
    while(1)
    {
        for(i=0;i<14;i++)
        {
            sidx=Random_Read(i);
            TR0=1;
            DelayMS(300);
```

```
            }
        }
    }
```

实验仿真电路

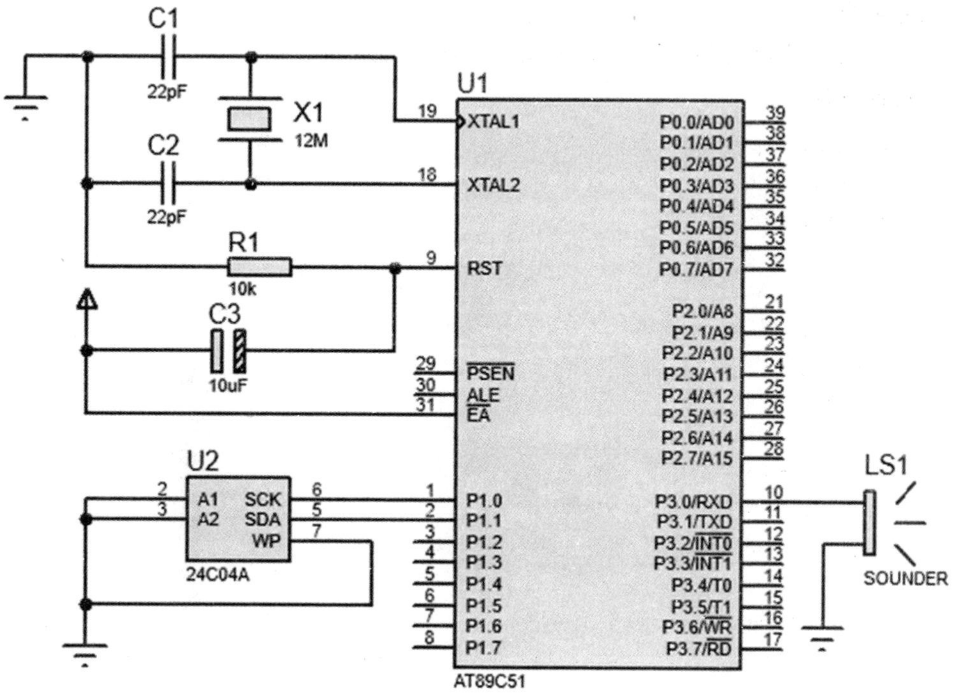
C1
22pF
X1
12M
C2
22pF
R1
10k
C3
10uF
U1
XTAL1
XTAL2
RST
PSEN
ALE
EA
P1.0
P1.1
P1.2
P1.3
P1.4
P1.5
P1.6
P1.7
P0.0/AD0
P0.1/AD1
P0.2/AD2
P0.3/AD3
P0.4/AD4
P0.5/AD5
P0.6/AD6
P0.7/AD7
P2.0/A8
P2.1/A9
P2.2/A10
P2.3/A11
P2.4/A12
P2.5/A13
P2.6/A14
P2.7/A15
P3.0/RXD
P3.1/TXD
P3.2/INT0
P3.3/INT1
P3.4/T0
P3.5/T1
P3.6/WR
P3.7/RD
AT89C51
U2
A1
A2
SCK
SDA
WP
24C04A
LS1
SOUNDER

实验8　16×16点阵屏多形式显示

实验要求

16×16动态点阵屏的设计，显示模式可以任意切换。

实验源程序

```
#include<reg52.h>
#define BLKN 4
#define TOTAL 8
#define TOTAL1 8
sbit G=P1^7;
sbit CLK=P1^6;
sbit SCLR=P1^5;
sbit S1=P2^0;
sbit S2=P2^1;
sbit S3=P2^2;
sbit S4=P2^3;
sbit S5=P2^4;

unsigned char keyval;
unsigned char idata dispram[(BLKN/2)* 32]={0};

unsigned char code Bmp[][32]=              //上移,不卑不亢不慌不忙
{
0x00,0x04,0xFF,0xFE,0x00,0x80,0x00,0x80,0x01,0x00,0x01,0x00,0x03,0x40,
0x05,0x20,
0x09,0x18,0x11,0x0C,0x21,0x04,0x41,0x00,0x01,0x00,0x01,0x00,0x01,0x00,
0x01,0x00,
0x01,0x00,0x02,0x10,0x1F,0xF8,0x11,0x10,0x11,0x10,0x1F,0xF0,0x11,0x10,
0x12,0x10,
0x1F,0xF0,0x05,0x00,0x09,0x04,0xFF,0xFE,0x01,0x00,0x01,0x00,0x01,0x00,
0x01,0x00,
0x00,0x04,0xFF,0xFE,0x00,0x80,0x00,0x80,0x01,0x00,0x01,0x00,0x03,0x40,
0x05,0x20,
0x09,0x18,0x11,0x0C,0x21,0x04,0x41,0x00,0x01,0x00,0x01,0x00,0x01,0x00,
0x01,0x00,
0x02,0x00,0x01,0x00,0x01,0x04,0xFF,0xFE,0x00,0x00,0x00,0x20,0x0F,0xF0,
0x08,0x20,
0x08,0x20,0x08,0x20,0x08,0x20,0x08,0x20,0x10,0x22,0x10,0x22,0x20,0x1E,
0x40,0x00,
0x00,0x04,0xFF,0xFE,0x00,0x80,0x00,0x80,0x01,0x00,0x01,0x00,0x03,0x40,
0x05,0x20,
```

```
0x09, 0x18, 0x11, 0x0C, 0x21, 0x04, 0x41, 0x00, 0x01, 0x00, 0x01, 0x00, 0x01, 0x00,
0x01,0x00,
0x11, 0x10, 0x11, 0x14, 0x1F, 0xFE, 0x11, 0x10, 0x58, 0x44, 0x57, 0xFE, 0x52, 0x00,
0x92,0x08,
0x13, 0xFC, 0x10, 0x00, 0x12, 0x48, 0x12, 0x48, 0x12, 0x48, 0x12, 0x4A, 0x14, 0x4A,
0x18,0x46,
0x00, 0x04, 0xFF, 0xFE, 0x00, 0x80, 0x00, 0x80, 0x01, 0x00, 0x01, 0x00, 0x03, 0x40,
0x05,0x20,
0x09, 0x18, 0x11, 0x0C, 0x21, 0x04, 0x41, 0x00, 0x01, 0x00, 0x01, 0x00, 0x01, 0x00,
0x01,0x00,
0x10, 0x80, 0x10, 0x60, 0x10, 0x20, 0x10, 0x04, 0x5F, 0xFE, 0x5A, 0x00, 0x52, 0x00,
0x92,0x00,
0x12, 0x00, 0x12, 0x00, 0x12, 0x00, 0x12, 0x00, 0x12, 0x08, 0x13, 0xFC, 0x10, 0x00,
0x10,0x00,
};
unsigned char code Bmp1[][32]=            //静态,通大
{
0x03, 0xF8, 0x40, 0x10, 0x30, 0xA0, 0x10, 0x48, 0x03, 0xFC, 0x02, 0x48, 0xF2, 0x48,
0x13,0xF8,
0x12, 0x48, 0x12, 0x48, 0x13, 0xF8, 0x12, 0x48, 0x12, 0x68, 0x2A, 0x50, 0x44, 0x06,
0x03,0xFC,
0x01, 0x00, 0x01, 0x00, 0x01, 0x00, 0x01, 0x00, 0x01, 0x04, 0xFF, 0xFE, 0x01, 0x00,
0x02,0x80,
0x02, 0x80, 0x02, 0x40, 0x04, 0x40, 0x04, 0x20, 0x08, 0x10, 0x10, 0x0E, 0x60, 0x04,
0x00,0x00,
};
unsigned char code Bmp2[][32]=            //左移,人要学会知足常乐
{
0x00, 0x08, 0x7F, 0xFC, 0x01, 0x00, 0x01, 0x00, 0x01, 0x00, 0x01, 0x00, 0x01, 0x08,
0x7F,0xFC,
0x01, 0x00, 0x01, 0x00, 0x01, 0x00, 0x01, 0x00, 0x01, 0x00, 0x01, 0x04, 0xFF, 0xFE,
0x00,0x00,
0x00, 0x00, 0x17, 0xFE, 0xFC, 0x02, 0x28, 0xA4, 0x21, 0x18, 0x22, 0x08, 0xF8, 0x40,
0x20,0x44,
0x2F, 0xFE, 0x20, 0x40, 0x20, 0xE0, 0x39, 0x50, 0xE2, 0x48, 0x44, 0x4E, 0x08, 0x44,
0x00,0x40,
0x01, 0x00, 0x01, 0x08, 0x7F, 0xFC, 0x01, 0x10, 0x1F, 0xF8, 0x10, 0x10, 0x1F, 0xF0,
0x10,0x10,
0x1F, 0xF0, 0x10, 0x10, 0x1F, 0xF0, 0x10, 0x14, 0xFF, 0xFE, 0x08, 0x20, 0x10, 0x18,
0x20,0x08,
0x08, 0x20, 0x08, 0x20, 0x48, 0x24, 0x49, 0xFE, 0x49, 0x24, 0x49, 0x24, 0x49, 0x24,
0x49,0x24,
0x49, 0x24, 0x49, 0x24, 0x49, 0x24, 0x09, 0x24, 0x11, 0x34, 0x11, 0x28, 0x20, 0x20,
0x40,0x20,
0x00, 0x08, 0x7F, 0xFC, 0x01, 0x00, 0x01, 0x00, 0x01, 0x00, 0x01, 0x00, 0x01, 0x08,
```

```
0x7F,0xFC,
0x01, 0x00, 0x01, 0x00, 0x01, 0x00, 0x01, 0x00, 0x01, 0x00, 0x01, 0x04, 0xFF, 0xFE,
0x00,0x00,
0x00, 0x00, 0x17, 0xFE, 0xFC, 0x02, 0x28, 0xA4, 0x21, 0x18, 0x22, 0x08, 0xF8, 0x40,
0x20,0x44,
0x2F, 0xFE, 0x20, 0x40, 0x20, 0xE0, 0x39, 0x50, 0xE2, 0x48, 0x44, 0x4E, 0x08, 0x44,
0x00,0x40,
0x01, 0x00, 0x01, 0x08, 0x7F, 0xFC, 0x01, 0x10, 0x1F, 0xF8, 0x10, 0x10, 0x1F, 0xF0,
0x10,0x10,
0x1F, 0xF0, 0x10, 0x10, 0x1F, 0xF0, 0x10, 0x14, 0xFF, 0xFE, 0x08, 0x20, 0x10, 0x18,
0x20,0x08,
0x08, 0x20, 0x08, 0x20, 0x48, 0x24, 0x49, 0xFE, 0x49, 0x24, 0x49, 0x24, 0x49, 0x24,
0x49,0x24,
0x49, 0x24, 0x49, 0x24, 0x49, 0x24, 0x09, 0x24, 0x11, 0x34, 0x11, 0x28, 0x20, 0x20,
0x40,0x20,
};
unsigned char code Bmp3[][32]=              //特殊,再见了
{
0x00, 0x08, 0x7F, 0xFC, 0x01, 0x00, 0x01, 0x10, 0x1F, 0xF8, 0x11, 0x10, 0x11, 0x10,
0x1F,0xF0,
0x11, 0x10, 0x11, 0x14, 0xFF, 0xFE, 0x10, 0x10, 0x10, 0x10, 0x10, 0x10, 0x10, 0x50,
0x10,0x20,
0x00, 0x10, 0x1F, 0xF8, 0x10, 0x10, 0x11, 0x10, 0x11, 0x10, 0x11, 0x10, 0x11, 0x10,
0x11,0x10,
0x11, 0x10, 0x12, 0x10, 0x12, 0x90, 0x04, 0x80, 0x04, 0x82, 0x08, 0x82, 0x30, 0x7E,
0xC0,0x00,
0x00, 0x00, 0x00, 0x7F, 0x00, 0x00, 0x00, 0x00, 0x00, 0x00, 0x00, 0x01, 0x00, 0x01,
0x00,0x01,
0x00, 0x01, 0x00, 0x01, 0x00, 0x01, 0x00, 0x01, 0x00, 0x01, 0x00, 0x01, 0x00, 0x05,
0x00,0x02,
0x00, 0x00, 0xF8, 0x00, 0x10, 0x00, 0x20, 0x00, 0x40, 0x00, 0x80, 0x00, 0x00, 0x00,
0x00,0x00,
0x00, 0x00, 0x00, 0x00, 0x00, 0x00, 0x00, 0x00, 0x00, 0x00, 0x00, 0x00, 0x00, 0x00,
0x00,0x00,
};
unsigned char code Bmp4[][32]=              //下移,人要学会知足常乐
{
0x01, 0x00, 0x01, 0x00, 0x01, 0x00, 0x01, 0x00, 0x01, 0x00, 0x01, 0x00, 0x01, 0x00,
0x02,0x80,
0x02, 0x80, 0x02, 0x80, 0x04, 0x40, 0x04, 0x40, 0x08, 0x20, 0x10, 0x10, 0x20, 0x0E,
0x40,0x04,
0x00, 0x08, 0x7F, 0xFC, 0x04, 0x40, 0x3F, 0xF8, 0x24, 0x48, 0x24, 0x48, 0x3F, 0xF8,
0x02,0x00,
0x02, 0x04, 0xFF, 0xFE, 0x04, 0x20, 0x08, 0x20, 0x06, 0x40, 0x01, 0x80, 0x06, 0x60,
0x38,0x10,
```

```
0x22, 0x08, 0x11, 0x08, 0x11, 0x10, 0x00, 0x20, 0x7F, 0xFE, 0x40, 0x02, 0x80, 0x04,
0x1F,0xE0,
0x00, 0x40, 0x01, 0x84, 0xFF, 0xFE, 0x01, 0x00, 0x01, 0x00, 0x01, 0x00, 0x05, 0x00,
0x02,0x00,
0x01, 0x00, 0x01, 0x00, 0x02, 0x80, 0x04, 0x40, 0x08, 0x20, 0x10, 0x10, 0x2F, 0xEE,
0xC0,0x04,
0x00, 0x10, 0x3F, 0xF8, 0x02, 0x00, 0x02, 0x00, 0x04, 0x40, 0x08, 0x20, 0x1F, 0xF0,
0x00,0x10,
0x20, 0x00, 0x20, 0x00, 0x22, 0x04, 0x3F, 0x7E, 0x28, 0x44, 0x48, 0x44, 0x88, 0x44,
0x09,0x44,
0xFF, 0xC4, 0x08, 0x44, 0x08, 0x44, 0x14, 0x44, 0x12, 0x44, 0x22, 0x7C, 0x40, 0x44,
0x80,0x00,
0x00, 0x10, 0x1F, 0xF8, 0x10, 0x10, 0x10, 0x10, 0x10, 0x10, 0x10, 0x10, 0x1F, 0xF0,
0x11,0x10,
0x01, 0x00, 0x11, 0x10, 0x11, 0xF8, 0x11, 0x00, 0x11, 0x00, 0x29, 0x06, 0x47, 0xFC,
0x80,0x00,
0x01, 0x00, 0x11, 0x10, 0x09, 0x20, 0x7F, 0xFE, 0x40, 0x02, 0x8F, 0xE4, 0x08, 0x20,
0x0F,0xE0,
0x01, 0x10, 0x1F, 0xF8, 0x11, 0x10, 0x11, 0x10, 0x11, 0x10, 0x11, 0x50, 0x01, 0x20,
0x01,0x00,
0x00, 0x20, 0x00, 0xF0, 0x1F, 0x00, 0x10, 0x00, 0x11, 0x00, 0x11, 0x00, 0x21, 0x04,
0x7F,0xFE,
0x01, 0x00, 0x01, 0x00, 0x09, 0x20, 0x09, 0x10, 0x11, 0x08, 0x21, 0x0C, 0x45, 0x04,
0x02,0x00,
};


/*************延时 1 ms**************/
void delay(unsigned int dt)
{
    register unsigned char bt;
    for(;dt;dt--)
    for(bt=0;bt<250;bt++);
}


/**********按键去抖********/
void delay20ms(void)
{
    unsigned char i,j;
    for(i=0;i<100;i++)
    for(j=0;j<60;j++);
}
```

```
/***********上移****************/
void fun1()
{
    register unsigned char i,j,k,q;
    for(i=0;i<32;i++)
    {
        for(q=0;q<BLKN/2;q++)
        {
            dispram[i+ q* 32]=0x00;
        }
        if(i%2)delay(1);
    }
    for(i=0;i<TOTAL*2/BLKN;i++)
    {
        for(j=0;j<16;j++)
        {
            for(k=0;k<15;k++)
            {
                for(q=0;q<BLKN/2;q++)
                {
                    dispram[k*2+q* 32]=dispram[(k+1)*2+q*32];
                    dispram[k*2+1+q*32]=dispram[(k+1)*2+1+q*32];
                }
            }
            for(q=0;q<BLKN/2;q++)
            {
                dispram[30+q*32]=Bmp[q+i*BLKN/2][j*2];
                dispram[31+q*32]=Bmp[q+i*BLKN/2][j*2+1];
            }
            delay(60);
        }
    delay(250);
    }

    for(i=0;i<32;i++)DW  //下联
    {
        for(q=0;q<BLKN/2;q++)
        {
        dispram[i+q*32]=0x00;
        }
        if(i%2)delay(60);
    }
    delay(250);
}
```

```
void ledup(void)
{
    while(1)
    {
        fun1();
    }
}


/**********下移**************/
void fun2()
{
    register unsigned char i,q,w;
    for(i=0;i<32;i++)
    {
        for(q=0;q<BLKN/2;q++)
        {
            dispram[i+q*32]=0x00;
        }
        if(i%2)delay(1);
    }
    for(w=0;w<TOTAL*2/BLKN;w++)
    {
        for(i=0;i<32;i++)
        {
            for(q=0;q<BLKN/2;q++)
            {
                dispram[i+q*32]=Bmp4[q+w*BLKN/2][i];
            }
            if(i%2)delay(60);
        }
        delay(250);
    }

    for(i=0;i<32;i++)                    //下联
    {
        for(q=0;q<BLKN/2;q++)
        {
            dispram[i+q*32]=0x00;
        }
        if(i%2)delay(60);
    }
    delay(250);
}
```

```
void leddown(void)
{
    while(1)
    {
        fun2();
    }
}


/*********** 左移****************/
void fun3()
{
    register unsigned char i,j,k,l,q;
    for(i=0;i<32;i++)
    {
        for(q=0;q<BLKN/2;q++)
        {
            dispram[i+q*32]=0x00;
        }
        if(i%2)delay(1);
    }
    for(i=0;i<TOTAL1;i++)
    {
        for(j=0;j<2;j++)
        for(k=0;k<8;k++)
        {
            for(l=0;l<16;l++)
            {
                for(q=0;q<BLKN/2;q++)
                {
                    dispram[l*2+q*32]=dispram[l*2+q*32]<<1|dispram[l*2+1+
q*32]>>7;
                    if(q==BLKN/2-1)
    dispram[l*2+1+q*32]=dispram[l*2+1+q*32]<<1|Bmp2[i][l*2+j]>>(7-k);
                    else
    dispram[l*2+1+q*32]=dispram[l*2+1+q*32]<<1|dispram[l*2+(q+1)*32]>>7;
                }
            }
            delay(10);
        }
    }
    delay(1);

    for(i=0;i<32;i++)                    //下联
    {
```

```
        for(q=0;q<BLKN/2;q++)
        {
            dispram[i+q*32]=0x00;
        }
        if(i%2)delay(10);
    }
    delay(10);
}

void ledleft(void)
{
    while(1)
    {
        fun3();
    }
}


/***********特殊******************/
void fun4()
{
    register unsigned char i,q,w;
    for(i=0;i<32;i++)
    {
        for(q=0;q<BLKN/2;q++)
        {
            dispram[i+q*32]=0x00;
        }
        if(i%2)delay(1);
    }
    for(i=0;i<32;i++)
    {
        for(q=0,w=2;q<1,w<3;q++,w++)
        {
            dispram[i+q*32]=Bmp3[0][i];
            dispram[i+w*32]=Bmp3[0][i];
        }
        if(i%2)delay(40);
    }
    for(i=0;i<32;i++)
    {
        for(q=1,w=3;q<2,w<4;q++,w++)
            {
            dispram[i+q*32]=Bmp3[1][i];
            dispram[i+w*32]=Bmp3[1][i];
```

```
        }
        if(i%2)delay(60);
    }
    for(i=0;i<32;i++)
    {
        for(q=0;q<1;q++)
        {
            dispram[i+q*32]=Bmp3[2][i];
            dispram[i+w*32]=Bmp3[2][i];
        }
        for(q=1;q<2;q++)
        {
            dispram[i+q*32]=Bmp3[3][i];
            dispram[i+w*32]=Bmp3[3][i];
        }
        if(i%2)delay(60);
    }
    delay(250);

    for(i=0;i<32;i++)                    //下联
    {
        for(q=0;q<BLKN/2;q++)
        {
            dispram[i+q*32]=0xff;
        }
        if(i%2)delay(60);
    }
    delay(250);
}

void ledflash(void)
{
    while(1)
    {
        fun4();
    }
}

/***********特殊*******************/
void ledorder(void)
{
    while(1)
    {
        fun1();
        fun2();
```

```
        fun3();
        fun4();
    }
}

/**********键盘扫描程序************/
void key_scan(void)
{
    if((P2&0xff)!=0xf0)
    {
        delay20ms();
        if(S1==0)
        keyval=1;
        if(S2==0)
        keyval=2;
        if(S3==0)
        keyval=3;
        if(S4==0)
        keyval=4;
        if(S5==0)
        keyval=5;
    }
}


/***********主函数**********/
void main(void)
{
    register unsigned char i,q;
    SCON=0X00;
    TMOD=0X01;
    TR0=1;
    P1=0x3f;
    ET0=1;
    EA=1;
    keyval=0;


    while(1)
    {
            for(i=0;i<32;i++)
            {
                for(q=0;q<BLKN/2;q++)
                {
                    dispram[i+q*32]=Bmp1[q][i];
```

```
                }
            }

        key_scan();
        switch(keyval)
        {
            case 1:ledup();
            break;
            case 2:leddown();
            break;
            case 3:ledleft();
            break;
            case 4:ledflash();
            break;
            case 5:ledorder();
            break;
        }
    }
}

/**********显示屏扫描函数******************/
void leddisplay(void)interrupt 1 using 1
{
    register unsigned char m,n=BLKN;
    TH0=0xFc;
    TL0=0x18;
    m=P1;
    m=++m&0x0f;
    do
    {
        n--;
        SBUF=dispram[m*2+(n/2)*30+n];
        while(!TI);
        TI=0;
    }
    while(n);
    G=1;
    P1&=0xf0;
    CLK=1;
    P1|=m;
    CLK=0;
    G=0;
}
```

实验仿真电路

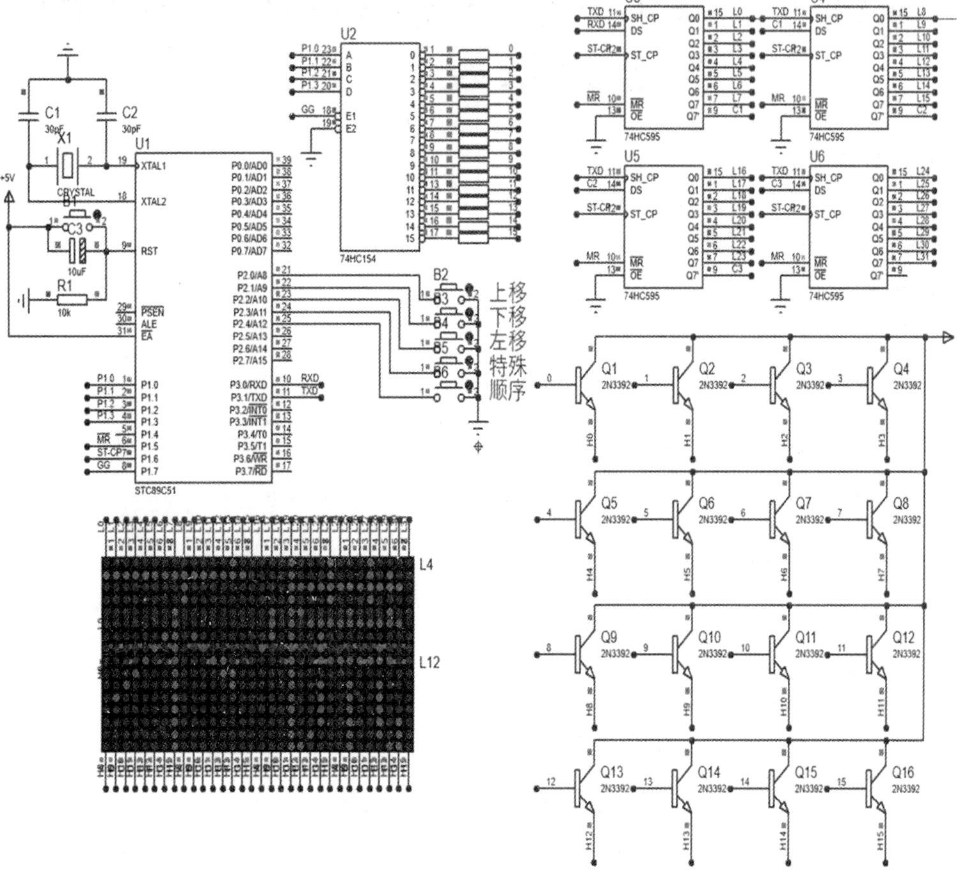

U1
STC89C51
U2
74HC154
U5
U6
74HC595
C1
C2
X1
CRYSTAL
C3
10uF
R1
10k
B1
B2
B3
B4
B5
B6
上移
下移
左移
特殊
顺序
L4
L12
Q1
Q2
Q3
Q4
Q5
Q6
Q7
Q8
Q9
Q10
Q11
Q12
Q13
Q14
Q15
Q16
2N3392
+5V

实验9 基于89C51和PG160128A的射击游戏设计

实验要求

利用单片机完成游戏设计，利用LCD160128完成游戏界面的显示，利用4个按键完成游戏控制手柄的设计，同时加入声效。

实验源程序

```
#include <intrins.h>
#include <string.h>
#include <stdlib.h>
#include <stdio.h>
#include <lcd_160128.h>

extern uchar LCD_Initialise();
extern uchar LCD_Write_Command(uchar cmd);
extern uchar LCD_Write_Command_P1(uchar cmd,uchar paral);
extern uchar LCD_Write_Command_P2(uchar cmd,uchar paral,uchar para2);
extern uchar LCD_Write_Data(uchar dat);
extern void Set_LCD_POS(uchar row,uchar col) reentrant;
extern void Line(uchar x1,uchar y1,uchar x2,uchar y2,uchar Mode)
reentrant;//以上程序在中断中也有用到，所以定义为可重入函数
extern void Draw_Image(uchar * G_Buffer,uchar Start_Row,uchar
Start_Col)reentrant;
extern void Display_Str_at_xy(uchar x,uchar y,char * Buffer,uchar wb)
reentrant;
extern void cls();
void Show_Score_and_Bullet() reentrant;

sbit K1=P1^4;
sbit K2=P1^5;
sbit K3=P1^6;
sbit K4=P1^7;
sbit BEEP=P1^0;
code uchar const Game_Surface[]=
{160,110,
0x00, 0x00, 0x00, 0x00, 0x00, 0x00, 0x00, 0x00, 0x00, 0x00, 0x00, 0x00, 0x00, 0x00,
0x00,0x00,
0x00, 0x00, 0x00, 0x00, 0x00, 0x00, 0x00, 0x00, 0x00, 0x00, 0x00, 0x00, 0x00, 0x00,
0x00,0x00,
0x00, 0x00, 0x00, 0x00, 0x00, 0x00, 0x00, 0x00, 0x00, 0x00, 0x00, 0x00, 0x00, 0x00,
0x00,0x00,
```

```
0x00, 0x00, 0x00, 0x00, 0x00, 0x00, 0x00, 0x00, 0x00, 0x00, 0x00, 0x00, 0x00, 0x0F,
0xFC,0x00,
0x00, 0x00, 0x00, 0x00, 0x00, 0x00, 0x00, 0x00, 0x00, 0x00, 0x00, 0x00, 0x00, 0x00,
0x00,0x00,
0x0E, 0x1F, 0xFC, 0x00, 0x00, 0x00, 0x00, 0x00, 0x00, 0x00, 0x00, 0x00, 0x00, 0x00,
0x00,0x00,
0x00, 0x00, 0x00, 0x00, 0x7F, 0xDF, 0xFC, 0x00, 0x00, 0x00, 0x00, 0x00, 0x00, 0x00,
0x00,0x00,
0x00, 0x00, 0x00, 0x00, 0x00, 0x00, 0x00, 0x00, 0x7F, 0xFF, 0xFC, 0x00, 0x00, 0x00,
0x00,0x00,
0x00, 0x00, 0x00, 0x00, 0x00, 0x00, 0x00, 0x00, 0x00, 0x00, 0x00, 0x00, 0x7F, 0xFF,
0xFC,0x00,
0x00, 0x00, 0x00, 0x00, 0x00, 0x00, 0x00, 0x00, 0x00, 0x00, 0x00, 0x00, 0x00, 0x00,
0x00,0x00,
0x1F, 0xFF, 0xFC, 0x00, 0x00, 0x00, 0x00, 0x00, 0x00, 0x00, 0x00, 0x00, 0x00, 0x00,
0x00,0x00,
0x00, 0x00, 0x00, 0x00, 0x03, 0xFF, 0xFC, 0x00, 0x00, 0x00, 0x00, 0x00, 0x00, 0x00,
0x00,0x00,
0x00, 0x00, 0x00, 0x00, 0x00, 0x00, 0x00, 0x00, 0x40, 0x7F, 0xFF, 0x80, 0x00, 0x00,
0x00,0x00,
0x00, 0x00, 0x00, 0x00, 0x00, 0x00, 0x00, 0x00, 0x00, 0x00, 0x00, 0x00, 0x78, 0xFF,
0xFF,0xE0,
0x00, 0x00, 0x00, 0x00, 0x00, 0x00, 0x00, 0x00, 0x00, 0x00, 0x00, 0x00, 0x00, 0x00,
0x00,0x00,
0x7F, 0xFF, 0xFF, 0xFC, 0x00, 0x00, 0x00, 0x00, 0x00, 0x00, 0x00, 0x00, 0x00, 0x00,
0x00,0x00,
0x00, 0x00, 0x00, 0x00, 0x7F, 0xFF, 0x7F, 0xFF, 0x80, 0x00, 0x00, 0x00, 0x00, 0x00,
0x00,0x00,
0x00, 0x00, 0x00, 0x00, 0x00, 0x00, 0x00, 0x00, 0x7F, 0xFE, 0x7F, 0xFF, 0xF0, 0x00,
0x00,0x00,
0x00, 0x00, 0x00, 0x00, 0x00, 0x00, 0x00, 0x00, 0x00, 0x00, 0x00, 0x00, 0x7F, 0xFF,
0xFC,0xFF,
0xFE, 0x00, 0x00, 0x00, 0x00, 0x00, 0x00, 0x00, 0x00, 0x00, 0x00, 0x00, 0x00, 0x00,
0x00,0x00,
0x0F, 0xFF, 0xFC, 0x3F, 0xFF, 0xC0, 0x00, 0x00, 0x00, 0x00, 0x00, 0x00, 0x00, 0x00,
0x00,0x00,
0x00, 0x00, 0x00, 0x00, 0x01, 0xFF, 0xFC, 0x07, 0xFF, 0xF8, 0x00, 0x00, 0x00, 0x00,
0x00,0x00,
0x00, 0x00, 0x00, 0x00, 0x00, 0x00, 0x00, 0x00, 0x00, 0x3F, 0xFF, 0x80, 0xFF, 0xFF,
0x00,0x00,
0x00, 0x00, 0x00, 0x00, 0x00, 0x00, 0x00, 0x00, 0x00, 0x00, 0x00, 0x00, 0x00, 0x07,
0xFF,0xF0,
0x1F, 0xFF, 0xE0, 0x00, 0x00, 0x00, 0x00, 0x00, 0x00, 0x00, 0x00, 0x00, 0x00, 0x00,
0x00,0x00,
0x00, 0x00, 0xFF, 0xFE, 0x03, 0xFF, 0xF8, 0x00, 0x00, 0x00, 0x00, 0x00, 0x00, 0x00,
```

```
0x00,0x00,
0x00, 0x00, 0x00, 0x00, 0x00, 0x00, 0x1F, 0xFF, 0xC0, 0x7F, 0xFF, 0x00, 0x00, 0x00,
0x00,0x00,
0x00, 0x00, 0x00, 0x00, 0x00, 0x00, 0x00, 0x00, 0x00, 0x00, 0x07, 0xFF, 0xF8, 0x0F,
0xFF,0xE0,
0x00, 0x00, 0x00, 0x00, 0x00, 0x00, 0x00, 0x00, 0x00, 0x00, 0x00, 0x00, 0x00, 0x00,
0x00,0xFF,
0xFF, 0x01, 0xFF, 0xFC, 0x00, 0x00, 0x00, 0x00, 0x00, 0x00, 0x00, 0x00, 0x00, 0x00,
0x00,0x00,
0x00, 0x00, 0x00, 0x1F, 0xFF, 0xE0, 0x3F, 0xFF, 0x80, 0x00, 0x00, 0x00, 0x00, 0x00,
0x00,0x00,
0x00, 0x00, 0x00, 0x00, 0x00, 0x00, 0x00, 0x03, 0xFF, 0xFC, 0x0F, 0xFF, 0xF0, 0x00,
0x00,0x00,
0x00, 0x00, 0x00, 0x00, 0x00, 0x00, 0x00, 0x00, 0x00, 0x00, 0x00, 0x00, 0x7F, 0xFF,
0x01,0xFF,
0xFE, 0x00, 0x00, 0x00, 0x00, 0x00, 0x00, 0x00, 0x00, 0x00, 0x00, 0x00, 0x00, 0x00,
0x00,0x00,
0x0F, 0xFF, 0xE0, 0x3F, 0xFF, 0xC0, 0x00, 0x00, 0x00, 0x00, 0x00, 0x00, 0x00, 0x00,
0x00,0x00,
0x00, 0x00, 0x00, 0x00, 0x01, 0xFF, 0xFC, 0x07, 0xFF, 0xF0, 0x00, 0x00, 0x00, 0x00,
0x00,0x00,
0x00, 0x00, 0x00, 0x00, 0x00, 0x00, 0x00, 0x00, 0x00, 0x3F, 0xFF, 0x80, 0xFF, 0xFE,
0x00,0x00,
0x00, 0x00, 0x00, 0x00, 0x00, 0x00, 0x00, 0x00, 0x00, 0x00, 0x00, 0x00, 0x00, 0x07,
0xFF,0xF0,
0x1F, 0xFF, 0xC0, 0x00, 0x00, 0x00, 0x00, 0x00, 0x00, 0x00, 0x00, 0x00, 0x00, 0x00,
0x00,0x00,
0x00, 0x01, 0xFF, 0xFE, 0x03, 0xFF, 0xF8, 0x00, 0x00, 0x00, 0x00, 0x00, 0x00, 0x00,
0x00,0x00,
0x00, 0x00, 0x00, 0x00, 0x00, 0x00, 0x3F, 0xFF, 0xC0, 0x7F, 0xFF, 0x00, 0x00, 0x00,
0x00,0x00,
0x00, 0x00, 0x00, 0x00, 0x00, 0x00, 0x00, 0x00, 0x00, 0x00, 0x07, 0xFF, 0xF8, 0x0F,
0xFF,0xC0,
0x00, 0x00, 0x00, 0x00, 0x00, 0x00, 0x00, 0x00, 0x00, 0x00, 0x00, 0x00, 0x00, 0x00,
0x00,0xFF,
0xFE, 0x03, 0xFF, 0xF8, 0x00, 0x00, 0x00, 0x00, 0x00, 0x00, 0x00, 0x00, 0x00, 0x00,
0x00,0x00,
0x00, 0x00, 0x00, 0x1F, 0xFF, 0xC0, 0x7F, 0xFF, 0x00, 0x00, 0x00, 0x00, 0x00, 0x00,
0x00,0x00,
0x00, 0x00, 0x00, 0x00, 0x00, 0x00, 0x00, 0x03, 0xFF, 0xF0, 0x0F, 0xFF, 0xE0, 0x00,
0x00,0x00,
0x00, 0x00, 0x00, 0x00, 0x00, 0x00, 0x00, 0x00, 0x00, 0x00, 0x00, 0x00, 0x7F, 0xFE,
0x01,0xFF,
0xFC, 0x00, 0x00, 0x00, 0x00, 0x00, 0x00, 0x00, 0x00, 0x00, 0x00, 0x00, 0x00, 0x00,
0x00,0x00,
```

```
0x0F, 0xFF, 0xC0, 0x7F, 0xFF, 0x80, 0x00, 0x00, 0x00, 0x00, 0x00, 0x00, 0x00, 0x00,
0x00,0x00,
0x00, 0x00, 0x00, 0x00, 0x03, 0xFF, 0xF8, 0x0F, 0xFF, 0xF0, 0x00, 0x00, 0x00, 0x00,
0x00,0x00,
0x00, 0x00, 0x00, 0x00, 0x00, 0x00, 0x00, 0x00, 0x00, 0x7F, 0xFF, 0x01, 0xFF, 0xFE,
0x00,0x00,
0x00, 0x00, 0x00, 0x00, 0x00, 0x00, 0x00, 0x00, 0x00, 0x00, 0x00, 0x00, 0x00, 0x0F,
0xFF,0xE0,
0x3F, 0xFF, 0xC0, 0x00, 0x00, 0x00, 0x00, 0x00, 0x00, 0x00, 0x00, 0x00, 0x00, 0x00,
0x00,0x00,
0x00, 0x03, 0xFF, 0xFC, 0x07, 0xFF, 0xF8, 0x00, 0x00, 0x00, 0x00, 0x00, 0x00, 0x00,
0x00,0x00,
0x00, 0x00, 0x00, 0x00, 0x00, 0x00, 0x7F, 0xFF, 0x83, 0xFF, 0xFF, 0xFC, 0x00, 0x00,
0x00,0x00,
0x00, 0x00, 0x7F, 0xF0, 0x00, 0x00, 0x00, 0x00, 0x00, 0x00, 0x0F, 0xFF, 0xE7, 0xFF,
0xFF,0xFF,
0x07, 0x80, 0x00, 0x00, 0x00, 0x03, 0xFF, 0xFF, 0x00, 0x00, 0x00, 0x00, 0x00, 0x00,
0x01,0xFF,
0xFF, 0xFF, 0xFF, 0xFF, 0xCF, 0xC0, 0x00, 0x00, 0x00, 0x07, 0xFF, 0xFF, 0x80, 0x00,
0x00,0x00,
0x00, 0x00, 0x00, 0x3F, 0xFF, 0xFF, 0xFF, 0xFF, 0xFF, 0xC0, 0x00, 0x00, 0x00, 0x1F,
0xFF,0xFF,
0xE0, 0x00, 0x00, 0x00, 0x00, 0x00, 0x00, 0x07, 0xFF, 0xFF, 0xFF, 0xFF, 0xFF, 0xE0,
0x00,0x00,
0x00, 0x3F, 0xFF, 0xFF, 0xF0, 0x00, 0x00, 0x00, 0x00, 0x00, 0x00, 0x00, 0xFF, 0xFE,
0x03,0xFF,
0xFF, 0xE0, 0x00, 0x00, 0x00, 0x7F, 0xC0, 0x07, 0xF8, 0x00, 0x00, 0x00, 0x00, 0x00,
0x00,0x00,
0x3F, 0xFF, 0xC0, 0x7F, 0xFF, 0xE0, 0x00, 0x00, 0x00, 0xFF, 0x00, 0x03, 0xFC, 0x00,
0x00,0x00,
0x00, 0x00, 0x00, 0x00, 0x0F, 0xFF, 0xF8, 0x0F, 0xFF, 0xF0, 0x00, 0x00, 0x01, 0xFC,
0x00,0x00,
0xFE, 0x00, 0x00, 0x00, 0x00, 0x00, 0x00, 0x00, 0x1F, 0xFF, 0xFF, 0x01, 0xFF, 0xFE,
0x00,0x00,
0x01, 0xF8, 0x00, 0x00, 0x7E, 0x00, 0x00, 0x00, 0x00, 0x00, 0x00, 0x00, 0x1F, 0x9F,
0xFF,0xC0,
0x3F, 0xFF, 0x80, 0x00, 0x03, 0xF0, 0x00, 0x00, 0x3F, 0x00, 0x00, 0x00, 0x00, 0x00,
0x00,0x00,
0x1F, 0x03, 0xFF, 0xF8, 0x0F, 0xFF, 0xF0, 0x00, 0x07, 0xE0, 0x00, 0x00, 0x1F, 0x80,
0x00,0x00,
0x00, 0x00, 0x00, 0x00, 0x3F, 0x00, 0x7F, 0xFF, 0x07, 0xFF, 0xFE, 0x00, 0x07, 0xE0,
0x00,0x00,
0x1F, 0x80, 0x00, 0x00, 0x00, 0x00, 0x00, 0x00, 0x3E, 0x00, 0x0F, 0xFF, 0xE7, 0xFF,
0xFE,0x00,
0x07, 0xC0, 0x00, 0x00, 0x0F, 0x80, 0x00, 0x00, 0x00, 0x00, 0x00, 0x00, 0x3E, 0x00,
```

```
0x01,0xFF,
0xFF, 0xFF, 0xFE, 0x00, 0x0F, 0xC0, 0x00, 0x00, 0x0F, 0xC0, 0x00, 0x00, 0x00, 0x00,
0x00,0x00,
0x3E, 0x00, 0x00, 0x7F, 0xFF, 0xFF, 0xFE, 0x00, 0x0F, 0x80, 0x00, 0x00, 0x07, 0xC0,
0x00,0x00,
0x00, 0x00, 0x00, 0x00, 0x3E, 0x00, 0x00, 0x0F, 0xFF, 0xFF, 0x9E, 0x00, 0x0F, 0x80,
0x00,0x00,
0x07, 0xC0, 0x00, 0x00, 0x00, 0x00, 0x00, 0x00, 0x3E, 0x00, 0x00, 0x01, 0xFF, 0xFF,
0x82,0x00,
0x0F, 0x80, 0x00, 0x00, 0x07, 0xC0, 0x00, 0x00, 0x00, 0x00, 0x00, 0x00, 0x1E, 0x00,
0x00,0x00,
0x3F, 0xFF, 0xC0, 0x00, 0x1F, 0x80, 0x00, 0x00, 0x07, 0xC0, 0x00, 0x00, 0x00, 0x00,
0x00,0x00,
0x1F, 0x00, 0x00, 0x00, 0x0F, 0xFF, 0xF0, 0x00, 0x0F, 0x00, 0x00, 0x00, 0x07, 0xC0,
0x00,0x00,
0x00, 0x00, 0x00, 0x00, 0x1F, 0x80, 0x00, 0x00, 0x1F, 0xFF, 0xFE, 0x00, 0x0F, 0x80,
0x00,0x00,
0x07, 0xC0, 0x00, 0x00, 0x00, 0x00, 0x00, 0x00, 0x1F, 0xC0, 0x00, 0x00, 0x3F, 0xFF,
0xFE,0x00,
0x0F, 0x80, 0x00, 0x00, 0x07, 0xC0, 0x00, 0x00, 0x00, 0x00, 0x00, 0x00, 0x0F, 0xE0,
0x00,0x00,
0x7F, 0xFB, 0xFE, 0x00, 0x0F, 0x80, 0x00, 0x00, 0x07, 0xC0, 0x03, 0xFF, 0xC0, 0x00,
0x00,0x00,
0x07, 0xF8, 0x00, 0x01, 0xFE, 0xFF, 0xFE, 0x00, 0x07, 0x80, 0x00, 0x00, 0x07, 0x80,
0x1F,0xFF,
0xF8, 0x00, 0x00, 0x00, 0x03, 0xFE, 0x00, 0x07, 0xFC, 0xFF, 0xFE, 0x00, 0x07, 0xC0,
0x00,0x00,
0x0F, 0x80, 0x3F, 0xFF, 0xFC, 0x00, 0x00, 0x00, 0x01, 0xFF, 0xFF, 0xFF, 0xF8, 0xFF,
0xFE,0x00,
0x07, 0xE0, 0x00, 0x00, 0x1F, 0x80, 0x7F, 0xFF, 0xFE, 0x00, 0x00, 0x00, 0x00, 0xFF,
0xFF,0xFF,
0xF0, 0xFF, 0xFE, 0x00, 0x07, 0xE0, 0x00, 0x00, 0x1F, 0x80, 0xFF, 0xFF, 0xFF, 0x00,
0x00,0x00,
0x00, 0x3F, 0xFF, 0xFF, 0xC0, 0xFF, 0xFE, 0x00, 0x03, 0xF0, 0x00, 0x00, 0x3F, 0x01,
0xFE,0x00,
0x7F, 0x00, 0x00, 0x00, 0x00, 0x0F, 0xFF, 0xFF, 0x00, 0xFF, 0xFF, 0x00, 0x01, 0xF8,
0x00,0x00,
0x7E, 0x01, 0xF8, 0x00, 0x1F, 0x00, 0x00, 0x00, 0x00, 0x03, 0xFF, 0xF8, 0x00, 0xFF,
0xFF,0x00,
0x01, 0xFC, 0x00, 0x00, 0xFE, 0x01, 0xF0, 0x00, 0x0F, 0x00, 0x00, 0x00, 0x00, 0x00,
0x00,0x00,
0x00, 0x7F, 0xFF, 0x80, 0x00, 0xFF, 0x00, 0x03, 0xFC, 0x01, 0xF0, 0x00, 0x0F, 0x00,
0x00,0x00,
0x00, 0x00, 0x00, 0x00, 0x00, 0x7F, 0xFF, 0xC0, 0x00, 0x7F, 0xC0, 0x07, 0xF8, 0x01,
0xF8,0x00,
```

```
0x1F, 0x00, 0x00, 0x00, 0x00, 0x00, 0x00, 0x00, 0x00, 0x7F, 0xFF, 0xC0, 0x00, 0x3F,
0xFF,0xFF,
0xF0, 0x01, 0xFE, 0x00, 0x7F, 0x00, 0x00, 0x00, 0x00, 0x00, 0x00, 0x00, 0x00, 0x7F,
0xFF,0xE0,
0x00, 0x1F, 0xFF, 0xFF, 0xE0, 0x00, 0xFF, 0xFF, 0xFF, 0x00, 0x00, 0x00, 0x00, 0x00,
0x00,0x00,
0x00, 0x7F, 0xFF, 0xE0, 0x00, 0x07, 0xFF, 0xFF, 0x80, 0x00, 0x7F, 0xFF, 0xFE, 0x00,
0x00,0x00,
0x00, 0x00, 0x00, 0x00, 0x00, 0x7F, 0xFF, 0xF0, 0x00, 0x03, 0xFF, 0xFF, 0x00, 0x00,
0x3F,0xFF,
0xFC, 0x00, 0x00, 0x00, 0x00, 0x00, 0x00, 0x00, 0x00, 0x7F, 0xFF, 0xF8, 0x00, 0x00,
0x7F,0xF0,
0x00, 0x00, 0x1F, 0xFF, 0xF8, 0x00, 0x00, 0x00, 0x00, 0x00, 0x00, 0x00, 0x00, 0x7F,
0xFF,0xF8,
0x00, 0x00, 0x00, 0x00, 0x00, 0x00, 0x03, 0xFF, 0xC0, 0x00, 0x00, 0x00, 0x00, 0x00,
0x00,0x00,
0x00, 0x7F, 0xFF, 0xFC, 0x00, 0x00, 0x00, 0x00, 0x00, 0x00, 0x00, 0x00, 0x00, 0x00,
0x00,0x00,
0x00, 0x00, 0x00, 0x00, 0x00, 0x3F, 0xFF, 0xFC, 0x00, 0x00, 0x00, 0x00, 0x00, 0x00,
0x00,0x00,
0x00, 0x00, 0x00, 0x00, 0x00, 0x00, 0x00, 0x00, 0x00, 0x1F, 0xFF, 0xFC, 0x00, 0x00,
0x00,0x00,
0x00, 0x00, 0x00, 0x00, 0x00, 0x00, 0x00, 0x00, 0x00, 0x00, 0x00, 0x00, 0x00, 0x07,
0xFF,0xFC,
0x00, 0x00, 0x00, 0x00, 0x00, 0x00, 0x00, 0x00, 0x00, 0x00, 0x00, 0x00, 0x00, 0x00,
0x00,0x00,
0x00, 0x01, 0xFF, 0xFC, 0x00, 0x00, 0x00, 0x00, 0x00, 0x00, 0x00, 0x00, 0x00, 0x00,
0x00,0x00,
0x00, 0x00, 0x00, 0x00, 0x00, 0x00, 0x7F, 0xFC, 0x00, 0x00, 0x00, 0x00, 0x00, 0x00,
0x00,0x00,
0x00, 0x00, 0x00, 0x00, 0x00, 0x00, 0x00, 0x00, 0x00, 0x00, 0x3F, 0xFC, 0x00, 0x00,
0x00,0x00,
0x00, 0x00, 0x00, 0x00, 0x00, 0x00, 0x00, 0x00, 0x00, 0x00, 0x00, 0x00, 0x00, 0x00,
0x0F,0xF8,
0x00, 0x00, 0x00, 0x00, 0x00, 0x00, 0x20, 0x00, 0x00, 0x00, 0x00, 0x00, 0x00, 0x00,
0x00,0x00,
0x00, 0x00, 0x03, 0xF8, 0x00, 0x00, 0x00, 0x00, 0x00, 0x00, 0x00, 0x00, 0x00, 0x00,
0x00,0x00,
0x00, 0x00, 0x00, 0x00, 0x00, 0x00, 0x00, 0x00, 0x00, 0x00, 0x00, 0x00, 0x00, 0x00,
0x00,0x00,
0x00, 0x00, 0x00, 0x00, 0x00, 0x00, 0x00, 0x00, 0x00, 0x00, 0x00, 0x00, 0x00, 0x00,
0x00,0x00,
0x00, 0x00, 0x00, 0x00, 0x00, 0x00, 0x00, 0x00, 0x00, 0x00, 0x00, 0x00, 0x00, 0x00,
0x00,0x00,
0x00, 0x00, 0x00, 0x00, 0x00, 0x00, 0x00, 0x00, 0x00, 0x00, 0x00, 0x00, 0x00, 0x00,
```

```
0x00,0x00,
0x00, 0x00, 0x00, 0x00, 0x00, 0x00, 0x00, 0x00, 0x00, 0x00, 0x00, 0x00, 0x00, 0x00,
0x00,0x00,
0x00, 0x00, 0x00, 0x00, 0x00, 0x00, 0x00, 0x00, 0x00, 0x00, 0x00, 0x00, 0x00, 0x00,
0x00,0x00,
0x00, 0x00, 0x00, 0x00, 0x00, 0x00, 0x00, 0x00, 0x00, 0x00, 0x00, 0x00, 0x00, 0x00,
0x00,0x00,
0x00, 0x00, 0x00, 0x00, 0x00, 0x00, 0x00, 0x00, 0x00, 0x00, 0x00, 0x00, 0x00, 0x00,
0x00,0x00,
0x00, 0x00, 0x00, 0x00, 0x00, 0x00, 0x00, 0x00, 0x00, 0x00, 0x00, 0x00, 0x00, 0x00,
0x00,0x00,
0x00, 0x00, 0x00, 0x00, 0x00, 0x00, 0x60, 0x30, 0x00, 0x30, 0x00, 0x30, 0xC1, 0x80,
0x20,0x30,
0x00, 0x21, 0x80, 0x00, 0x0C, 0xC0, 0x00, 0x00, 0x00, 0x00, 0x40, 0x30, 0x00, 0x30,
0x00,0x38,
0xC9, 0x80, 0x33, 0xFF, 0x06, 0x31, 0x80, 0x00, 0x0D, 0xC0, 0x00, 0x00, 0x00, 0x01,
0xFC,0x30,
0x07, 0xFF, 0x00, 0x06, 0xC9, 0x80, 0x63, 0xFE, 0x03, 0x89, 0xF8, 0x0F, 0xCE, 0x00,
0x00,0x00,
0x00, 0x01, 0xFB, 0xF8, 0x07, 0xB0, 0x00, 0x00, 0xC9, 0x80, 0x88, 0x40, 0x00, 0x7E,
0x80,0x18,
0xDF, 0xE0, 0x00, 0x00, 0x00, 0x01, 0x8F, 0x3E, 0x00, 0x30, 0x00, 0xF8, 0xC9, 0x81,
0xFB,0xF0,
0x08, 0x35, 0xF8, 0x0C, 0xBE, 0x00, 0x00, 0x00, 0x00, 0x01, 0xF9, 0x30, 0x3F, 0xFF,
0xF8,0xC8,
0xC9, 0x81, 0x25, 0xB0, 0x0F, 0x3C, 0x70, 0x0F, 0xAC, 0xC0, 0x00, 0x00, 0x00, 0x07,
0xF9,0xB0,
0x3C, 0x33, 0xF8, 0x08, 0xC9, 0x80, 0xCB, 0xFE, 0x00, 0x24, 0x60, 0x03, 0x8D, 0x80,
0x00,0x00,
0x00, 0x07, 0xB8, 0xB0, 0x02, 0x31, 0x30, 0x18, 0xC9, 0x81, 0xF3, 0x30, 0x00, 0x6F,
0xFE,0x03,
0x87, 0x80, 0x00, 0x00, 0x00, 0x00, 0xE8, 0x30, 0x02, 0x30, 0x80, 0x1E, 0xC9, 0x80,
0x01,0xB4,
0x07, 0x48, 0x20, 0x0E, 0x47, 0x00, 0x00, 0x00, 0x00, 0x03, 0x88, 0x30, 0x06, 0x30,
0x80,0x1D,
0xC9, 0x80, 0xFB, 0xB3, 0x0E, 0xC8, 0x20, 0x3C, 0x1F, 0x80, 0x00, 0x00, 0x00, 0x0F,
0x58,0x70,
0x07, 0xFF, 0x80, 0x3B, 0x89, 0x83, 0xC6, 0x31, 0xC1, 0x98, 0x60, 0x10, 0xFB, 0xF8,
0x00,0x00,
0x00, 0x00, 0x79, 0xE0, 0x07, 0xFF, 0xC0, 0x37, 0x09, 0x82, 0x19, 0xF1, 0x82, 0x77,
0xE0,0x00,
0x00, 0xF8, 0x00, 0x00, 0x00, 0x00, 0x00, 0x00, 0x00, 0x00, 0x00, 0x00, 0x00, 0x80,
0x00,0xE0,
0x00,0x00,0xC0,0x00,0x00,0x20,0x00,0x00 };
//枪支绘制//
```

```
uchar code Gun_Image[]=
{24,12,
0x03, 0x00, 0x00, 0x07, 0x80, 0x00, 0x07, 0x80, 0x00, 0x7F, 0xFE, 0xFE, 0xFE, 0xFE,
0xFE,0xFE,
0xFE, 0xFC, 0x7F, 0xFE, 0xFC, 0x00, 0x01, 0xFC, 0x00, 0x01, 0xFC, 0x00, 0x00, 0x7F,
0x00,0x00,
0x7F,0x00,0x00,0x1F
};
uchar tCount=0;
uchar HCount,LCount;
uchar Score=0; Bullet_Count=20;
uchar Target_x=0,Target_y=0;
uchar Pre_Target_y=0;
uchar gun_y=20;

void delay(uint ms)
{
uchar i;
while (--ms)for(i=0;i< 120;i++);
}

void EX_INT0() interrupt 0
{
if(K1==0)
{
  if(gun_y !=0)Display_Str_at_xy(16* 8,gun_y,"  ",0);
  gun_y -=8;
  if(gun_y< 20)gun_y=20;
  Draw_Image(Gun_Image,gun_y,16);
}
else
if(K2==0)
{
  if(gun_y ! =0)  Display_Str_at_xy(16* 8,gun_y,"  ",0);
  gun_y+=8;
  if(gun_y> 100) gun_y=100;
  Draw_Image(Gun_Image,gun_y,16);
}
else
if(K3==0)
{
  if(Bullet_Count ! =0) TR1=1;else return;
  Line(10, gun_y+4,125,gun_y+4,1);
  delay(150);
  Line(10, gun_y+4,125,gun_y+4,0);
```

```
  if(Bullet_Count ! =0)
  {
   Bullet_Count--;
   if((gun_y+4) > Target_y && (gun_y+4)< Target_y+11 &&Pre_Target_y ! =Target_y)
   {
     Score++; Pre_Target_y=Target_y;
   }
  }
  Show_Score_and_Bullet();
}
else
if(K4==0)
{
  Score=0;Bullet_Count=20;
  Show_Score_and_Bullet();
}
}


void T0_INT() interrupt 1
{
TH0=-50000/256;
TL0=-50000% 256;
if(++tCount !=70) return;
tCount=0;
if(Target_x! =0 && Target_y! =0)
Display_Str_at_xy(Target_x,Target_y,"    ",0);
Target_x=rand() % 60+8;
Target_y=rand() % 80+20;
while (abs(Pre_Target_y - Target_y)< 4) Target_y=rand() % 80+20;
Display_Str_at_xy(Target_x,Target_y,"■",0);
}
void T1_INT () interrupt 3
{
BEEP=~BEEP;
if(LCount !=0)
{
  TH1=HCount;TL1=--LCount;
}
else
if(--HCount !=0xFB)
{
  TH1=HCount;TL1=--LCount;
}
else
```

```
  {
    TH1=HCount=-420/256;
    TL1=LCount=-420% 256;
    BEEP=1;
    TR1=0;
  }
  }

void Show_Score_and_Bullet()reentrant
{
char dat_str[4]={' ',0,0,0};
dat_str[1]=Score / 10+'0';
dat_str[2]=Score %  10+'0';
Display_Str_at_xy(37,117,dat_str,1);
dat_str[1]=Bullet_Count/10+'0';
dat_str[2]=Bullet_Count% 10+'0';
Display_Str_at_xy(134,117,dat_str,1);
}

void main()
{
RESET=0;
RESET=1;
LCD_Initialise();
cls();
Set_LCD_POS(0,0);
Draw_Image(Game_Surface,6,0);
delay(5000);
cls();
Display_Str_at_xy(12,1,"★★ 射击训练游戏 ★★",1);
Display_Str_at_xy(2,117,"得分",0);
Display_Str_at_xy(75,117,"剩余弹药:",0);
Show_Score_and_Bullet();
Line (0,18,159,18,1);
Line (159,18,159,112,1);
Line (159,112,0,112,1);
Line (0,112,0,18,1);
Draw_Image(Gun_Image,gun_y,16);
IE=0x8B;
IP=0x01;
IT0=0x01;
TMOD=0x11;
TH0=-50000/256;
TL0=-50000% 256;
TH1=HCount=-420/256;
```

```
TL1=LCount=-420%256;
TR0=1;
while (1);
}


//--------------LCD_160128.h---------------
//LCD_160128的头文件
//----------------------------------------
#include<at89x52.h>
#include<stdarg.h>
#include<stdio.h>
#include<math.h>
#include<intrins.h>
#include<absacc.h>
#include<string.h>
#define uchar unsigned char
#define uint unsigned int
#define STX 0X02
#define ETX 0X03
#define EOT 0X04
#define ENQ 0X05
#define BX 0X08
#define CR 0X0D
#define LF 0X0A
#define DLE 0X10
#define ETB 0X17
#define SPACE 0X20
#define COMMA 0X2C
#define TURE 1
#define FALSE 0
#define HIGH 1
#define LOW 0

#define LCMDW XBYTE[0x8000]
#define LCMCW XBYTE[0x8100]

#define DISRAM_SIZE 0x7FFF
#define TXTSTART     0x0000
#define GRSTART      0x6800
#define CGRAMSTART   0x7800

#define LC_CUR_POS   0x21
#define LC_CGR_POS   0x22
#define LC_ADD_POS   0x24
```

```
#define LC_TXT_STP  0x40
#define LC_TXT_WID  0x41
#define LC_GRH_STP  0x42
#define LC_GRH_WID  0x43
#define LC_MOD_OR  0x80
#define LC_MOD_XOR  0x81
#define LC_MOD_AND  0x82
#define LC_MOD_TCH  0x83
#define LC_DIS_SW  0x90

#define LC_CUR_SHP  0xA0
#define LC_AUT_WR  0xB0
#define LC_AUT_RD  0xB1
#define LC_AUT_OVR  0xB2
#define LC_INC_WR  0xC0
#define LC_INC_RD  0xC1
#define LC_DEC_WR  0xC2
#define LC_DEC_RD  0xC3
#define LC_NOC_WR  0xC4
#define LC_NOC_RD  0xC5
#define LC_SCN_RD  0xE0
#define LC_SCN_CP  0xE8
#define LC_BIT_OP  0xF0

sbit RESET=P3^3;

//--------------LCD_160128.c---------------
//LCD_160128的C文件,内含控制函数
//---------------------------------------
#include <stdarg.h>
#include <stdio.h>
#include <math.h>
#include <intrins.h>
#include <absacc.h>
#include <string.h>
#include <lcd_160128.h>

#define ASC_CHR_WIDTH   8
#define ASC_CHR_HEIGHT 12
#define HZ_CHR_HEIGHT 12
#define HZ_CHR_WIDTH 12
uchar code LCD_WIDTH  =20;
uchar code LCD_HEIGHT  =128;
uchar code ASC_MSK[96* 12]={
0x00,0x00,0x00,0x00,0x00,0x00,0x00,0xff,0xff,0xff,0xff,0xff,
```

```
0x00,0x00,0x00,0x00,0x00,0x00,0x00,0x00,0x00,0x00,0x00,0x00,// ' '
0x00,0x30,0x78,0x78,0x78,0x30,0x30,0x00,0x30,0x30,0x00,0x00,// '! '
0x00,0x66,0x66,0x66,0x24,0x00,0x00,0x00,0x00,0x00,0x00,0x00,// '"'
0x00,0x6c,0x6c,0xfe,0x6c,0x6c,0x6c,0xfe,0x6c,0x6c,0x00,0x00,// '# '
0x30,0x30,0x7c,0xc0,0xc0,0x78,0x0c,0x0c,0xf8,0x30,0x30,0x00,// '$ '
0x00,0x00,0x00,0xc4,0xcc,0x18,0x30,0x60,0xcc,0x8c,0x00,0x00,// '% '
0x00,0x70,0xd8,0xd8,0x70,0xfa,0xde,0xcc,0xdc,0x76,0x00,0x00,// '&'
0x00,0x30,0x30,0x30,0x60,0x00,0x00,0x00,0x00,0x00,0x00,0x00,// '''
0x00,0x0c,0x18,0x30,0x60,0x60,0x60,0x30,0x18,0x0c,0x00,0x00,// '('
0x00,0x60,0x30,0x18,0x0c,0x0c,0x0c,0x18,0x30,0x60,0x00,0x00,// ')'
0x00,0x00,0x00,0x66,0x3c,0xff,0x3c,0x66,0x00,0x00,0x00,0x00,// '* '
0x00,0x00,0x00,0x18,0x18,0x7e,0x18,0x18,0x00,0x00,0x00,0x00,// '+'
0x00,0x00,0x00,0x00,0x00,0x00,0x00,0x00,0x38,0x38,0x60,0x00,// ','
0x00,0x00,0x00,0x00,0x00,0xfe,0x00,0x00,0x00,0x00,0x00,0x00,// '-'
0x00,0x00,0x00,0x00,0x00,0x00,0x00,0x00,0x38,0x38,0x00,0x00,// '.'
0x00,0x00,0x02,0x06,0x0c,0x18,0x30,0x60,0xc0,0x80,0x00,0x00,// '/'
0x00,0x7c,0xc6,0xce,0xde,0xd6,0xf6,0xe6,0xc6,0x7c,0x00,0x00,// '0'
0x00,0x10,0x30,0xf0,0x30,0x30,0x30,0x30,0x30,0xfc,0x00,0x00,// '1'
0x00,0x78,0xcc,0xcc,0x0c,0x18,0x30,0x60,0xcc,0xfc,0x00,0x00,// '2'
0x00,0x78,0xcc,0x0c,0x0c,0x38,0x0c,0x0c,0xcc,0x78,0x00,0x00,// '3'
0x00,0x0c,0x1c,0x3c,0x6c,0xcc,0xfe,0x0c,0x0c,0x1e,0x00,0x00,// '4'
0x00,0xfc,0xc0,0xc0,0xc0,0xf8,0x0c,0x0c,0xcc,0x78,0x00,0x00,// '5'
0x00,0x38,0x60,0xc0,0xc0,0xf8,0xcc,0xcc,0xcc,0x78,0x00,0x00,// '6'
0x00,0xfe,0xc6,0xc6,0x06,0x0c,0x18,0x30,0x30,0x30,0x00,0x00,// '7'
0x00,0x78,0xcc,0xcc,0xec,0x78,0xdc,0xcc,0xcc,0x78,0x00,0x00,// '8'
0x00,0x78,0xcc,0xcc,0xcc,0x7c,0x18,0x18,0x30,0x70,0x00,0x00,// '9'
0x00,0x00,0x00,0x38,0x38,0x00,0x00,0x38,0x38,0x00,0x00,0x00,// ':'
0x00,0x00,0x00,0x38,0x38,0x00,0x00,0x38,0x38,0x18,0x30,0x00,// ';'
0x00,0x0c,0x18,0x30,0x60,0xc0,0x60,0x30,0x18,0x0c,0x00,0x00,// '< '
0x00,0x00,0x00,0x00,0x7e,0x00,0x7e,0x00,0x00,0x00,0x00,0x00,// '='
0x00,0x60,0x30,0x18,0x0c,0x06,0x0c,0x18,0x30,0x60,0x00,0x00,// '> '
0x00,0x78,0xcc,0x0c,0x18,0x30,0x30,0x00,0x30,0x30,0x00,0x00,// '? '
0x00,0x7c,0xc6,0xc6,0xde,0xde,0xde,0xc0,0xc0,0x7c,0x00,0x00,// '@ '
0x00,0x30,0x78,0xcc,0xcc,0xcc,0xfc,0xcc,0xcc,0xcc,0x00,0x00,// 'A'
0x00,0xfc,0x66,0x66,0x66,0x7c,0x66,0x66,0x66,0xfc,0x00,0x00,// 'B'
0x00,0x3c,0x66,0xc6,0xc0,0xc0,0xc0,0xc6,0x66,0x3c,0x00,0x00,// 'C'
0x00,0xf8,0x6c,0x66,0x66,0x66,0x66,0x66,0x6c,0xf8,0x00,0x00,// 'D'
0x00,0xfe,0x62,0x60,0x64,0x7c,0x64,0x60,0x62,0xfe,0x00,0x00,// 'E'
0x00,0xfe,0x66,0x62,0x64,0x7c,0x64,0x60,0x60,0xf0,0x00,0x00,// 'F'
0x00,0x3c,0x66,0xc6,0xc0,0xc0,0xce,0xc6,0x66,0x3e,0x00,0x00,// 'G'
0x00,0xcc,0xcc,0xcc,0xcc,0xfc,0xcc,0xcc,0xcc,0xcc,0x00,0x00,// 'H'
0x00,0x78,0x30,0x30,0x30,0x30,0x30,0x30,0x30,0x78,0x00,0x00,// 'I'
0x00,0x1e,0x0c,0x0c,0x0c,0x0c,0xcc,0xcc,0xcc,0x78,0x00,0x00,// 'J'
0x00,0xe6,0x66,0x6c,0x6c,0x78,0x6c,0x6c,0x66,0xe6,0x00,0x00,// 'K'
0x00,0xf0,0x60,0x60,0x60,0x60,0x62,0x66,0x66,0xfe,0x00,0x00,// 'L'
```

```
0x00,0xc6,0xee,0xfe,0xfe,0xd6,0xc6,0xc6,0xc6,0xc6,0x00,0x00,// 'M'
0x00,0xc6,0xc6,0xe6,0xf6,0xfe,0xde,0xce,0xc6,0xc6,0x00,0x00,// 'N'
0x00,0x38,0x6c,0xc6,0xc6,0xc6,0xc6,0xc6,0x6c,0x38,0x00,0x00,// 'O'
0x00,0xfc,0x66,0x66,0x66,0x7c,0x60,0x60,0x60,0xf0,0x00,0x00,// 'P'
0x00,0x38,0x6c,0xc6,0xc6,0xc6,0xce,0xde,0x7c,0x0c,0x1e,0x00,// 'Q'
0x00,0xfc,0x66,0x66,0x66,0x7c,0x6c,0x66,0x66,0xe6,0x00,0x00,// 'R'
0x00,0x78,0xcc,0xcc,0xc0,0x70,0x18,0xcc,0xcc,0x78,0x00,0x00,// 'S'
0x00,0xfc,0xb4,0x30,0x30,0x30,0x30,0x30,0x30,0x78,0x00,0x00,// 'T'
0x00,0xcc,0xcc,0xcc,0xcc,0xcc,0xcc,0xcc,0xcc,0x78,0x00,0x00,// 'U'
0x00,0xcc,0xcc,0xcc,0xcc,0xcc,0xcc,0xcc,0x78,0x30,0x00,0x00,// 'V'
0x00,0xc6,0xc6,0xc6,0xc6,0xd6,0xd6,0x6c,0x6c,0x6c,0x00,0x00,// 'W'
0x00,0xcc,0xcc,0xcc,0x78,0x30,0x78,0xcc,0xcc,0xcc,0x00,0x00,// 'X'
0x00,0xcc,0xcc,0xcc,0xcc,0x78,0x30,0x30,0x30,0x78,0x00,0x00,// 'Y'
0x00,0xfe,0xce,0x98,0x18,0x30,0x60,0x62,0xc6,0xfe,0x00,0x00,// 'Z'
0x00,0x3c,0x30,0x30,0x30,0x30,0x30,0x30,0x30,0x3c,0x00,0x00,// '['
0x00,0x00,0x80,0xc0,0x60,0x30,0x18,0x0c,0x06,0x02,0x00,0x00,// '\'
0x00,0x3c,0x0c,0x0c,0x0c,0x0c,0x0c,0x0c,0x0c,0x3c,0x00,0x00,// ']'
0x10,0x38,0x6c,0xc6,0x00,0x00,0x00,0x00,0x00,0x00,0x00,0x00,// '^'
0x00,0x00,0x00,0x00,0x00,0x00,0x00,0x00,0x00,0x00,0xff,0x00,// '_'
0x30,0x30,0x18,0x00,0x00,0x00,0x00,0x00,0x00,0x00,0x00,0x00,// '`'
0x00,0x00,0x00,0x00,0x78,0x0c,0x7c,0xcc,0xcc,0x76,0x00,0x00,// 'a'
0x00,0xe0,0x60,0x60,0x7c,0x66,0x66,0x66,0x66,0xdc,0x00,0x00,// 'b'
0x00,0x00,0x00,0x00,0x78,0xcc,0xc0,0xc0,0xcc,0x78,0x00,0x00,// 'c'
0x00,0x1c,0x0c,0x0c,0x7c,0xcc,0xcc,0xcc,0xcc,0x76,0x00,0x00,// 'd'
0x00,0x00,0x00,0x00,0x78,0xcc,0xfc,0xc0,0xcc,0x78,0x00,0x00,// 'e'
0x00,0x38,0x6c,0x60,0x60,0xf8,0x60,0x60,0x60,0xf0,0x00,0x00,// 'f'
0x00,0x00,0x00,0x00,0x76,0xcc,0xcc,0xcc,0x7c,0x0c,0xcc,0x78,// 'g'
0x00,0xe0,0x60,0x60,0x6c,0x76,0x66,0x66,0x66,0xe6,0x00,0x00,// 'h'
0x00,0x18,0x18,0x00,0x78,0x18,0x18,0x18,0x18,0x7e,0x00,0x00,// 'i'
0x00,0x0c,0x0c,0x00,0x3c,0x0c,0x0c,0x0c,0x0c,0xcc,0xcc,0x78,// 'j'
0x00,0xe0,0x60,0x60,0x66,0x6c,0x78,0x6c,0x66,0xe6,0x00,0x00,// 'k'
0x00,0x78,0x18,0x18,0x18,0x18,0x18,0x18,0x18,0x7e,0x00,0x00,// 'l'
0x00,0x00,0x00,0x00,0xfc,0xd6,0xd6,0xd6,0xd6,0xc6,0x00,0x00,// 'm'
0x00,0x00,0x00,0x00,0xf8,0xcc,0xcc,0xcc,0xcc,0xcc,0x00,0x00,// 'n'
0x00,0x00,0x00,0x00,0x78,0xcc,0xcc,0xcc,0xcc,0x78,0x00,0x00,// 'o'
0x00,0x00,0x00,0x00,0xdc,0x66,0x66,0x66,0x66,0x7c,0x60,0xf0,// 'p'
0x00,0x00,0x00,0x00,0x76,0xcc,0xcc,0xcc,0xcc,0x7c,0x0c,0x1e,// 'q'
0x00,0x00,0x00,0x00,0xec,0x6e,0x76,0x60,0x60,0xf0,0x00,0x00,// 'r'
0x00,0x00,0x00,0x00,0x78,0xcc,0x60,0x18,0xcc,0x78,0x00,0x00,// 's'
0x00,0x00,0x20,0x60,0xfc,0x60,0x60,0x60,0x6c,0x38,0x00,0x00,// 't'
0x00,0x00,0x00,0x00,0xcc,0xcc,0xcc,0xcc,0xcc,0x76,0x00,0x00,// 'u'
0x00,0x00,0x00,0x00,0xcc,0xcc,0xcc,0xcc,0x78,0x30,0x00,0x00,// 'v'
0x00,0x00,0x00,0x00,0xc6,0xc6,0xd6,0xd6,0x6c,0x6c,0x00,0x00,// 'w'
0x00,0x00,0x00,0x00,0xc6,0x6c,0x38,0x38,0x6c,0xc6,0x00,0x00,// 'x'
0x00,0x00,0x00,0x00,0x66,0x66,0x66,0x66,0x3c,0x0c,0x18,0xf0,// 'y'
```

```
0x00,0x00,0x00,0x00,0xfc,0x8c,0x18,0x60,0xc4,0xfc,0x00,0x00,// 'z' 0x00,0x1c,
0x30,0x30,0x60,0xc0,0x60,0x30,0x30,0x1c,0x00,0x00,// '{'
0x00,0x18,0x18,0x18,0x18,0x00,0x18,0x18,0x18,0x18,0x00,0x00,// '|'
0x00,0xe0,0x30,0x30,0x18,0x0c,0x18,0x30,0x30,0xe0,0x00,0x00,// '}'
0x00,0x73,0xda,0xce,0x00,0x00,0x00,0x00,0x00,0x00,0x00,0x00,// '～'
};

uchar gCurRow, gCurCol;
uchar tCurRow, tCurCol;
uchar ShowModeSW;
uint txthome,grhome;

//uchar GetRow();
//uchar GetCol();
uchar Status_BIT_01();   // 状态位 STA1,STA0 判断读写指令和读写数据
uchar Status_BIT_3();   // 状态位 ST3 判断数据自动写状态
uchar LCD_Write_Command_P2(uchar cmd,uchar para1,uchar para2);   // 写双参数的
                                                                  指令
uchar LCD_Write_Command_P1(uchar cmd,uchar Para1);   // 写单参数的指令
uchar LCD_Write_Command(uchar cmd);   // 写无参数的指令
uchar LCD_Write_Data(uchar dat);   // 写数据
uchar LCD_Read_Data();   // 读数据
void Set_LCD_POS(uchar row, uchar col) reentrant;   // 设置当前地址
//void cursor(uchar uRow, uchar uCol);  //设置当前显示行、列
//void at(unsigned char x,unsigned char y);  /*设定文本 x,y 值*/
void cls();  // 清屏
uchar LCD_Initialise();   //初始化
//void charout(uchar * str);   //ASCII(8* 8)显示函数
uchar Display_Str_at_xy(uchar x,uchar y,char * fmt) reentrant;   // ASCII(8* 16)
及汉字(16* 16)显示函数
void OutToLCD(uchar Dat,uchar x,uchar y);  //显示辅助函数
//void SetShowMode(uchar newShowModeSW);
void Line(unsigned char x1, unsigned char y1, unsigned char x2, unsigned char y2,
uchar Mode)
reentrant;
void Pixel(unsigned char PointX,unsigned char PointY, uchar Mode);

/* uchar fnGetRow(void)
{
return gCurRow;
}

uchar fnGetCol(void)
{
return gCurCol;
```

```
} */
typedef struct typFNT_GB16   //汉字字模显示数据结构
{
char Index[2];
char Msk[24];
};

struct typFNT_GB16 code GB_16[]={
"得",0x27,0xc0,0x24,0x40,0x57,0xc0,0x94,0x40,0x27,0xc0,0x60,0x00,
   0xAF,0xE0,0x20,0x80,0x2F,0xE0,0x24,0x80,0x21,0x80,0x00,0x00,
"分",0x11,0x00,0x11,0x00,0x20,0x80,0x20,0x80,0x40,0x40,0xBF,0xA0,
0x08,0x80,0x08,0x80,0x10,0x80,0x20,0x80,0xC7,0x00,0x00,0x00,
/*--  文字:  ★  --*/
/*--  宋体 9;  此字体下对应的点阵为宽 x 高=12x12   --*/
/*--  宽度不是 8 的倍数,现调整为宽度 x 高度=16x12  --*/
"★",0x04,0x00,0x04,0x00,0x0E,0x00,0x0E,0x00,0xFF,0xE0,0x7F,0xC0,
     0x1F,0x00,0x1F,0x00,0x3B,0x80,0x20,0x80,0x40,0x40,0x00,0x00,

/*--  文字:  ■  --*
/*--  宋体 9;  此字体下对应的点阵为宽 x 高=12x12   --*/
/*--  宽度不是 8 的倍数,现调整为宽度 x 高度=16x12  --*/
"■",0x00,0x00,0x7F,0xC0,0x7F,0xC0,0x7F,0xC0,0x7F,0xC0,0x7F,0xC0,
    0x7F,0xC0,0x7F,0xC0,0x7F,0xC0,0x7F,0xC0,0x00,0x00,0x00,0x00,

/*--  文字:  射  --*/
/*--  宋体 9;  此字体下对应的点阵为宽 x 高=12x12   --*/
/*--  宽度不是 8 的倍数,现调整为宽度 x 高度=16x12  --*/
"射",0x20,0x40,0x78,0x40,0x48,0x40,0x7F,0xE0,0x48,0x40,0x7A,0x40,
     0x49,0x40,0xF9,0x40,0x28,0x40,0x48,0x40,0x99,0xC0,0x00,0x00,

/*--  文字:  击  --*/
/*--  宋体 9;  此字体下对应的点阵为宽 x 高=12x12   --*/
/*--  宽度不是 8 的倍数,现调整为宽度 x 高度=16x12  --*/
"击",0x04,0x00,0x04,0x00,0x7F,0xC0,0x04,0x00,0x04,0x00,0xFF,0xE0,
     0x04,0x00,0x44,0x40,0x44,0x40,0x44,0x40,0x7F,0xC0,0x00,0x00,

/*--  文字:  训  --*/
/*--  宋体 9;  此字体下对应的点阵为宽 x 高=12x12   --*/
/*--  宽度不是 8 的倍数,现调整为宽度 x 高度=16x12  --*/
"训",0x44,0x40,0x25,0x40,0x05,0x40,0x05,0x40,0xC5,0x40,0x45,0x40,
     0x45,0x40,0x45,0x40,0x55,0x40,0x68,0x40,0x10,0x40,0x00,0x00,

/*--  文字:  练  --*/
/*--  宋体 9;  此字体下对应的点阵为宽 x 高=12x12   --*/
/*--  宽度不是 8 的倍数,现调整为宽度 x 高度=16x12  --*/
```

```
"练",0x22,0x00,0x4F,0xE0,0x42,0x00,0x9F,0x80,0xE4,0x80,0x44,0x80,
     0xAF,0xE0,0xC0,0x80,0x34,0xC0,0xC8,0xA0,0x13,0xA0,0x00,0x00,

/*--  文字:  游  --*/
/*--  宋体 9;  此字体下对应的点阵为宽 x 高=12x12   --*/
/*--  宽度不是 8 的倍数,现调整为宽度 x 高度=16x12  --*/
"游",0x91,0x00,0x49,0xE0,0x3E,0x00,0x93,0xE0,0x5C,0x40,0x54,0x80,
     0x55,0xE0,0x94,0x80,0x94,0x80,0xA4,0x80,0x4D,0x80,0x00,0x00,

/*--  文字:  戏  --*/
/*--  宋体 9;  此字体下对应的点阵为宽 x 高=12x12   --*/
/*--  宽度不是 8 的倍数,现调整为宽度 x 高度=16x12  --*/
"戏",0x02,0x80,0xF2,0x40,0x12,0x40,0x13,0xE0,0x9E,0x00,0x52,0x40,
     0x22,0x80,0x31,0x00,0x49,0x20,0x42,0xA0,0x8C,0x60,0x00,0x00,

/*--  文字:  剩  --*/
/*--  宋体 9;  此字体下对应的点阵为宽 x 高=12x12   --*/
/*--  宽度不是 8 的倍数,现调整为宽度 x 高度=16x12  --*/
"剩",0x7C,0x20,0x10,0xA0,0xFE,0xA0,0x54,0xA0,0xD6,0xA0,0x54,0xA0,
     0xD6,0xA0,0x38,0xA0,0x54,0xA0,0x92,0x20,0x10,0xE0,0x00,0x00,

/*--  文字:  余  --*/
/*--  宋体 9;  此字体下对应的点阵为宽 x 高=12x12   --*/
/*--  宽度不是 8 的倍数,现调整为宽度 x 高度=16x12  --*/
"余",0x04,0x00,0x0A,0x00,0x11,0x00,0x20,0x80,0xDF,0x60,0x04,0x00,
     0x7F,0xC0,0x15,0x00,0x24,0x80,0x44,0x40,0x9C,0x40,0x00,0x00,

/*--  文字:  弹  --*/
/*--  宋体 9;  此字体下对应的点阵为宽 x 高=12x12   --*/
/*--  宽度不是 8 的倍数,现调整为宽度 x 高度=16x12  --*/
"弹",0x04,0x40,0xE2,0x80,0x2F,0xC0,0x29,0x40,0xEF,0xC0,0x89,0x40,
     0xEF,0xC0,0x21,0x00,0x3F,0xE0,0x21,0x00,0xC1,0x00,0x00,0x00,

/*--  文字:  药  --*/
/*--  宋体 9;  此字体下对应的点阵为宽 x 高=12x12   --*/
/*--  宽度不是 8 的倍数,现调整为宽度 x 高度=16x12  --*/
"药",0x11,0x00,0xFF,0xE0,0x11,0x00,0x22,0x00,0x4B,0xE0,0x74,0x20,
     0x22,0x20,0x59,0x20,0x61,0x20,0x18,0x40,0xE1,0xC0,0x00,0x00,
};
uchar Status_BIT_01(void)   // 状态位 STA1,STA0 判断读写指令和读写数据
{
uchar i;

for(i=5;i>0;i--)
{
```

```
  if((LCMCW & 0x03)==0x03)
  break;
}
return i;   // 若返回 0   说明错误
}


uchar Status_BIT_3(void)   // 状态位 ST3 判断数据自动写状态
{
uchar i;

for(i=5;i>0;i--)
{
  if((LCMCW & 0x08)==0x08)

  }
return i;   // 若返回 0   说明错误
}

uchar LCD_Write_Command_P2(uchar cmd,uchar para1,uchar para2) // 写双参数的指令
{
if(Status_BIT_01()==0) return 1;
LCMDW=para1;
if(Status_BIT_01()==0) return 2;
LCMDW=para2;
if(Status_BIT_01()==0) return 3;
LCMCW=cmd;
return 0;   // 返回 0 成功
}

uchar LCD_Write_Command_P1(uchar cmd,uchar para1)   // 写单参数的指令
{
if(Status_BIT_01()==0) return 1;
LCMDW=para1;
if(Status_BIT_01()==0) return 2;
LCMCW=cmd;
return 0;   // 返回 0 成功
}

uchar LCD_Write_Command(uchar cmd) // 写无参数的指令
{
if(Status_BIT_01()==0)
return 1;
  LCMCW=cmd;
return 0;   // 返回 0 成功
```

```
}

uchar LCD_Write_Data(uchar dat)    // 写数据
{
if(Status_BIT_3()==0)
return 1;
LCMDW=dat;
return 0;    // 返回 0 成功
}

uchar LCD_Read_Data()    // 读数据
{
if(Status_BIT_01()==0)
return 1;
return LCMDW;
}

void Set_LCD_Pos(uchar row, uchar col) reentrant   //设置当前地址
{
uint Pos;

Pos=row *  LCD_WIDTH+col;
LCD_Write_Command_P2(LC_ADD_POS,Pos %  256,Pos / 256);    //修改
gCurRow=row;
gCurCol=col;
}

// 清屏
void cls(void)
{
uint i;

LCD_Write_Command_P2(LC_ADD_POS,0x00,0x00);   // 置地址指针
LCD_Write_Command(LC_AUT_WR);                 // 自动写
for(i=0;i<0x2000;i++)
{
  Status_BIT_3();
  LCD_Write_Data(0x00);                       // 写数据
}
LCD_Write_Command(LC_AUT_OVR);                // 自动写结束
LCD_Write_Command_P2(LC_ADD_POS,0x00,0x00);   // 重置地址指针
gCurRow=0;                                    // 置地址指针存储变量
gCurCol=0;
}
```

```
// LCM 初始化
uchar LCD_Initialise()
{
RESET=0;
RESET=1;
LCD_Write_Command_P2(LC_TXT_STP,0x00,0x00);         // 文本显示区首地址
LCD_Write_Command_P2(LC_TXT_WID,LCD_WIDTH,0x00);    // 文本显示区宽度
LCD_Write_Command_P2(LC_GRH_STP,0x00,0x00);         // 图形显示区首地址
LCD_Write_Command_P2(LC_GRH_WID,LCD_WIDTH,0x00);    // 图形显示区宽度
LCD_Write_Command_P1(LC_CGR_POS,CGRAMSTART>>11);
  LCD_Write_Command(LC_CUR_SHP | 0x01);             // 光标形状
LCD_Write_Command(LC_MOD_OR);                       // 显示方式设置
LCD_Write_Command(LC_DIS_SW |0x08);
grhome=GRSTART;
txthome=TXTSTART;
return 0;
}
/* void charout(uchar * str)
{
    uchar ch,len,i,uRow,uCol;
    len=strlen(str);
    i=0;
    uRow=tCurRow;
    uCol=tCurRow;
    at(uCol,uRow);
    while(i< len)
    {
        ch=str[i]-0x20;
        fnPR11(LC_INC_WR,ch);
        i++;
    }
}

// ASCII 及汉字显示函数

uchar Display_Str_at_xy(uchar x,uchar y,char * fmt) reentrant
{
char c1,c2,cData;
uchar i=0,j,uLen;
  uchar k;
uLen=strlen(fmt);

while(i< uLen)
{
  c1=fmt[i];
```

```
c2=fmt[i+1];

Set_LCD_Pos(y,x/8);
if(c1 >=0)
{
 // ASCII
    if(c1 <  0x20)
    {
        switch(c1)
        {
            case CR:
            case LF:              // 回车或换行
                i++;
            x=0;
                if(y<112)y+=HZ_CHR_HEIGHT;
                continue;
                case BS:          // 退格
                  i++;
                if(y>ASC_CHR_WIDTH)y-=ASC_CHR_WIDTH;
                cData=0x00;
                break;
        }
    }
    for(j=0;j< ASC_CHR_HEIGHT;j++)
     {

        if(c1>=0x1f)
        {
      cData=ASC_MSK[(c1-0x1f)*ASC_CHR_HEIGHT+j];
  Set_LCD_Pos(y+j,x/8);
  if((x%8)==0)
       {
           LCD_Write_Command(LC_AUT_WR);   // 写数据
             LCD_Write_Data(cData);
 LCD_Write_Command(LC_AUT_OVR);
      }
   else
    OutToLCD(cData,x,y+j);
        }
        Set_LCD_Pos(y+j,x/8);
    }
    if(c1 !=BS)  // 非退格
    x+=ASC_CHR_WIDTH;
 }
else
```

```
{ // 中文
    for(j=0;j< sizeof(GB_16)/sizeof(GB_16[0]);j++)
    {
        if(c1==GB_16[j].Index[0] && c2==GB_16[j].Index[1])
        break;
    }
    for(k=0;k<HZ_CHR_HEIGHT;k++)
    {
        Set_LCD_Pos(y+k,x/8);
        if(j<sizeof(GB_16)/sizeof(GB_16[0]))
{
      c1=GB_16[j].Msk[k*2];
        c2=GB_16[j].Msk[k*2+1];
  }
  else
   c1=c2=0;
  if((x% 8)==0)
   {
     LCD_Write_Command(LC_AUT_WR);
     LCD_Write_Data(c1);
     LCD_Write_Command(LC_AUT_OVR);
    }
  else
   OutToLCD(c1,x,y+k);

  if(((x+2+HZ_CHR_WIDTH/2)% 8)==0)
   {
     LCD_Write_Command(LC_AUT_WR);
     LCD_Write_Data(c2);
     LCD_Write_Command(LC_AUT_OVR);
     }
  else
   OutToLCD(c2,x+2+HZ_CHR_WIDTH/2,y+k);

}
      x+=HZ_CHR_WIDTH;
      i++;
  }
  i++;
}
return uLen;
}
void OutToLCD(uchar Dat,uchar x,uchar y)
{
```

```
uchar dat1,dat2,a,b;

b=x%8;a=8-b;
Set_LCD_Pos(y,x/8);
LCD_Write_Command(LC_AUT_RD);              //读数据
dat1=LCD_Read_Data();
dat2=LCD_Read_Data();
dat1=(dat1&(0xFF<<a))|(Dat>>b);
dat2=(dat2&(0xFF>>b))|(Dat<<a);
LCD_Write_Command(LC_AUT_OVR);
Set_LCD_POS(y,x/8);
LCD_Write_Command(LC_AUT_WR);
LCD_Write_Data(dat1);
LCD_Write_Data(dat2);
LCD_Write_Command(LC_AUT_OVR);
}

/*void SetShowMode(uchar newShowModeSW) //设置为显示模式
{
ShowModeSW=newShowModeSW;
fnPR12(LC_DIS_SW | newShowModeSW);
}*/

/**********************************
//=函数原型: Pixel(unsigned char PointX,unsigned char PointY, bit Mode)
//=功    能: 在指定坐标位置显示一个点
//=参    数: 坐标,显示点或清除点
//=返 回 值:
//=函数性质  私有函数
//=如果显示屏超过了256×256,请修改这个函数 PointX,PointY 的类型
//=Mode 1:显示 0:清除该点
**********************************/
void Pixel(unsigned char x,unsigned char y, uchar Mode)
{
    unsigned char Start_Addr,dat;
    Start_Addr=7-(x% 8);
    dat=LC_BIT_OP|Start_Addr;
    if(Mode) dat|=0x08;
    Set_LCD_Pos(y,x/8);
    LCD_Write_Command(LC_BIT_OP|dat);   //写数据
}

void Exchange(uchar * a,uchar * b)
{
    uchar t;
```

```
    t=*a;*a=*b;*b=t;
}

/*********************************
//=函数原型: void line(unsigned char x1, unsigned char y1, unsigned char x2, unsigned char y2,
bit Mode)
//=功    能:划线函数
//=参    数:坐标1,坐标2,显示点或清除点
//=返回值:
//=函数性质  私有函数
//=其他:显示点阵不超过 255×255
/*********************************/

void Line(unsigned char x1,unsigned char y1, unsigned char x2,unsigned char y2,
uchar Mode)
reentrant
{
    unsigned char x,y;
    float k,b;
    if(abs(y1-y2) <=abs(x1-x2)) // |k|<=1
    {
        k=(float)(y2-y1) / (float)(x2-x1);
        b=y1-k* x1;
        if(x1>x2)
        Exchange(&x1,&x2);
        for(x=x1;x<=x2;x++)
        {
            y=(uchar)(k* x+b);
            Pixel(x, y, Mode);
        }
}
     else
{
    k=(float)(x2-x1)/(float)(y2-y1);
    b=x1 - k* y1;
    if(y1>y2)
    Exchange(&y1,&y2);
        for(y=y1;y<=y2;y++)
          {
            x=(uchar)(k* y+b);
            Pixel(x, y, Mode);
          }
}
}
```

```
void Draw_Image(uchar *G_Buffer,uchar Start_Row,uchar Start_Col) reentrant
{
uchar i,j;
for(i=0;i <G_Buffer[1];i++)
{
    Set_LCD_POS(Start_Row+i,Start_Col);
    LCD_Write_Command(LC_AUT_WR);
    for(j=0;j<G_Buffer[0] /8;j++)
    LCD_Write_Data(G_Buffer[ i* (G_Buffer[0]/8)+j+2]);
    LCD_Write_Command(LC_AUT_OVR);
}
}
```

实验仿真电路

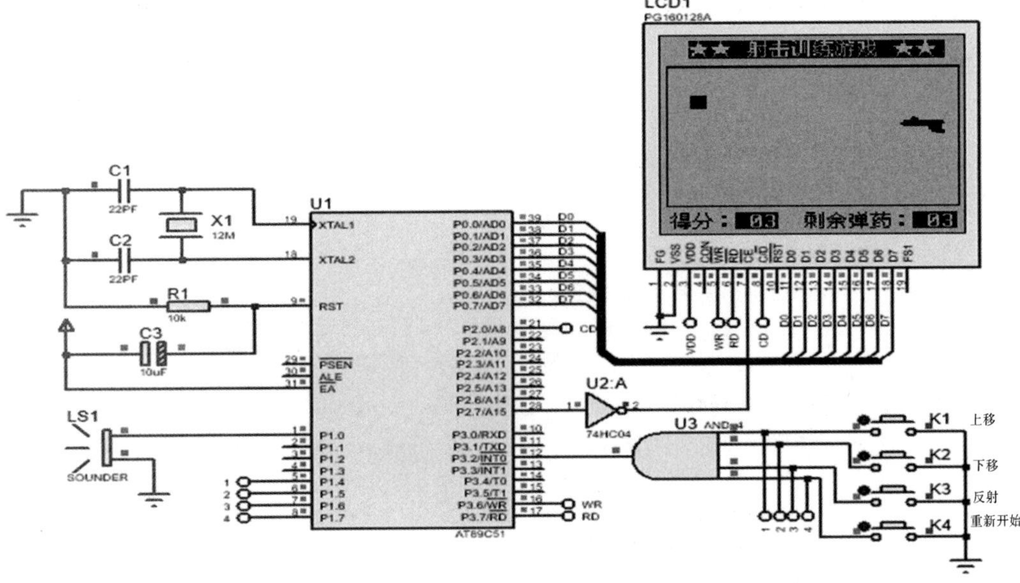

实验 10 基于 24C04 的密码锁设计

实验要求

利用单片机系统完成密码锁的设计，为防止单片机掉电密码丢失，利用 24C04 外置存储器完成密码的保存，同时利用 LCD1602 完成开锁过程的显示。

实验源程序

```
#include "delay.h"
/*------------------------------------------------
uS 延时函数,含有输入参数 unsigned char t ,无返回值
unsigned char 是定义无符号字符变量,其值的范围是 0～255, 这里使用晶振 12M,精确延时
请使用汇编语言, 大致延时长度为 T=tx2+5 uS
------------------------------------------------*/
void DelayUs2x(unsigned char t)
{
    while(--t);
}
/*------------------------------------------------
mS 延时函数,含有输入参数 unsigned char t,无返回值
unsigned char 是定义无符号字符变量,其值的范围是
0～255,这里使用晶振 12M,精确延时请使用汇编语言
------------------------------------------------*/
void DelayMs(unsigned char t)
{
    while(t--)
    {
// 大致延时 1 mS
        DelayUs2x(245);
        DelayUs2x(245);
    }
}
#include "eeprom.h"
#include "delay.h"
void Start(void) //I2 开始
{
    SDA=1;
    SCL=1;
    NOP4();
    SDA=0;
    NOP4();
    SCL=0;
}
void Stop(void)                     //I2C 停止
```

```
{
    SDA=0;
    SCL=0;
    NOP4();
    SCL=1;
    NOP4();
    SDA=1;
}
void RACK(void)                         // 读取应答
{
    SDA=1;
    NOP4();
    SCL=1;
    NOP4();
    SCL=0;
}
void NO_ACK(void)                       // 发送非应答信号
{
    SDA=1;
    SCL=1;
    NOP4();
    SCL=0;
    SDA=0;
}
void Write_A_Byte(uchar b)              // 写一个字节数据
{
    uchar i;
    for(i=0; i<8; i++)
    {
        b<<=1;
        SDA=CY;                         //CY 进位程序状态字寄存器
        _nop_();
        SCL=1;
        NOP4();
        SCL=0;
    }
    RACK();
}
void Write_IIC(uchar addr,uchar dat) // 向指写地地址写数据
{
    Start();
    Write_A_Byte(0xa0);
    Write_A_Byte(addr);
    Write_A_Byte(dat);
    Stop();
    DelayMs(10);
```

```
}
uchar Read_A_Byte(void)                  // 读取一个字节
{
    uchar i,b;
    for(i=0; i< 8; i++)
    {
        SCL=1;
        b<<=1;
        b|=SDA;
        SCL=0;
    }
    return b;
}
uchar Read_Current(void)                 // 从当前地址读取数据
{
    uchar d;
    Start();
    Write_A_Byte(0xa1);
    d=Read_A_Byte();
    NO_ACK();
    Stop();
    return d;
}
uchar Random_Read(uchar addr)            // 从任意地址读取数据
{
    Start();
    Write_A_Byte(0xa0);
    Write_A_Byte(addr);
    Stop();
    return Read_Current();
}
#include "key.h"
unsigned char key_scan()
{
    unsigned char temp,keyno;
    P1=0x0f;
    DelayMs(1);
    temp=P1^0x0f;
    switch(temp)                         // 纵行
    {
    case 1:
        keyno=1/*1*/;
        break;                           // 第一纵行
    case 2:
        keyno=2/*2*/;
        break;                           // 第二纵行
```

```
    case 4:
        keyno=3/*3*/;
        break;                       //第三纵行
    case 8:
        keyno=4/*3*/;
        break;                       //第四纵行
    }
    P1=0xf0;
    DelayMs(1);
    temp=P1>>4^0x0f;
    switch(temp)
    {   //横行
    case 1:
        keyno+=0 /*A*/;
        break;                       //第一行横行
    case 2:
        keyno+=4 /* B*/;
        break;                       //第一行横行
    case 4:
        keyno+=8 /*C*/;
        break;                       //第一行横行
    case 8:
        keyno+=12 /*D*/;
        break;                       //第一行横行
    }
    P1=0x0f;
    return keyno;
}
#include"LCD.H"
void write_com(unsigned char com)      //写命令
{
    RS_CLR;
    RW_CLR;
    P0=com;
    DelayMs(5);
    EN_SET;
    DelayMs(5);
    EN_CLR;
}
void write_data(unsigned char date)   //写一个字符
{
    RS_SET;
    RW_CLR;
    P0=date;
    DelayMs(5);
    EN_SET;
```

```
    DelayMs(5);
    EN_CLR;
}
void init()                              // 初始化
{
    write_com(0x38);
    write_com(0x0c);
    write_com(0x06);
    write_com(0x01);
}
/*----------------------------------------------
写入字符串函数
----------------------------------------------*/
void LCD_Write_String(unsigned char x,unsigned char y,unsigned char * s)
{
    if (y==0)
    {
        write_com(0x80+x);
    }
    else
    {
        write_com(0xC0+x);
    }
    while (*s)
    {
        write_data(*s);
        s++;
    }
}
/*----------------------------------------------
写入字符串函数
----------------------------------------------*/
void LCD_Write_Char(unsigned char x,unsigned char y,unsigned char Data)
{
    if (y==0)
    {
        write_com(0x80+x);
    }
    else
    {
        write_com(0xC0+x);
    }
    write_data(Data);
}
#include <REGX52.H>
#include <intrins.h>
```

```
#include "lcd.h"
#include "key.h"
#include "delay.h"
#include "eeprom.h"
void int0(void);
unsigned char password[6]/*={0x01,0x01,0x01,0x01,0x01,0x01}*/;
unsigned char password1[6];
unsigned char code aa[]="Password ";
unsigned char code gg[]="New";
unsigned char code bb[]="ERROR ";
unsigned char code cc[]="OK ";
unsigned char code dd[]=" ";
unsigned char code ee[]="Next ";
unsigned char code ff[]="success ";
unsigned char keydata;
main()
{
    unsigned char i,j,k,l,m,n,o,a1;
    /* for(i=0;i<6;i++)
    {
    Write_IIC(i,password[i]);
    }*/
    init();                             //LCD 初始化
    int0();
    P3_6=0;
    P3_7=0;
    P1=0x0f;
    LCD_Write_String(0,0,aa);
    LCD_Write_String(1,1,dd);
    write_com(0xc0+1);
    while(1)
    {
start:
        LCD_Write_String(0,0,aa);
        LCD_Write_String(1,1,dd);
        write_com(0xc0+1);
        while(1)
        {
if((0<keydata)&&(4>keydata)||(4<keydata)&&(8>keydata)||(8<keydata)&&(12>keyd
                ata)||keydata==14)
//通过 0~9 之间的数字
            {
                password[i]=keydata;  //保存键盘值
                keydata=0;            //将键盘值置其他值
                i++;
                write_data('*');     //在 LCD 上显示*,此字符代表输入了一个密码
```

```
        if(i==6)              // 这里限制密码为 6 位数
        {
            i=0;
            goto panduan;
        }
    }
    if(keydata==33)           // 确定,进入密码比较
    {
        keydata=0;
panduan:
        i=0;
        for(j=0; j<6; j++)
        {
            l+=password[j];
            k+=Random_Read(j);
        }
        if(l!=k)              // 密码不同,进行处理
        {
            l=0;
            k=0;
            LCD_Write_String(0,0,bb);
            DelayMs(1000);
            a1+=1;
            if(a1==2) {
                while(1)P3_7=1;//两次输入密码错误发出报警
                P3_6=0;
            }
            goto start;       // 第二次输入密码
        }
        if(l==k)              // 密码正确,进入运行状态,这里绿灯代表该状态
        {
            l=0;
            k=0;
            a1=0;
            P3_6=1;
            P3_7=0;
            LCD_Write_String(0,0,cc);
            LCD_Write_String(1,1,dd);
            if(o==1)
            {
                o=0;
                LCD_Write_String(0,0,gg);
                LCD_Write_String(4,0,aa);
                LCD_Write_String(1,1,dd);
                write_com(0xc0+1);
                goto text2;
```

```
                    }
                    goto yingxing;    // 跳至下面的函数“yingxing”
                }
            }
        }
yingxing:
        while(1)
        {
            if(keydata==4)              // 锁定功能
            {
                P3_6=0;
                goto start;
            }
            if(keydata==15)             // 修改密码
            {
                o++;
                if(o==1) goto start;
text2:
                keydata=0;
                while(1)
                {
                    if((0<keydata)&&(4>keydata)||(4<keydata)&&(8>keydata)||
(8<keydata)&&(12>keyd
                            ata)||keydata==14)
// 上面表达式通过 0～9 之间的数字
                    {
                        password[m]=keydata;      // 读取键盘值
                        keydata=0;
                        m++;
                        write_data('* ');
                        if(m==6)            // 密码输入到六位的时候进行判断是否再
                                               输入,或者判断前后两次密码是否一致
                        {
                            m=0;
                            n++;
                            if(n==2) goto panduan1;     // 输入第二次密码的时候
                                                           进行前后两次密码对比
                            for(i=0; i<6; i++)      // 储存前一次密码
                            {
                                password1[i]=password[i];
                            }
                            LCD_Write_String(1,1,dd);
                            LCD_Write_String(0,0,ee);
                            DelayMs(1000);
                            LCD_Write_String(0,0,aa);
                            write_com(0xc0+1);
```

```
            }
        }
        if(keydata==13)         // 重新输入,改密码
        {
text:
            m=0;
            n=0;
            LCD_Write_String(1,1,dd);
            write_com(0xc0+1);
        }
        if(keydata==33)         // 退出,不改密码
        {
out:
            m=0;
            n=0;
            o=0;
            LCD_Write_String(0,0,cc);
            LCD_Write_String(1,1,dd);
            goto yingxing;
        }
        if(keydata==33)
        {
            keydata=0;
panduan1:
            for(j=0; j<6; j++)   // 第一次与第二次密码对比
            {
                l+=password[j];
                k+=password1[j];
            }
            if(l!=k)             // 第一次与第二次密码输入不一致
            {
                l=0;
                k=0;
                LCD_Write_String(0,0,bb);
                DelayMs(1000);
                LCD_Write_String(0,0,aa);
                goto text;
            }
            else
            {
                for(i=0; i<6; i++)
                {
                    Write_IIC(i,password[i]);
                }
                LCD_Write_String(0,0,ff);
                DelayMs(1000);
```

```
                                    goto out;
                                }
                            }
                        }
                    }
                }
            }
        }
        void int0(void)
        {
            EA=1;
            EX0=1;
            IT0=1;
        }
        void ISR_INT0(void) interrupt 0
        {
            keydata=key_scan();
        }
```

实验仿真电路

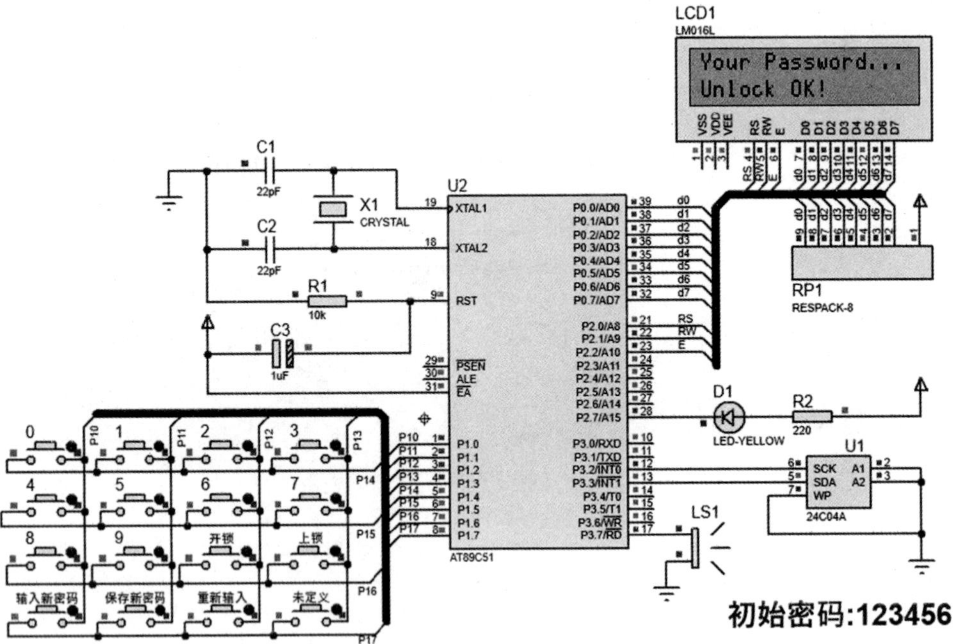

实验 11 仿真电机控制 PID 算法

实验要求

采用 51 单片机模拟 PWM,用定时器获取电机的转速信息,用 PID 算法计算转速。转速、P、I、D 都可以用按钮设置,LCD 显示屏显示出电机的转速、差值、设定值、P、I、D,并可以粗调和微调,还有闪烁提示,用来指示当前的设置项目。

实验源程序

```
/********   main.c *******/

#include "sysconfig.h"
#include "lcd.h"
#include "speed.h"
#include "key.h"

void main(){
    SPEED_Init();
    LCD_Init();
    LCD_Display(0,0," MOTOR PID CONTROL. ");
    MOTOR=0;
    while(1){
        SPEED_TimerDriver();
    }
}

/********sysconfig.h *******/

#ifndef __SYSCONFIG_H__
#define __SYSCONFIG_H__
    #include "reg51.h"
    #include "string.h"
    #include "stdio.h"
    #include "intrins.h"
    typedef unsigned char u8;
    typedef   signed chars8;
    typedefunsigned intu16;
    typedef   signed ints16;
    typedefunsigned longu32;
    typedef signed longs32;

    typedef enum{FALSE=0, TRUE=!FALSE} bool;
    typedef enum{RESET=0, SET=!RESET} bitstate;
    typedef enum{DISABLE=0, ENABLE=!DISABLE} funstate;
    typedef enum{ERROR=0, FAULT=ERROR, SUCCESS=!ERROR} errstate;
```

```
    typedef enum  {OFF=0, ON=!OFF} swstate;
    #define IX0      0
    #define T0            1
    #define IX1      2
    #define T1            3
    #define IUSART   4
    #define T2            5

    sbit LED0=P2^3;
    sbit LED1=P2^4;
    sbit LED2=P2^5;

    sbit SPEED=P3^2;
    sbit MOTOR=P2^6;

    sbit KEY_UP=P1^0;
    sbit KEY_DOWN=P1^1;
    sbit KEY_LEFT=P1^2;
    sbit KEY_RIGHT=P1^3;
    sbit KEY_MOVE=P1^4;
    sbit KEY_ENTER=P1^5;
    #define KEY_PORT P1
    #define NOP()_nop_()

#endif

/********key.h *******/

#ifndef __KEY_H__
#define __KEY_H__
typedef enum {
    KEY_Up=0xfe,
    KEY_Down=0xfd,
    KEY_Left=0xfb,
    KEY_Right=0xf7,
    KEY_Move=0xef,
    KEY_Enter=0xdf,
}KEY_ValueTypeDef;
extern KEY_ValueTypeDef KEY_Value;
extern bit KEY_Pressed;
extern bit KEY_Released;
void KEY_Scan(void);
#endif

/********lcd.h*******/

#ifndef __LCD_H__
#define __LCD_H__
```

```
//Port Definitions**********************************************************
*************
sbit LCD_RS=P2^0;
sbit LCD_RW=P2^1;
sbit LCD_EN=P2^2;
sfr  LCD_PORT=0x80;  //P0=0x80,P1=0x90,P2=0xA0,P3=0xB0
#define LCD_COMMAND         0       // Command
#define LCD_DATA            1       // Data
#define LCD_CLEAR_SCREEN    0x01    // 清屏
#define LCD_HOMING          0x02    // 光标返回原点
#define LCD_SHOW            0x04    //显示开
#define LCD_HIDE            0x00    //显示关

#define LCD_CURSOR          0x02    //显示光标
#define LCD_NO_CURSOR       0x00    //无光标

#define LCD_FLASH           0x01    //光标闪动
#define LCD_NO_FLASH        0x00    //光标不闪动

//设置输入模式*****************************************************
************
#define LCD_AC_UP           0x02
#define LCD_AC_DOWN         0x00    // default

#define LCD_MOVE            0x01    // 画面可平移
#define LCD_NO_MOVE         0x00    //default

void LCD_Init(void);
void LCD_Display(u8 x, u8 y, const char* str);
void LCD_DisplayNumber(x, y, u16 dat);
#endif

/********speed.h*******/

#ifndef __SPEED_H__
#define __SPEED_H__
void SPEED_Init(void);
void SPEED_TimerDriver(void);
#endif

/********stdio.h*******/

#ifndef __STDIO_H__
#define __STDIO_H__

#ifndef EOF
#define EOF -1
#endif
```

```
#ifndef NULL
#define NULL ((void*) 0)
#endif

#ifndef _SIZE_T
#define _SIZE_T
typedef unsigned int size_t;
#endif

#pragma SAVE
#pragma REGPARMS
extern char _getkey (void);
extern char getchar (void);
extern char ungetchar (char);
extern char putchar (char);
extern int printf (const char *, ...);
extern int sprintf (char* , const char* , ...);
extern int vprintf (const char* , char* );
extern int vsprintf (char* , const char* , char* );
extern char* gets (char* , int n);
extern int scanf (const char* , ...);
extern int sscanf (char* , const char* , ...);
extern int puts (const char* );

#pragma RESTORE

#endif

/********string.h*******/

#ifndef __STRING_H__
#define __STRING_H__

#ifndef _SIZE_T
#define _SIZE_T
typedef unsigned int size_t;
#endif

#ifndef NULL
#define NULL ((void*)0)
#endif

#pragma SAVE
#pragma REGPARMS
extern char   *strcat(char* s1, const char* s2);
extern char   *strncat(char* s1, const char* s2, size_t n);
```

```
extern char  strcmp(const char* s1, const char* s2);
extern char  strncmp(const char* s1, const char* s2, size_t n);

extern char  *strcpy  (char* s1, const char* s2);
extern char  *strncpy (char* s1, const char* s2, size_t n);

extern size_t strlen  (const char* );

extern char  *strchr  (const char* s, char c);
extern int    strpos  (const char* s, char c);
extern char  *strrchr (const char* s, char c);
extern int    strrpos (const char* s, char c);

extern size_t strspn  (const char* s, const char* set);
extern size_t strcspn (const char* s, const char* set);
extern char  *strpbrk (const char* s, const char* set);
extern char  *strrpbrk(const char* s, const char* set);
extern char  *strstr  (const char* s, const char* sub);
extern char  *strtok  (char* str, const char* set);

extern char   memcmp  (const void* s1, const void* s2, size_t n);
extern void  *memcpy  (void* s1, const void* s2, size_t n);
extern void  *memchr  (const void* s, char val, size_t n);
extern void  *memccpy (void* s1, const void* s2, char val, size_t n);
extern void  *memmove (void* s1, const void* s2, size_t n);
extern void  *memset  (void* s, char val, size_t n);
#pragma RESTORE

#endif
/********intrins.h*******/

#ifndef __INTRINS_H__
#define __INTRINS_H__

#pragma SAVE

#if defined (__CX2__)
#pragma FUNCTIONS(STATIC)
/*  intrinsic functions are reentrant, but need static attribute*/
#endif

extern void              _nop_     (void);
extern bit               _testbit_ (bit);
extern unsigned char _cror_     (unsigned char, unsigned char);
extern unsigned int   _iror_     (unsigned int,  unsigned char);
extern unsigned long _lror_     (unsigned long, unsigned char);
extern unsigned char _crol_     (unsigned char, unsigned char);
extern unsigned int   _irol_     (unsigned int,  unsigned char);
```

```
extern unsigned long _lrol_    (unsigned long, unsigned char);
extern unsigned char _chkfloat_(float);
#if defined (__CX2__)
extern int          abs        (int);
extern void         _illop_    (void);
#endif
#if ! defined (__CX2__)
extern void         _push_     (unsigned char _sfr);
extern void         _pop_      (unsigned char _sfr);
#endif

#pragma RESTORE

#endif


/* * * * * * * * math.h* * * * * * */
#ifndef __MATH_H__
#define __MATH_H__

#if defined __CX2__ && (__CX2__ >=558 || __CX2__==556 && __CX2_MINOR__ >=207)
#ifndef HUGE_VAL
#define HUGE_VAL __inf__
#endif // HUGE_VAL

#ifndef NAN
#define NAN __nan__
#endif // NAN

#pragma SAVE
#pragma FUNCTIONS(STATIC)
/*  intrinsic functions are reentrant, but need static attribute*/
extern int    abs  (int   val);
#pragma RESTORE
#endif

#pragma SAVE
#pragma REGPARMS
#if!defined (__CX2__)
extern char  cabs  (char  val);
extern int    abs  (int   val);
extern long  labs  (long  val);
#endif

extern float fabs  (float val);
extern float sqrt  (float val);
extern float exp  (float val);
extern float log  (float val);
```

```
extern float log10  (float val);
extern float sin  (float val);
extern float cos  (float val);
extern float tan  (float val);
extern float asin  (float val);
extern float acos  (float val);
extern float atan  (float val);
extern float sinh  (float val);
extern float cosh  (float val);
extern float tanh  (float val);
extern float atan2  (float y, float x);

extern float ceil  (float val);
extern float floor  (float val);
extern float modf  (float val, float * n);
extern float fmod  (float x, float y);
extern float pow  (float x, float y);

#if defined (__CX2__)
extern float frexp (float val, int * exp);
extern float ldexp (float val, int exp);
#endif

#pragma RESTORE

#endif

/********pid.h*******/
#ifndef __PID_H__
#define __PID_H__
#include "sysconfig.h"
typedef struct
{
    int e0;                     //第 n 次输入偏差值
    int e1;                     //第 n-1 次输入偏差值
    int e2;                     //第 n-2 次输入偏差值

    u16  ka;                    //PID 第 n 次输入偏差值系数 ka
    u16  kb;                    //PID 第 n-1 次输入偏差值系数 kb
    u16  kc;                    //PID 第 n-2 次输入偏差值系数 kc
    u8   kz;                    //PID 参数放大倍数


    char maxAdjust;             //最大调整量限制
    u8 maxOut;                  //最大目标量限制
    u8 minOut;                  //最小目标量限制
}PID_TypeDef;
```

```
//***************************************************************
**
//程序名称:函数 声明
//程序说明:
//***************************************************************
**
extern void PID_IncInit(PID_TypeDef* ptrPID);
extern void PID_IncSetRatio(u8 kp, u8 ki, u8 kd, u8 z, PID_TypeDef* ptrPID);
extern void PID_IncSetRatioLimit(s8 maxAdjust, u8 maxOut, u8 minOut, PID_Ty-
peDef* ptrPID);
extern void PID_IncCompute(s16 offset, u8* ptrOut, PID_TypeDef* ptrPID);

//***************************************************************
**
#endif


/********lcd.c*******/

#include "sysconfig.h"
#include "lcd.h"
//Port Definitions***********************************************
*************
unsigned char LCD_Wait(void)
{
    LCD_RS=0;
    LCD_RW=1;
    NOP();
    LCD_EN=1;
    NOP();
    LCD_EN=0;
    return LCD_PORT;
}

void LCD_Write(bit mode, u8 dat)
{
    LCD_EN=0;
    LCD_RS=mode;
    LCD_RW=0;
    NOP();
    LCD_PORT=dat;
    NOP();                                        //注意顺序
    LCD_EN=1;
    NOP();                                        //注意顺序
    LCD_EN=0;
    NOP();
    LCD_Wait();
}
```

```
void LCD_SetDisplay(unsigned char DisplayMode)
{
    LCD_Write(LCD_COMMAND, 0x08|DisplayMode);
}

void LCD_SetInput(unsigned char InputMode)
{
    LCD_Write(LCD_COMMAND, 0x04|InputMode);
}

void LCD_Init()
{
    LCD_EN=0;
    LCD_Write(LCD_COMMAND,0x38);                //8位数据端口,2行显示,5×7点阵
    LCD_Write(LCD_COMMAND,0x38);
    LCD_SetDisplay(LCD_SHOW|LCD_NO_CURSOR);  //开启显示, 无光标
    LCD_Write(LCD_COMMAND,LCD_CLEAR_SCREEN); //清屏
LCD_SetInput(LCD_AC_UP|LCD_NO_MOVE);         //AC递增, 画面不动
}
//***********************************************************
***************
void LCD_SetPixel(u8 x, u8 y)
{
    switch(y){
        case 0:
            LCD_Write(LCD_COMMAND, 0x80 | x);
        break;
        case 1:
            LCD_Write(LCD_COMMAND, (x+0xc0));
        break;
        case 2:
            LCD_Write(LCD_COMMAND, (x+0x94));
        break;
        case 3:
            LCD_Write(LCD_COMMAND, (x+0xd4));
        break;
    }
}

void LCD_Display(u8 x, u8 y, const char * str)
{
    LCD_SetPixel(x, y);
    while(*str!='\0')
    {
        LCD_Write(LCD_DATA,*str);
        str++;
    }
```

```
}
void LCD_DisplayNumber(x, y, u16 dat){
    u8 tmpBuf[6];
    u8 i;
    tmpBuf[2]=(dat%10)+'0';
    tmpBuf[1]=((dat/10)%10)+'0';
    tmpBuf[0]=((dat/100)%10)+'0';
    tmpBuf[3]='\0';
    i=0;
    if(tmpBuf[0]=='0'){
        tmpBuf[3]=' ';
        tmpBuf[4]='\0';
        i=1;
        if(tmpBuf[1]=='0'){
            tmpBuf[4]=' ';
            tmpBuf[5]='\0';
            i=2;
        }
    }
    LCD_Display(x, y, &tmpBuf[i]);
}
/********speed.c*******/

#include "sysconfig.h"
#include "lcd.h"
#include "pid.h"
#include "math.h"
#include "key.h"
typedef struct {
    u8 SPEED_SetSpeed;
    u8 PID_P;
    u8 PID_I;
    u8 PID_D;
    u8 PID_Z;
}SYS_SetStructTypeDef;
SYS_SetStructTypeDef SYS_SetStruct;
bit TIM0_500uSFlag=FALSE;
u8 TIM_500msCounter;
u8 TIM_1SCounter;
u8 TIM_10mSCounter;
u16 SPEED_CheckSpeedCounter;
u16 SPEED_SpeedValue;

bit SPEED_OldState;
u8 PWM_Counter;
u8 PWM_Duty;
u8 SYS_SetMode=1;
bit LCD_FlashSetSpeed;
```

```
bit LCD_FlashSetP;
bit LCD_FlashSetI;
bit LCD_FlashSetD;
bit LCD_FlashSetZ;

bit LCD_FlashFlagSetSpeed=FALSE;
bit LCD_FlashFlagSetP=FALSE;
bit LCD_FlashFlagSetI=FALSE;
bit LCD_FlashFlagSetD=FALSE;
bit LCD_FlashFlagSetZ=FALSE;

extern u8 KEY_Value;
u16 SPEED_ValueBuffer[10];
u8 SPEED_ResultValue;
bit TIM1_10uSFlag=FALSE;
u8 SYS_SetTimeOutCounter=0;
static PID_TypeDef PID_Value;
void TIM_Init(){
    TMOD=0x11;
    TH0=0xfe;
    TL0=0x0c;
    TH1=0xff;
    TL1=0xf6;
    TR0=1;
    TR1=1;
    ET0=1;
    ET1=1;
    EA=1;
}

void TIM0_IRQHandle() interrupt T0 using 1 {
    EA=0;
    TF0=0;
    TH0=0xfe;
    TL0=0x0c;
    TIM0_500uSFlag=TRUE;
    EA=1;
}

void TIM1_IRQHandle() interrupt T1 using 3 {
    EA=0;
    TF1=0;
    TH1=0xff;
    TL1=0xf6;
    TIM1_10uSFlag=TRUE;
    EA=1;
}
```

```
void SPEED_Init(){
    TIM_Init();
    TIM_500msCounter=0;
    TIM_1SCounter=0;
    TIM_10mSCounter=0;
    SPEED_OldState=FALSE;
    SPEED_CheckSpeedCounter=0;
    PID_IncInit(&PID_Value);
    SYS_SetStruct.SPEED_SetSpeed=12;
    PWM_Duty=50;
    SYS_SetStruct.PID_P=120;
    SYS_SetStruct.PID_I=110;
    SYS_SetStruct.PID_D=0;
    SYS_SetStruct.PID_Z=10;
}
//中值滤波器
//u16 GetMedianNum(u16* bArray, u8len){
//  u8 i,j;
//  u16 bTemp;
//  for(j=0; j <len - 1; j++){
//    for(i=0; i <len - j - 1; i++){
//      if(bArray[i]>bArray[i+1]){
//          bTemp=bArray[i];
//          bArray[i]=bArray[i+1];
//          bArray[i+1]=bTemp;
//      }
//    }
//  }
//  if((len&1)>0)
//    bTemp=bArray[(len+1)/2];
//  else
//    bTemp=(bArray[len/2]+bArray[len/2+1])/2;
//  return bTemp;
//}

void SPEED_MiddleValue(){
//  static u8 count;
//  SPEED_ValueBuffer[count]=SPEED_SpeedValue;
//  if(count++>=10)
//      count=0;
    SPEED_ResultValue=SPEED_SpeedValue;
//  GetMedianNum(SPEED_ValueBuffer, 0);
}

void PID_Process(){
    PID_IncSetRatio(SYS_SetStruct.PID_P,SYS_SetStruct.PID_I,SYS_SetStruct.
PID_D,SYS_SetStruct.PID_Z,&PID_Value);
    PID_IncSetRatioLimit(1,100,1,&PID_Value);
```

```
    SPEED_MiddleValue();
    PID_IncCompute(SPEED_ResultValue - SYS_SetStruct.SPEED_SetSpeed, &PWM_Du-
ty, &PID_Value);
}
void LCD_InfDisp(){
    u8 grap;
    grap=abs(SPEED_ResultValue - SYS_SetStruct.SPEED_SetSpeed);
    if(grap>10)
        LED1=0;
else
    LED1=1;
if(PWM_Duty>50)
    LED2=1;
else
    LED2=0;

LCD_Display(0,1,"SPEED:");
LCD_DisplayNumber(6,1,SPEED_ResultValue);
if(LCD_FlashSetSpeed==TRUE)
    LCD_Display(11,1,"    ");
else
    LCD_Display(11,1,"SET:");
LCD_DisplayNumber(15,1,SYS_SetStruct.SPEED_SetSpeed);

LCD_Display(0,2,"GRAP:");
LCD_DisplayNumber(5,2,grap);
LCD_Display(10,2,"DUTY:");
LCD_DisplayNumber(15,2,PWM_Duty);

if(LCD_FlashSetP==TRUE)
    LCD_Display(0,3,"  ");
else
    LCD_Display(0,3,"P:");
LCD_DisplayNumber(2,3,SYS_SetStruct.PID_P);

if(LCD_FlashSetI==TRUE)
    LCD_Display(5,3,"  ");
else
    LCD_Display(5,3,"I:");
LCD_DisplayNumber(7,3,SYS_SetStruct.PID_I);

if(LCD_FlashSetD==TRUE)
    LCD_Display(10,3,"  ");
else
    LCD_Display(10,3,"D:");
LCD_DisplayNumber(12,3,SYS_SetStruct.PID_D);

if(LCD_FlashSetZ==TRUE)
```

```
        LCD_Display(15,3,"  ");
    else
        LCD_Display(15,3,"Z:");
    LCD_DisplayNumber(17,3,SYS_SetStruct.PID_Z);
    }

    void SPEED_TimerDriver(){
        static u8 flashCounter=0;
        if(TIM0_500uSFlag==TRUE){
            TIM0_500uSFlag=FALSE;
            if((SPEED_OldState==RESET) && (SPEED==SET)){
                SPEED_SpeedValue=SPEED_CheckSpeedCounter;
                SPEED_CheckSpeedCounter=0;
            }
            SPEED_CheckSpeedCounter++;
            SPEED_OldState=SPEED;

            if(++TIM_10mSCounter >=20){
                u8*middleValue;
                middleValue=(u8*)&SYS_SetStruct+SYS_SetMode-1;
                TIM_10mSCounter=0;
                PID_Process();
                KEY_Scan();
                if(KEY_Released==TRUE){
                    KEY_Released=FALSE;
                    switch(KEY_Value){
                        case KEY_Up:
                        (*middleValue)+=10;
                        SYS_SetTimeOutCounter=5;
                        break;
                    case KEY_Down:
                        (*middleValue)-=10;
                        SYS_SetTimeOutCounter=5;
                        break;
                    case KEY_Left:
                        (*middleValue)--;
                        SYS_SetTimeOutCounter=5;
                        break;
                    case KEY_Right:
                        (*middleValue)++;
                        SYS_SetTimeOutCounter=5;
                        break;
                    case KEY_Move:
                        LCD_FlashFlagSetSpeed=FALSE;
                        LCD_FlashFlagSetP=FALSE;
                        LCD_FlashFlagSetI=FALSE;
                        LCD_FlashFlagSetD=FALSE;
                        LCD_FlashFlagSetZ=FALSE;
```

```
                SYS_SetTimeOutCounter=5;
                if(++SYS_SetMode>=6)
                    SYS_SetMode=1;

                if(SYS_SetMode==1)
                    LCD_FlashFlagSetSpeed=TRUE;
                else if(SYS_SetMode==2)
                    LCD_FlashFlagSetP=TRUE;
                else if(SYS_SetMode==3)
                    LCD_FlashFlagSetI=TRUE;
                else if(SYS_SetMode==4)
                    LCD_FlashFlagSetD=TRUE;
                else if(SYS_SetMode==5)
                    LCD_FlashFlagSetZ=TRUE;
                break;
            case KEY_Enter:
                break;
        }
    }

        LCD_InfDisp();
        if(++TIM_500msCounter>=50){
        TIM_500msCounter=0;
        LED0=~LED0;
        if(SYS_SetTimeOutCounter--==1){
            SYS_SetTimeOutCounter=0;
            SYS_SetMode=1;
            LCD_FlashFlagSetSpeed=FALSE;
            LCD_FlashFlagSetP=FALSE;
            LCD_FlashFlagSetI=FALSE;
            LCD_FlashFlagSetD=FALSE;
            LCD_FlashFlagSetZ=FALSE;
        }
    }
    if(++flashCounter>=10){
        if(LCD_FlashFlagSetSpeed==FALSE)
            LCD_FlashSetSpeed=FALSE;
        else
            LCD_FlashSetSpeed=~LCD_FlashSetSpeed;
        if(LCD_FlashFlagSetP==FALSE)
            LCD_FlashSetP=FALSE;
        else
            LCD_FlashSetP=~LCD_FlashSetP;
        if(LCD_FlashFlagSetI==FALSE)
            LCD_FlashSetI=FALSE;
        else
            LCD_FlashSetI=~LCD_FlashSetI;
        if(LCD_FlashFlagSetD==FALSE)
```

```
                    LCD_FlashSetD=FALSE;
                else
                    LCD_FlashSetD=~LCD_FlashSetD;
                if(LCD_FlashFlagSetZ==FALSE)
                    LCD_FlashSetZ=FALSE;
                else
                    LCD_FlashSetZ=~LCD_FlashSetZ;
                }
            }
        }
        if(TIM1_10uSFlag==TRUE){
            TIM1_10uSFlag=FALSE;
            if(++PWM_Counter>=100)
                PWM_Counter=0;
            if(PWM_Counter>=PWM_Duty)
                MOTOR=1;
            else
                MOTOR=0;
        }
}

/*******pid.c*******/

#include "pid.h"
//*************************************************************
//程序名称:增量式PID初始化函数
//入口参数:*ptrPID
//出口参数:e0, e1, e2, ka, kb, kc, kz, max_adjust, max_out, min_out
//返回参数:
//调用函数:
//程序说明:
//*************************************************************

void PID_IncInit(PID_TypeDef*ptrPID){
    (*ptrPID).e0=0;
    (*ptrPID).e1=0;
    (*ptrPID).e2=0;

    (*ptrPID).ka=0;
    (*ptrPID).kb=0;
    (*ptrPID).kc=0;
    (*ptrPID).kz=0;

    (*ptrPID).maxAdjust=0;
    (*ptrPID).maxOut=0;
    (*ptrPID).minOut=0;
}
//*************************************************************
```

```
//程序名称:增量式 PID 系数设置函数
//入口参数:kp, ki, kd, z, *pid_ptr
//出口参数:ka, kb, kc, kz
//返回参数:
//调用函数:
//程序说明:
/*
    T--------采样周期
    Ti-------积分时间
    Td-------微分时间

    Kp=Kp
    Ki=Kp*T/Ti
    Kd=Kp*Td/T

    A=Kp+Ki+Kd=Kp*(1+T/Ti+Td/T)
    B=Kp+2*Kd=Kp*(1+2Td/T)
    C=Kd=Kp*Td/T
*///120,11,0,10
//*************************************************************
void PID_IncSetRatio(u8 kp, u8 ki, u8 kd, u8 kz, PID_TypeDef*ptrPID){
    (*ptrPID).ka=kp+ki+kd;
    (*ptrPID).kb=kp+(2*kd);
    (*ptrPID).kc=kd;
    (*ptrPID).kz=kz;
}

//*************************************************************
//程序名称:PID 系数极限设置函数
//入口参数:max_ajst, max_outval, min_outval, *pid_ptr
//出口参数:max_adjust, max_out, min_out
//返回参数:
//调用函数:
//程序说明:
//*************************************************************
void PID_IncSetRatioLimit(s8 maxAdjust, u8 maxOut, u8 minOut, PID_TypeDef*
ptrPID){
    (*ptrPID).maxAdjust=maxAdjust;
    (*ptrPID).maxOut=maxOut;
    (*ptrPID).minOut=minOut;
}

//*************************************************************
//程序名称:增量式 PID 函数
//入口参数:nonce_error, pid_ptr, out_ptr
//出口参数:*out_ptr
//返回参数:
//调用函数:
```

```
//程序说明:
/*
////位置式 PID 控制算式
////    离散的 PID 表达式:
////    U(n)=Kp*{e(n)+(T/Ti)*Sum[e(0)+e(1)...+e(n)]+(Td/T)*[e(n)-e(n-1)]}
////    U(n)=Kp*e(n)+Ki*Sum[e(0)~e(n)]+Kd*[e(n)-e(n-1)]
////    说明:
////    n--------采样序号,n=0,1,2,…… 。
////    U(n)-----第 n 次采样时刻的计算输出量
////    e(n)-----第 n 次采样时刻输入的偏差值
////    e(n-1)---第 n-1 次采样时刻输入的偏差值
////    T--------采样周期
////    Ti-------积分时间
////    Td-------微分时间
////    Kp-------比例系数
////    Ki-------积分系数,Ki=Kp*T/Ti
////    Kd-------微分系数,Kd=Kp*Td/T

增量式 PID 控制算式(广泛应用)
    增量式 PID 控制算法公式:
    dU(n)=U(n)-U(n-1)
    dU(n)=Kp*[e(n)-e(n-1)]+Ki*e(n)+Kd*[e(n)-2*e(n-1)+e(n-2)]
    dU(n)=(Kp+Ki+Kd)*e(n) - (Kp+2*Kd)*e(n-1)+e(n-2)*Kd
    dU(n)=A*e(n) - B*e(n-1)+C*e(n-2)
    说明:
    T--------采样周期
    Ti-------积分时间
    Td-------微分时间

    Kp=Kp
    Ki=Kp*T/Ti
    Kd=Kp*Td/T

    A=Kp+Ki+Kd=Kp*(1+T/Ti+Td/T)
    B=Kp+2*Kd=Kp*(1+2Td/T)
    C=Kd=Kp*Td/T

由于单片机的处理速度和 ram 资源的限制,一般不采用浮点数运算,而是将所有参数全部用整数运算到最后再除以一个 2 的 N 次方数据(相当于移位),作类似定点数运算,可大大提高运算速度。根据控制精度的不同要求,当精度要求很高时,注意保留移位引起的"余数",做好余数补偿。
*/
//************************************************************

void PID_IncCompute(s16 offset, u8*ptrOut, PID_TypeDef*ptrPID){
    s16 outResult=(s16)(*ptrOut);
    s32 median;
    s8 adjust;
```

```
    (*ptrPID).e2=(*ptrPID).e1;
    (*ptrPID).e1=(*ptrPID).e0;
    (*ptrPID).e0=offset;
    median=(s32)(*ptrPID).ka*(*ptrPID).e0 -\
                    (s32)(*ptrPID).kb*(*ptrPID).e1+\
                    (s32)(*ptrPID).kc*(*ptrPID).e2;
    median=median>>(*ptrPID).kz;
    if(median < -(*ptrPID).maxAdjust)
        adjust=-(*ptrPID).maxAdjust;
    else if(median >(*ptrPID).maxAdjust)
        adjust=(*ptrPID).maxAdjust;
    else
        adjust=(s8)median;

    outResult+=adjust;
    if(outResult>(*ptrPID).maxOut)
        outResult=(*ptrPID).maxOut;
    else if(outResult<(*ptrPID).minOut)
        outResult=(*ptrPID).minOut;
    *ptrOut=(u8)outResult;
}
```

实验仿真电路

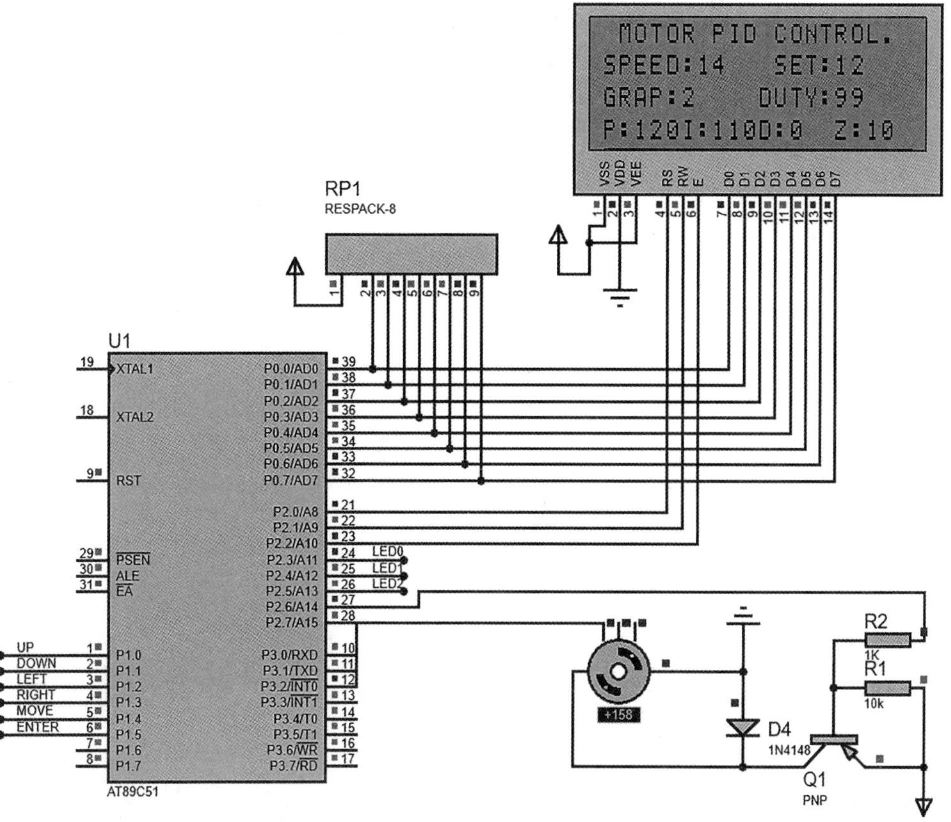

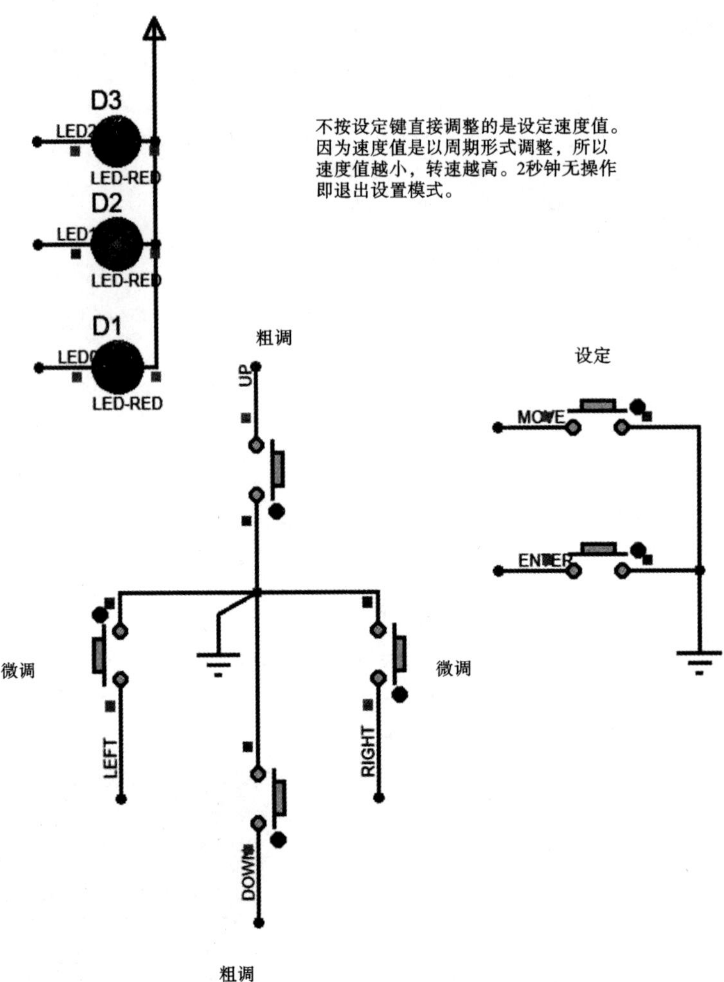
D3
LED2
LED-RED
D2
LED1
LED-RED
D1
LED0
LED-RED
不按设定键直接调整的是设定速度值。
因为速度值是以周期形式调整，所以
速度值越小，转速越高。2秒钟无操作
即退出设置模式。
粗调
UP
设定
MOVE
ENTER
微调
LEFT
RIGHT
微调
DOWN
粗调

第 4 篇

仿 真 篇

仿真 1 花样流水灯设计

实现功能

利用 51 单片机完成两组花样流水灯设计。

实验源程序

```
#include <reg52.h>
#define uchar unsigned char
#define uint unsigned int

uchar code Pattern_P0[]=
{
    0xfc,0xf9,0xf3,0xe7,0xcf,0x9f
};
uchar code Pattern_P2[]=
{
    0xf5,0xf6,0xfe,0x54,0x56,0x76,0xd7,0x49,0xa9,0xe4,0xc6
};

void DelayMS(uint x)
{
    uchar t;
    while(x--)
    {
        for(t=120;t>0;t--);
    }
}

void main()
{
    uchar i;
    while(1)
    {
        for(i=136;i> 0;i--)
        {
            P0=Pattern_P0[i];
            P2=Pattern_P2[i];
            DelayMS(150);
        }
    }
}
```

实验仿真电路

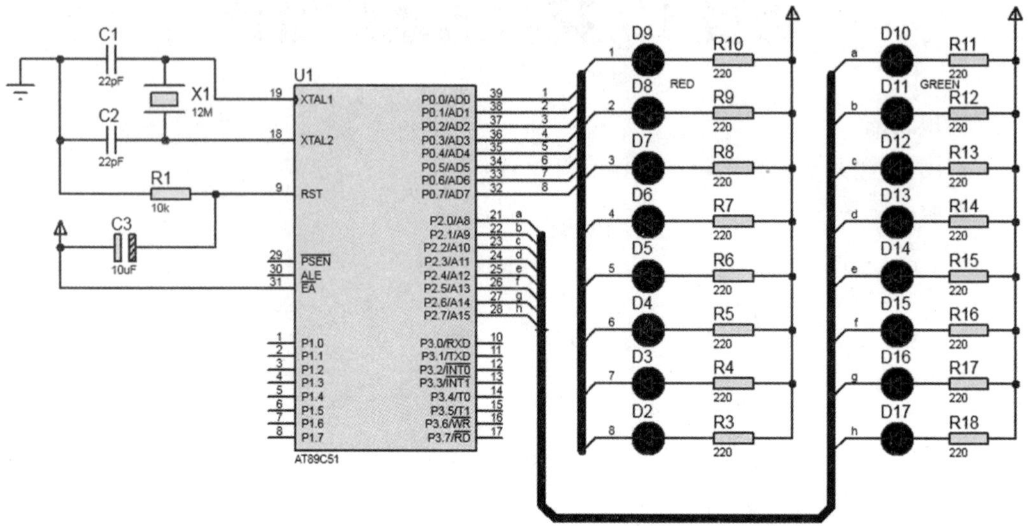
C1
22pF
X1
12M
C2
22pF
R1
10k
C3
10uF
U1
XTAL1
XTAL2
RST
PSEN
ALE
EA
P1.0
P1.1
P1.2
P1.3
P1.4
P1.5
P1.6
P1.7
AT89C51
P0.0/AD0
P0.1/AD1
P0.2/AD2
P0.3/AD3
P0.4/AD4
P0.5/AD5
P0.6/AD6
P0.7/AD7
P2.0/A8
P2.1/A9
P2.2/A10
P2.3/A11
P2.4/A12
P2.5/A13
P2.6/A14
P2.7/A15
P3.0/RXD
P3.1/TXD
P3.2/INT0
P3.3/INT1
P3.4/T0
P3.5/T1
P3.6/WR
P3.7/RD
D9
D8
D7
D6
D5
D4
D3
D2
RED
R10
R9
R8
R7
R6
R5
R4
R3
220
D10
D11
D12
D13
D14
D15
D16
D17
GREEN
R11
R12
R13
R14
R15
R16
R17
R18
220

仿真 2　8 只数码管滚动显示数字

实现功能

8 位数码管动态显示阿拉伯数字 0～7。

实验源程序

```
#include<reg51.h>
#include<intrins.h>
#define uchar unsigned char
#define uint unsigned int
uchar code DSY_CODE[]={0xc0,0xf9,0xa4,0xb0,0x99,0x92,0x82,0xf8,0x80,0x90};
//延时
void DelayMS(uint x)
{
    uchar t;
    while(x--) for(t=0; t<110; t++);
}

//主程序
void main()
{
    uchar i,wei=0x80;
    while(1)
    {
        for(i=0; i<8; i++)
        {
            P2=0xff;                        //关闭显示
            wei=_crol_(wei,1);
            P0=DSY_CODE[i];                 //发送数字段码
            P2=wei;                         //发送位码
            DelayMS(100);
        }
    }
}
```

实验仿真电路

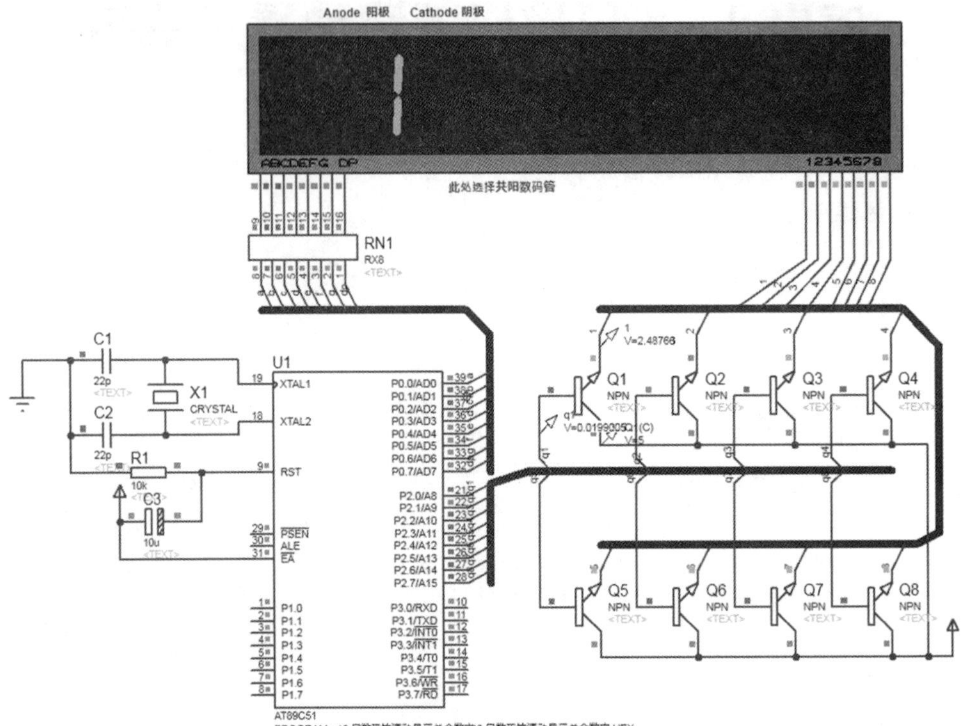
Anode 阳极 Cathode 阴极
ABCDEFG DP
12345678
此处选择共阳数码管
RN1
RX8
C1
22p
C2
22p
X1
CRYSTAL
R1
10k
C3
10u
U1
XTAL1
XTAL2
RST
PSEN
ALE
EA
P0.0/AD0
P0.1/AD1
P0.2/AD2
P0.3/AD3
P0.4/AD4
P0.5/AD5
P0.6/AD6
P0.7/AD7
P2.0/A8
P2.1/A9
P2.2/A10
P2.3/A11
P2.4/A12
P2.5/A13
P2.6/A14
P2.7/A15
P1.0
P1.1
P1.2
P1.3
P1.4
P1.5
P1.6
P1.7
P3.0/RXD
P3.1/TXD
P3.2/INT0
P3.3/INT1
P3.4/T0
P3.5/T1
P3.6/WR
P3.7/RD
AT89C51
PROGRAM=..\8 只数码管滚动显示单个数字\8 只数码管滚动显示单个数字.HEX
V=2.48766
V=0.0199005
Q1 NPN
Q2 NPN
Q3 NPN
Q4 NPN
Q5 NPN
Q6 NPN
Q7 NPN
Q8 NPN

仿真3　4×4矩阵按键数码管显示

实现功能

实现4×4矩阵键盘的键值显示，并伴随按键声音。

实验源程序

```
#include <reg52.h>
#define uchar unsigned char
#define uint unsigned int
sbit BEEP=P3^7;
uchar code DSY_CODE[]={0xc0,0xf9,0xa4,0xb0,0x99,0x92,0x82,
                       0xf8,0x80,0x90,0x88,0x83,0xc6,0xa1,0x86,0x8e,0x00
                      };
uchar Pre_KeyNO=16,KeyNO=16;

void DelayMS(uint ms)
{
    uchar t;
    while(ms--)
    {
        for(t=0; t<120; t++);
    }
}

void Keys_Scan()
{
    uchar Tmp;
    P1=0x0f;
    DelayMS(1);
    Tmp=P1^0x0f;
    switch(Tmp)
    {
    case 1:
        KeyNO=0;
        break;
    case 2:
        KeyNO=1;
        break;
    case 4:
        KeyNO=2;
        break;
    case 8:
```

```
            KeyNO=3;
            break;
        default:
            KeyNO=16;
        }
        P1=0xf0;
        DelayMS(1);
        Tmp=P1>>4^0x0f;
        switch(Tmp)
        {
        case 1:
            KeyNO+=0;
            break;
        case 2:
            KeyNO+=4;
            break;
        case 4:
            KeyNO+=8;
            break;
        case 8:
            KeyNO+=12;
        }
}

void Beep()
{
    uchar i;
    for(i=0; i<100; i++)
    {
        DelayMS(1);
        BEEP=~BEEP;
    }
    BEEP=1;
}

void main()
{
    P0=0x00;
    while(1)
    {
        P1=0xf0;
        if(P1!=0xf0)
            Keys_Scan();
            if(Pre_KeyNO!=KeyNO)
                {
```

```
                    P0=~DSY_CODE[KeyNO];
                    Beep();
                    Pre_KeyNO=KeyNO;
                }
            DelayMS(100);
        }
    }
```

实验仿真电路

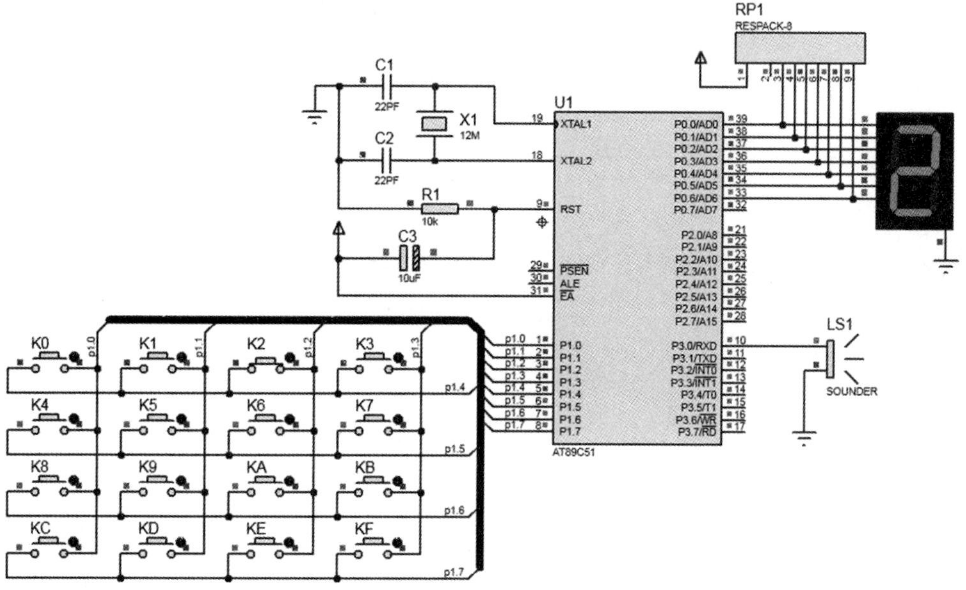

仿真4 外部中断INTO计数数码管动态显示

实现功能

利用按键模拟外部中断源，利用三位数码管完成外部中断次数计数显示，另外给系统添加清零功能。

实验源程序

```
#include <reg52.h>
#define uchar unsigned char
#define uint unsigned int
uchar code DSY_CODE[]=
{
    0x3f,0x06,0x5b,0x4f,0x66,0x6d,0x7d,0x7f,0x6f,0x00
};
uchar Display_Buffer[3]={0,0,0};
uint Count=0;
sbit Clear_Key=P3^6;
void Show_Count_ON_DSY()
{
    Display_Buffer[2]=Count/100;
    Display_Buffer[1]=Count%100/10;
    Display_Buffer[0]=Count%10;
    if(Display_Buffer[2]==0)
        {
            Display_Buffer[2]=0x0a;
            if(Display_Buffer[1]==0)
        {
            Display_Buffer[1]=0x0a;
        }
    }
    P0=DSY_CODE[Display_Buffer[0]];
    P1=DSY_CODE[Display_Buffer[1]];
    P2=DSY_CODE[Display_Buffer[2]];
}
void main()
{
    P0=0xff;
    P1=0xff;
    P2=0xff;
    IE=0x81;
    IT0=1;
```

```
        while(1)
        {
            if(Clear_Key==0)
             Count=0;
            Show_Count_NO_DSY();
        }
    }
```

实验仿真电路

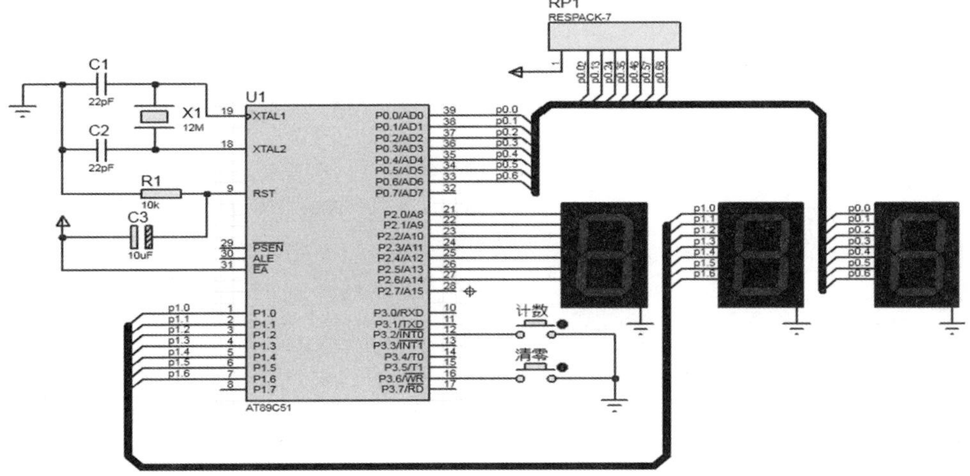

仿真 5　电子密码锁

实现功能

单片机矩阵键盘完成密码的输入和正确开锁。利用 LCD1602 进行提示，发生错误时蜂鸣器鸣响。

实验源程序

```
#include <reg51.h>
#include <intrins.h>
#define uchar unsigned char
sbit RS=P1^0;                       //寄存器选择
sbit RW=P1^1;                       //读写控制
sbit EN=P1^2;                       //使能
sbit ledg=P1^3;                     //红指示灯
sbit ledr=P1^7;                     //蓝指示灯
sbit relay=P1^4;                    //锁
sbit buzz=P1^6;                     //报警器

char table0[ ]="error";             //显示
char table1[ ]="open";
char table2[]="password:";

int temp,ch,m0,m1,p,n0,n1,n2,n3,n4,n5;

void  delay(int z)                  //延时
{
    int x,c;
    for(x=z; x>0; x--)
        for(c=100; c>0; c--);
}

void  Tdelay(int z)                 //报警延时
{
    int x,c;
    for(x=z; x>0; x--)
        for(c=100; c>0; c--)
            buzz=!buzz;
}

keyscan()                           //键盘扫描
{   temp=P2&0xf0;                   //扫描行
    P2=0xfe;
```

```
delay(1);
temp=P2&0xf0;
while(temp!=0xf0)
{
    switch(temp)                    //789数字设定
    {
    case 0xe0:
        ch='7';
        break;
    case 0xd0:
        ch='8';
        break;
    case 0xb0:
        ch='9';
        break;
    default:
        ch=p;
        break;
    }
    while(temp!=0xf0)               //等待键盘松开
    {
        temp=P2;
        temp=temp&0xf0;
    }
}
P2=0xfd;                            //456数字设定
delay(1);
temp=P2&0xf0;
while(temp! =0xf0)
{
    switch(temp)
    {
    case 0xe0:
        ch='4';
        break;
    case 0xd0:
        ch='5';
        break;
    case 0xb0:
        ch='6';
        break;
    default:
        ch=p;
        break;
    }
```

```
        while(temp! =0xf0)
        {
            temp=P2;
            temp=temp&0xf0;
        }
    }
    P2=0xfb;                            //123数字设定
    delay(1);
    temp=P2&0xf0;
    while(temp! =0xf0)
    {
        switch(temp)
        {
        case 0xe0:
            ch='1';
            break;
        case 0xd0:
            ch='2';
            break;
        case 0xb0:
            ch='3';
            break;
        default:
            ch=p;
            break;
        }
        while(temp! =0xf0)
        {
            temp=P2;
            temp=temp&0xf0;
        }
    }
    P2=0xf7;                            //A0B设定
    delay(1);
    temp=P2&0xf0;
    while(temp! =0xf0)
    {
        switch(temp)
        {
        case 0xe0:
            ch='A';
            break;
        case 0xd0:
            ch='0';
            break;
```

```
        case 0xb0:
            ch='B';
            break;
        default:
            ch=p;
            break;
        }
        while(temp! =0xf0)
        {
            temp=P2;
            temp=temp&0xf0;
        }
    }
    return ch;                    //返回键入的值
}

void wcom(uchar com)              //LCD 写命令
{
    RS=0;                         //选择指令寄存器
    P3=com;
    delay(1);
    EN=1;                         //使能
    delay(1);
    EN=0;
}

void wdat(uchar dat)              //写函数
{
    RS=1;                         //选择数据寄存器
    P3=dat;
    delay(1);
    EN=1;
    delay(4);
    EN=0;
}

void init()                       //LCD 初始化
{
    EN=0;
    wcom(0x38);
    wcom(0x0c);
    wcom(0x06);
    wcom(0x01);
}
```

```
void error()                          //显示密码错误
{
    char m2;
    wcom(0xc6);
    for(m2=0; m2<5; m2++)
    {
        wdat(table0[m2]);
    }
}

void open()                           //开锁密码
{
    char m2;
    wcom(0xc6);
    for(m2=0; m2< 4; m2++)
    {
        wdat(table1[m2]);
    }
}

void pass()                           //密码显示
{
    char m2;
    wcom(0x80);
    for(m2=0; m2<9; m2++)
    {
        wdat(table2[m2]);
    }
}

change(int m)                         //显示“*”
{
    delay(500);
    wcom(m);
    wdat('*');
}

main()                                //主程序
{
    RW=0;
    ledg=0;
    ledr=0;
    buzz=1;
    init();
    delay(5);
```

```
pass();
wcom(0x89);
while(keyscan()==p)
{                                   //第一位密码
    delay(3);
    keyscan();
}
wdat(keyscan());
n0=keyscan();
change(0x89);
delay(10);
ch=p;
while(keyscan()==p)                 //第二位密码
{
    delay(3);
    keyscan();
}
wdat(keyscan());
n1=keyscan();
change(0x8a);
ch=p;
while(keyscan()==p)                 //第三位密码
{
    delay(3);
    keyscan();
}
wdat(keyscan());
n2=keyscan();
change(0x8b);
ch=p;
while(keyscan()==p)                 //第四位密码
{
    delay(3);
    keyscan();
}
wdat(keyscan());
n3=keyscan();
change(0x8c);
ch=p;
while(keyscan()==p)                 //第五位密码
{
    delay(3);
    keyscan();
}
wdat(keyscan());
```

```
n4=keyscan();
change(0x8d);
ch=p;
while(keyscan()==p)           //第六位密码
{
    delay(3);
    keyscan();
}
wdat(keyscan());
n5=keyscan();
change(0x8e);

if(n0=='1'&&n1=='6'&&n2=='3'&&n3=='0'&&n4=='1'&&n5=='8')  //密码设定
{
    int m3=1;
    open();
    while(m3)
    {
        int m4,m5;
        ledg=0;                  //亮绿灯
        for(m4=200; m4>0; m4--)
        {
            keyscan();
            if(keyscan()=='A')
            {
                m4=0;
                m3=0;
            }
        }
        ledg=1;
        if(m3!=0)
        {
            for(m5=200; m5> 0; m5--)
            {
                keyscan();
                if(keyscan()=='A')
                {
                    m3=0;
                }
            }
        }
    }
}
else                             //红灯亮,错误显示
{
```

```
            ledr=1;
            error();
            buzz=1;
            Tdelay(5000);
        }
    }
```

实验仿真电路

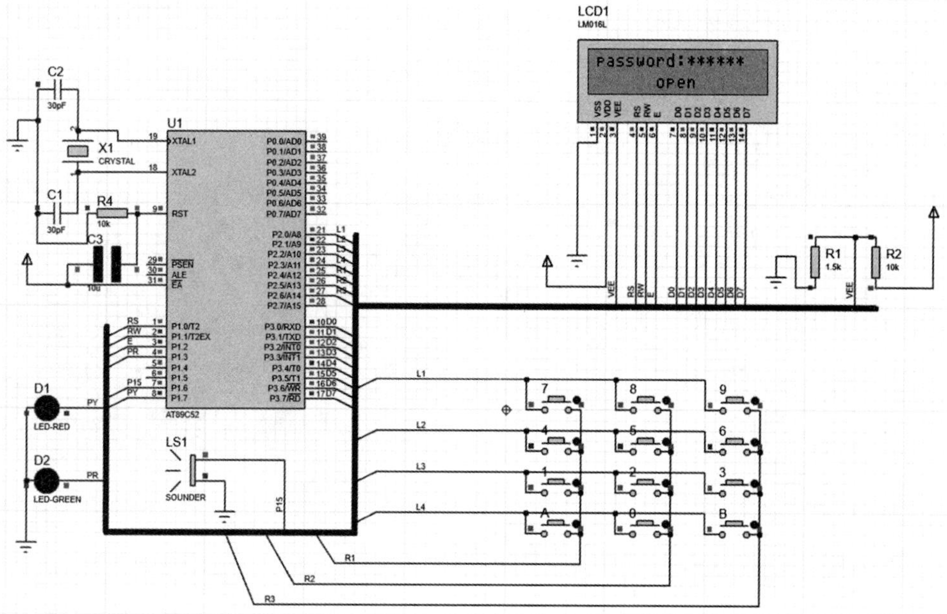

仿真 6　TIMEO 控制 LED 灯闪烁滚动

实现功能

利用单片机定时器完成 LED 灯闪烁频率的控制，LED 灯同时流动。

实验源程序

```
#include <reg52.h>
#define uchar unsigned char
#define uint unsigned int
sbit B1=P0^0;
sbit G1=P0^1;
sbit R1=P0^2;
sbit Y1=P0^3;
uint i,j,k;
void main()
{
    i=j=k=0;
    P0=0xff;
    TMOD=0x02;
    TH0=256-200;
    TL0=256-200;
    IE=0x82;
    TR0=1;
    while(1);
    }

void LED_Flash_and_Scroll() interrupt 1
{
    if(++k<35) return;
    k=0;
    switch(i)
    {
        case 0:B1=!B1;break;
        case 1:G1=!G1;break;
        case 2:R1=!R1;break;
        case 3:Y1=!Y1;break;
        default: i=0;
    }
    if(++j<300) return;
    j=0;
    P0=0xff;
    i++;
}
```

实验仿真电路

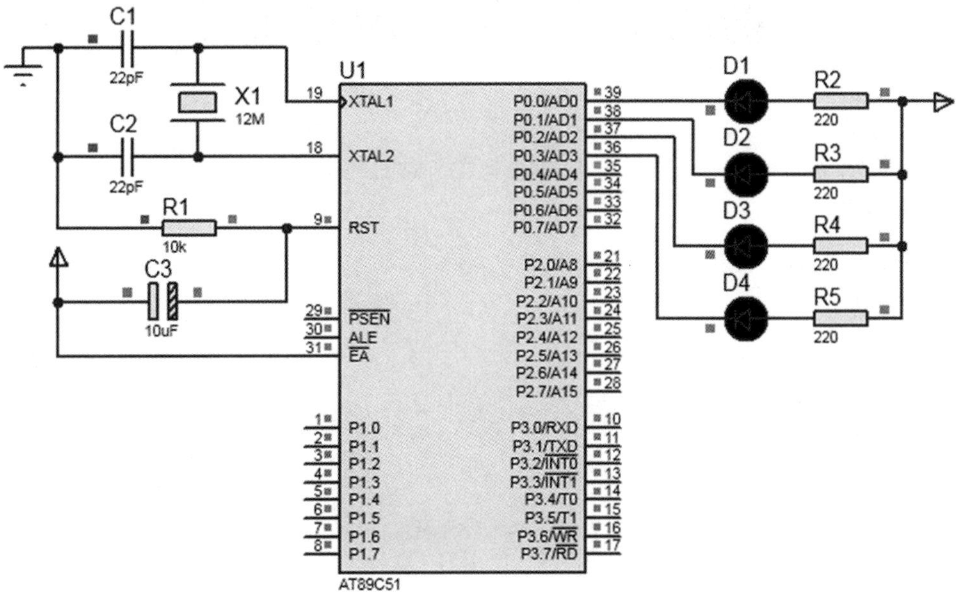
C1
22pF
X1
12M
C2
22pF
R1
10k
C3
10uF
U1
XTAL1
XTAL2
RST
PSEN
ALE
EA
P1.0
P1.1
P1.2
P1.3
P1.4
P1.5
P1.6
P1.7
P0.0/AD0
P0.1/AD1
P0.2/AD2
P0.3/AD3
P0.4/AD4
P0.5/AD5
P0.6/AD6
P0.7/AD7
P2.0/A8
P2.1/A9
P2.2/A10
P2.3/A11
P2.4/A12
P2.5/A13
P2.6/A14
P2.7/A15
P3.0/RXD
P3.1/TXD
P3.2/INT0
P3.3/INT1
P3.4/T0
P3.5/T1
P3.6/WR
P3.7/RD
AT89C51
D1
D2
D3
D4
R2
R3
R4
R5
220

仿真 7　长时间定时设计

实现功能

利用单片机定时器通过多次累加办法完成长时间的定时设计。

实验源程序

```
#include <reg52.h>
#include <intrins.h>
#define uchar unsigned char
#define uint unsigned int
uchar Count;
sbit Dot=P0^7;
uchar code DSY_CODE[]=
{
    0x3f,0x06,0x5b,0x4f,0x66,0x6d,0x7d,0x07,0x7f,0x6f
};

uchar Digits_of_6DSY[]={0,0,0,0,0,0};

void DelayMS(uint x)
{
    uchar i;
    while(--x)
    {
        for(i=0;i< 120;i++);
    }
}

void main()
{
    uchar i,j;
    P0=0x00;
    P3=0xff;
    Count=0;
    TMOD=0x01;
    TH0=(65535-50000)/256;
    TL0=(65535-50000)%256;
    IE=0x82;
    TR0=1;
    while(1)
    {
        j=0x7f;
        for(i=5;i!=-1;i--)
        {
            j=_crol_(j,1);
            P3=j;
```

```
            P0=DSY_CODE[Digits_of_6DSY[i]];
            if(i==1)P0|=0x80;
            DelayMS(2);
        }
    }
}

void Time0() interrupt 1
{
    uchar i;
    TH0  =(65535-50000)/256;
    TL0  =(65535-50000)% 256;
    if(++Count!=2) return;
    Count=0;
    Digits_of_6DSY[0]++;
    for(i=0;i<=5;i++)
    {
        if(Digits_of_6DSY[i]==10)
        {
            Digits_of_6DSY[i]=0;
            if(i!=5) Digits_of_6DSY[i+1]++;
        }
        else break;
    }
}
```

实验仿真电路

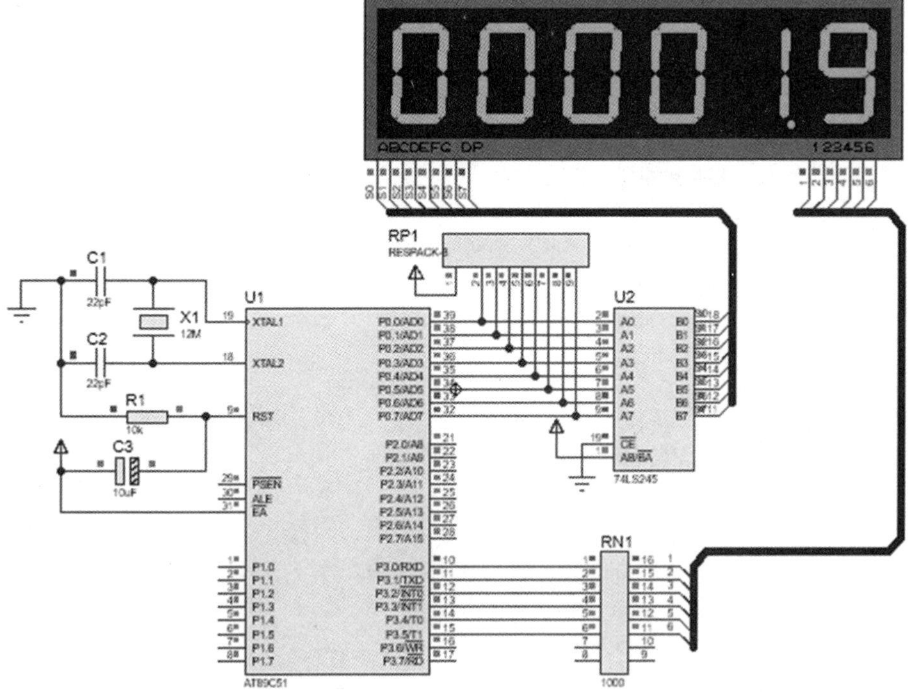

仿真8 模拟交通灯

实现功能

利用单片机多状态程序设计语言，完成交通灯的模拟演示。

实验源程序

```
#include <reg52.h>
#define uint unsigned int
#define uchar unsigned char

sbit RED_A=P0^0;
sbit YELLOW_A=P0^1;
sbit GREEN_A=P0^2;
sbit RED_B=P0^3;
sbit YELLOW_B=P0^4;
sbit GREEN_B=P0^5;

uchar Time_Count=0,Flash_Count=0,Operation_Type=1;

void T0_INT() interrupt 1
{
    TH0=-50000/256;
    TL0=-50000% 256;
    switch(Operation_Type)
    {
        case 1:
            RED_A=0;YELLOW_A=0;GREEN_A=1;
            RED_B=1;YELLOW_B=0;GREEN_B=0;
            if(++Time_Count!=100) return;
            Time_Count=0;
            Operation_Type=2;
            break;
        case 2:
            if(++Time_Count !=8) return;
            Time_Count=0;
            YELLOW_A=! YELLOW_A;
            GREEN_A=0;
            if(++Flash_Count!=10) return;
            Flash_Count=0;
            Operation_Type=3;
            break;
        case 3:
```

```
                RED_A=1;YELLOW_A=0;GREEN_A=0;
                RED_B=0;YELLOW_B=0;GREEN_B=1;
                if(++Time_Count !=100) return;
                Time_Count=0;
                Operation_Type=4;
                break;
            case 4:
                if(++Time_Count !=8) return;
                Time_Count=0;
                YELLOW_B=!YELLOW_B;
                GREEN_B=0;
                if(++Flash_Count !=10)
                    return;
                Flash_Count=0;
                Operation_Type=1;
                break;
        }
    }

    void main()
    {
        TMOD=0x01;
        IE=0x82;
        TR0=1;
        while(1);
    }
```

实验仿真电路

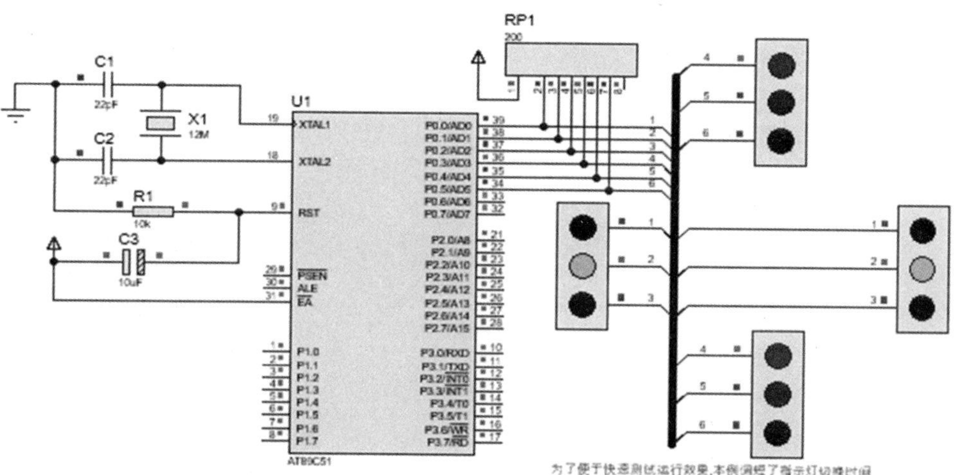

仿真9　声光报警器模拟

实现功能

模拟现实生活中声光报警器的工作原理，蜂鸣器完成声音报警，6个LED灯完成旋转光亮报警。

实验源程序

```
#include <reg52.h>
#include <intrins.h>
#define uint unsigned int
#define uchar unsigned char
sbit SPK=P3^7;
uchar FRQ=0x00;

void Delayms(uint ms)
{
    uchar i;
    while(ms--)
    {
        for(i=0;i<120;i++);
    }
}

void main()
{
    P2=0x00;
    TMOD=0x11;
    TH0=0x00;
    TL0=0xff;
    IT0=1;
    IE=0x8b;
    IP=0x01;
    TR0=0;
    TR1=0;
    while(1)
    {
        FRQ++;
        Delayms(1);
    }
}

void EX0_INT() interrupt 0
```

```
{
    TR0=!TR0;
    TR1=!TR1;
    if(P2==0x00)
        P2=0xe0;
    else
        P2=0x00;
}

void T0_INT() interrupt 1
{
    TH0=0xfe;
    TL0=FRQ;
    SPK=~SPK;
}

void T1_INT() interrupt 3
{
    TH0=-45000/256;
    TL0=-45000% 256;
    P2=_crol_(P2,1);
}
```

实验仿真电路

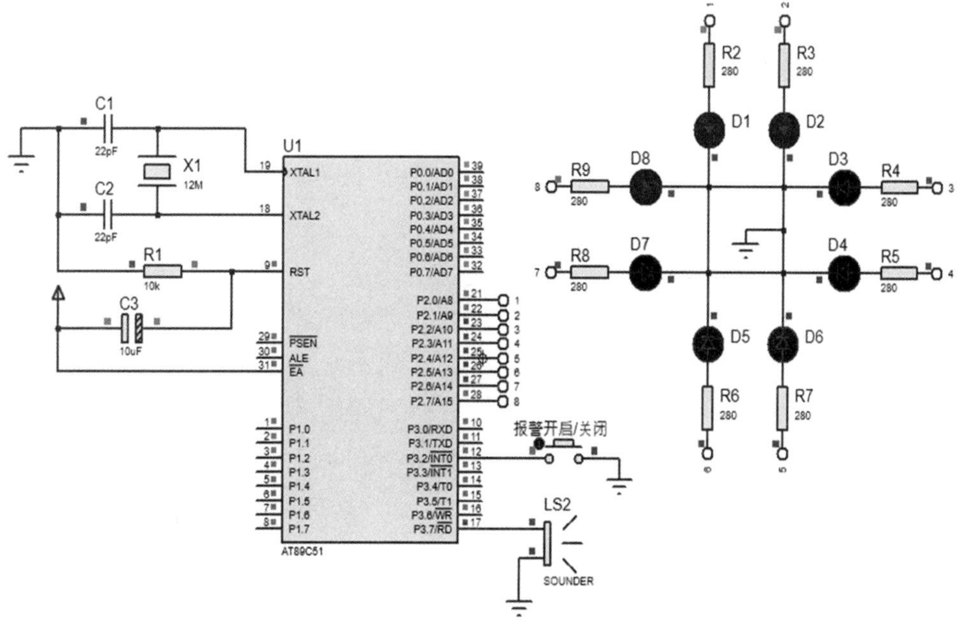

仿真10　串行接口转并行接口设计

实现功能

利用74ls164完成51单片机串行接口转并行接口的变换，控制8个LED灯的显示。

实验源程序

```
#include <reg52.h>
#include <intrins.h>
#define uint unsigned int
#define uchar unsigned char

void Delay(uint x)
{
    uchar i;
    while(x--)
    {
        for(i=0;i<120;i++);
    }
}

void main()
{
    uchar c=0x80;
    SCON=0x00;
    TI=1;
    while(1)
    {
        c=_crol_(c,1);
        SBUF=c;
        while(TI==0);
        TI=0;
        Delay(400);
    }
}
```

实验仿真电路

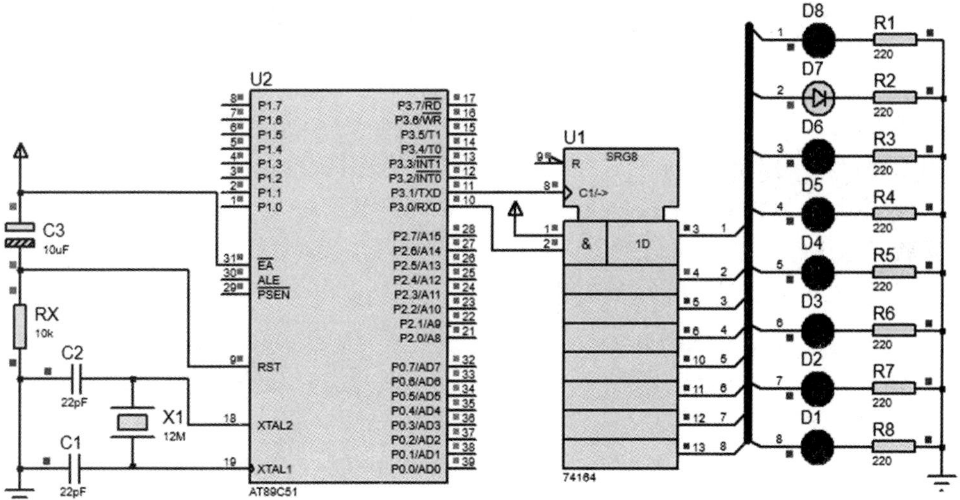
U2
AT89C51
P1.7
P1.6
P1.5
P1.4
P1.3
P1.2
P1.1
P1.0
EA
ALE
PSEN
RST
XTAL2
XTAL1
P3.7/RD
P3.6/WR
P3.5/T1
P3.4/T0
P3.3/INT1
P3.2/INT0
P3.1/TXD
P3.0/RXD
P2.7/A15
P2.6/A14
P2.5/A13
P2.4/A12
P2.3/A11
P2.2/A10
P2.1/A9
P2.0/A8
P0.7/AD7
P0.6/AD6
P0.5/AD5
P0.4/AD4
P0.3/AD3
P0.2/AD2
P0.1/AD1
P0.0/AD0
C3
10uF
RX
10k
C2
22pF
C1
22pF
X1
12M
U1
SRG8
R
C1/->
&
1D
74164
D8
D7
D6
D5
D4
D3
D2
D1
R1
R2
R3
R4
R5
R6
R7
R8
220

仿真 11 单片机间双向通信设计

实现功能

甲乙两机相互控制，甲机发送"x""A""B""C"给乙机，乙机收到后，相应的 LED 灯亮；乙机发送阿拉伯数字给甲机，甲机收到后在数码管显示。

实验源程序

甲机：甲机按键控制乙机的 LED 灯闪烁

```
#include <reg52.h>
#define uint unsigned int
#define uchar unsigned char
sbit LED1=P1^0;
sbit LED2=P1^3;
sbit K1=P1^7;
uchar Operation_NO=0;
uchar code DSY_CODE[]=
{
    0x3f,0x06,0x5b,0x4f,0x66,0x6d,0x7d,0x07,0x7f,0x6f
};
void Delay(uint x)
{
    uchar i;
    while(x--)
    {
        for(i=0;i<120;i++);
    }
}

void putc_to_SerialPort(uchar c)
{
    SBUF=c;
    while(TI==0);
    TI=0;
}

void main()
{
    LED1=LED2=1;
    P0=0x00;
    SCON=0x50;
    TMOD=0x20;
    PCON=0x00;
    TH1=0xfd;
    TL1=0xfd;
```

```
    TI=0;
    RI=0;
    TR1=1;
    IE=0x90;
    while(1)
    {
        Delay(100);
        if(K1==0)
        {
            while(K1==0);
            Operation_NO=(Operation_NO+1)% 4;
            switch(Operation_NO)
            {
                case 0:
                    putc_to_SerialPort('X');
                    LED1=LED2=1; break;
                case 1:
                    putc_to_SerialPort('A');
                    LED1=0;LED2=1;break;
                case 2:
                    putc_to_SerialPort('B');
                    LED2=0;LED1=1;break;
                case 3:
                    putc_to_SerialPort('C');
                    LED1=0;LED2=0;break;
            }
        }
    }
}

void Serial_INT() interrupt 4
{
    if(RI)
    {
        RI=0;
        if(SBUF>=0&&SBUF<=9)
            P0=DSY_CODE[SBUF];
        else
            P0=0x00;
    }
}
```

乙机:乙机按键控制甲机的数码管显示

```
#include <reg52.h>
#define uint unsigned int
#define uchar unsigned char
```

```
sbit LED1=P1^0;
sbit LED2=P1^3;
sbit K1=P1^7;
uchar NumX=0xff;
void Delay(uint x)
{
    uchar i;
    while(x--)
    {
        for(i=0;i<120;i++);
    }
}

void main()
{
    LED1=LED2=1;
    SCON=0x50;
    TMOD=0x20;
    PCON=0x00;
    TH1=0xfd;
    TL1=0xfd;
    TI=0;
    RI=0;
    TR1=1;
    IE=0x90;
    while(1)
    {
        Delay(100);
        if(K1==0);
        {
            while(K1==0);
            NumX=(NumX+1)%11;
            SBUF=NumX;
            while(TI==0);
            TI=0;
        }
        }
}

void Serial_INT() interrupt 4
{
    if(RI)
    {
        RI=0;
        switch(SBUF)
```

```
        {
            case 'X': LED1=1;LED2=1;break;
            case 'A': LED1=0;LED2=1;break;
            case 'B': LED2=0;LED1=1;break;
            case 'C': LED1=0;LED2=0;
        }
    }
}
```

实验仿真电路

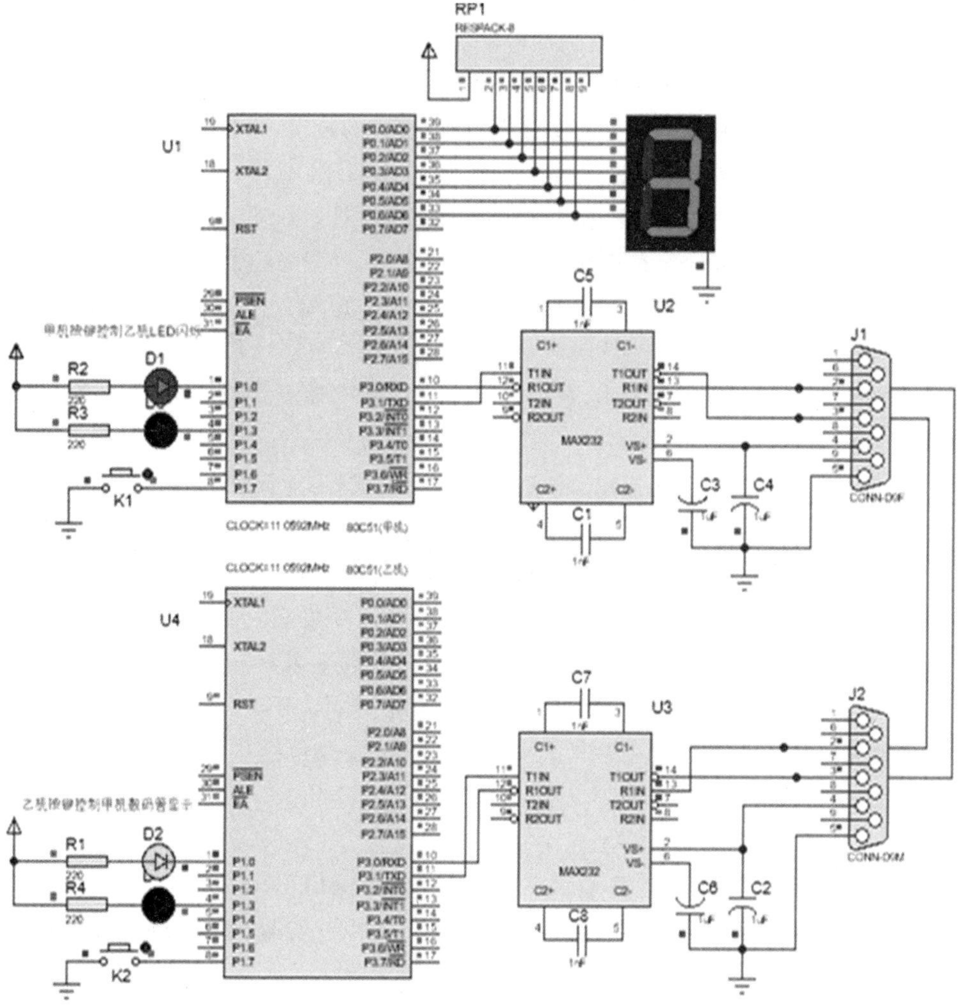

附录A　单片机应用系统开发常用工具

1. ASCII 字符表(见表 A-1)

2. 串口助手

串口助手是一个有力的调试工具,使用这个工具可以设置串口号、波特率、数据位、停止位、HEX 显示等。SSCOM 串口助手界面如图 A-1 所示。

(1) 选择正确的串口号后,点击“打开串口”。

(2) 点击图中的发送键,可以把字符串输入框中的字符从串口发送出去。

(3) 在窗口左上角会显示接收到的字符。

(4) 在窗口右上角有预先保存的字符串,点击右边的数字,可以发送相应的字符串。

(5) 当要以 HEX 方式显示收到的数据时,要勾选 HEX 显示。

(6) 当要以 HEX 方式发送数据时,要勾选 HEX 发送。

(7) 当要定时发送固定字符串时,要勾选定时发送,并设置定时时间。

(8) 当发送字符串时,勾选“发送新行”,会在字符末尾加入回车换行符 0A0D。

3. 蓝牙助手

蓝牙助手可以用于收发字符串、数据包、单字符指令、显示字符、数据波形等,其基本界面如图 A-2 所示。

在窗口的下方有 5 个功能按钮:设备连接,对话模式,专业调试,按钮控制,设置。

首先,要在设备连接窗口点击蓝牙串口模块进行配对连接。然后根据需要进入对话模式、专业调试或按钮控制。在对话模式中,以数据包或字符串的形式收发数据,每个数据 1 行。在按钮控制中,有 11 个按钮可以用于命令发送,每个按钮按下后都可以设置按下时发送的字符和弹起时发送的字符(字符个数不限)。在专业调试功能中,可以自定义收发的数据包格式和内容,可以添加按钮、文本、开关、滑动条、摇杆、波形图等控件,实现非常丰富的显示效果。调试界面设计、数据包结构设置和调试界面效果如图 A-3 所示。

4. 字模生成工具

字模生成工具一般用于 LCD 显示字符的情况。PCtoLCD2002 这个工具可以生成汉字、图形等 C 语言数组编码,以及 3×3 到 256×256 的点阵符号,生成方向可以是水平方向或垂直方向。PCtoLCD2002 主界面如图 A-4 所示。

在输入框中输入汉字,点击“生成字模”按钮,生成的字模数据如图 A-5 所示,每个汉字大小为 32B。

表 A-1　ASCII 字符表

低四位 高四位		ASCII 码控制符										ASCII 码打印符												
		000					1					010		011		100		101		110		111		
		0					1					2		3		4		5		6		7		
		十进制	字符	代码	转义符	字符含义	十进制	字符	代码	转义符	字符含义	十进制	字符	十进制	字符	十进制	字符	十进制	字符	十进制	字符	十进制	字符	字符含义
0000	0	0		NUL	\0	空字符	16	▶	DLE		链路转义	32		48	0	64	@	80	P	96	`	112	p	
0001	1	1	☹	SOH		标题开始	17	◀	DC1		设备控制	33	!	49	1	65	A	81	Q	97	a	113	q	
0010	2	2	☻	STX		正文开始	18	↕	DC2		设备控制	34	"	50	2	66	B	82	R	98	b	114	r	
0011	3	3	♥	ETX		正文结束	19	!!	DC3		设备控制	35	#	51	3	67	C	83	S	99	c	115	s	
0100	4	4	◆	EOT		传输结束	20	¶	DC4		设备控制	36	$	52	4	68	D	84	T	100	d	116	t	
0101	5	5	♣	ENQ		查询	21	‡	NAK		否定应答	37	%	53	5	69	E	85	U	101	e	117	u	
0110	6	6	♠	ACK		肯定应答	22	—	SYN		同步空闲	38	&	54	6	70	F	86	V	102	f	118	v	
0111	7	7	●	BEL	\a	响铃	23	↕	ETB		传输结束	39		55	7	71	G	87	W	103	g	119	w	
1000	8	8	◘	BS	\b	退格	24	↑	CAN		取消	40	(	56	8	72	H	88	X	104	h	120	x	
1001	9	9	○	HT	\t	横向指标	25	↓	EM		介质结束	41	)	57	9	73	I	89	Y	105	i	121	y	
1010	A	10	◙	LF	\n	换行	26	→	SUB		替代	42	*	58	:	74	J	90	Z	106	j	122	z	
1011	B	11	♂	VT	\v	纵向制表	27	←	ESC	\c	溢出	43	+	59	;	75	K	91	[	107	k	123	{	
1100	C	12	♀	FF	\f	换页	28	∟	FS		文件分隔	44	,	60	<	76	L	92	\	108	l	124	|	
1101	D	13	♪	CR	\r	回车	29	↔	GS		组分隔	45	—	61	=	77	M	93	]	109	m	125	}	
1110	E	14	♬	SOH		移出	30	▲	RS		记录分隔	46	.	62	>	78	N	94	^	110	n	126	~	
1111	F	15	/	SI		移入	31	▼	US		单元分隔	47	/	63	?	79	O	95	_	111	o	127		DEL

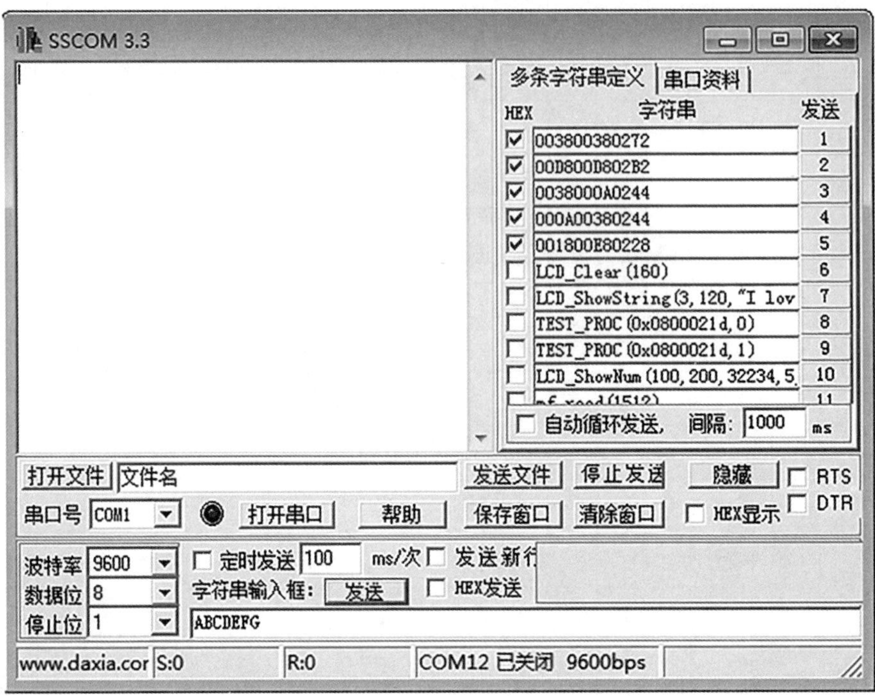

图 A-1　SSCOM 串口助手界面

图 A-2　蓝牙助手基本界面

图 A-3　调试界面设计、数据包结构设置和调试界面效果

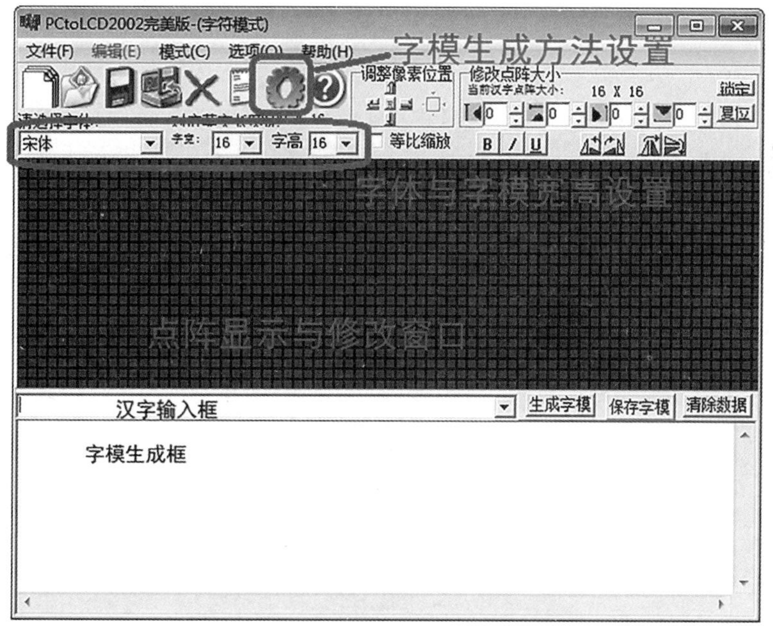

图 A-4　PCtoLCD2002 主界面

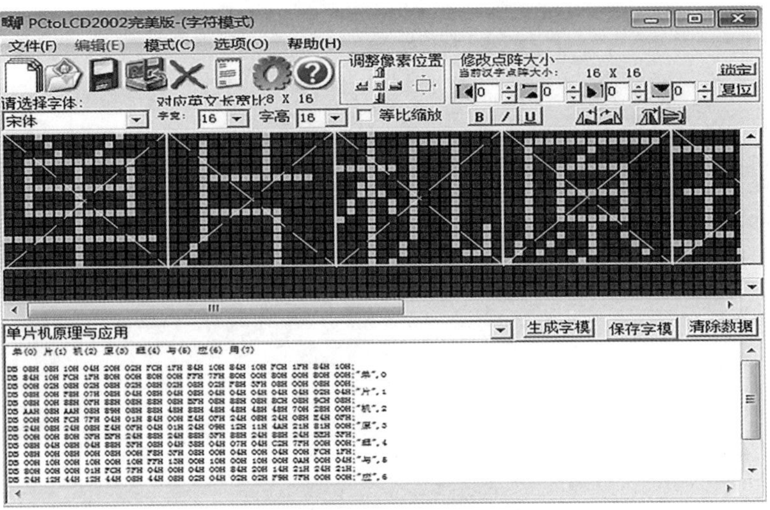
PCtoLCD2002完美版-(字符模式)
文件(F) 编辑(E) 模式(C) 选项(O) 帮助(H)
调整像素位置
修改点阵大小
16 X 16
锁定
复位
请选择字体:
对应英文长宽比8 X 16
宋体
字高
16
等比缩放
单片机原理与应用
生成字模
保存字模
清除数据

图 A-5 生成的字模数据

参考文献

[1] 彭伟. 单片机C语言程序设计实训100例——基于8051＋Proteus仿真[M]. 北京：电子工业出版社，2009.

[2] 郭天祥. 新概念51单片机C语言教程——入门、提高、开发、拓展全攻略[M]. 北京：电子工业出版社，2009.

[3] 史蒂芬·普拉达(Stephen Prata). C Primer Plus(中文版)[M]. 6版. 北京：人民邮电出版社. 2019.

[4] 熊建平. 基于PROTEUS电路及单片机仿真教程[M]. 西安：西安电子科技大学出版社，2013.

[5] 张志良，邵瑛，邵菁，等. 80C51单片机仿真设计实例教程——基于Keil C和Proteus[M]. 北京：清华大学出版社，2016.

[6] 万隆，巴奉丽. 单片机原理及应用技术[M]. 北京：清华大学出版社，2010.